速効! ポケットマニュアル
Sokko! Pocket Manual

ビジネスこれだけ! エクセル Excel 2016&2013&2010

集計・分析・マクロ

一歩進んだ便利ワザ

本書の使い方

◎1項目1～4ページで、みんなが必ずつまづくポイントを解説。
◎タイトルを読めば、具体的に何が便利かがわかる。
◎操作手順だけを読めばササッと操作できる。
◎もっと知りたい方へ、補足説明とコラムで詳しく説明。

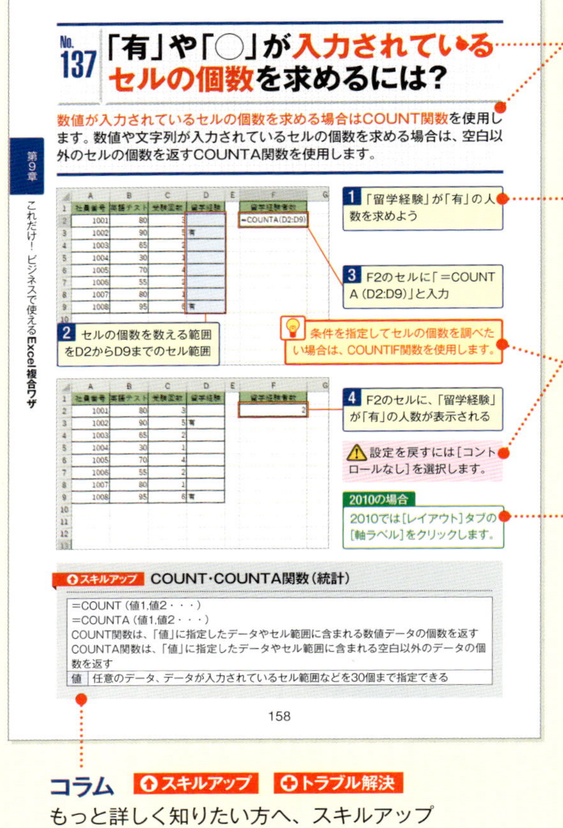

No.137 「有」や「○」が入力されているセルの個数を求めるには?

数値が入力されているセルの個数を求める場合はCOUNT関数を使用します。数値や文字列が入力されているセルの個数を求める場合は、空白以外のセルの個数を返すCOUNTA関数を使用します。

第9章 これだけ！ビジネスで使えるExcel複合ワザ

スキルアップ COUNT・COUNTA関数(統計)

=COUNT (値1,値2・・・)
=COUNTA (値1,値2・・・)
COUNT関数は、「値」に指定したデータやセル範囲に含まれる数値データの個数を返す
COUNTA関数は、「値」に指定したデータやセル範囲に含まれる空白以外のデータの個数を返す

値	任意のデータ、データが入力されているセル範囲などを30個まで指定できる

158

タイトルと解説
具体的にどう活用するか、どう便利なのかがわかります。

操作手順
番号順にこれだけ読めば1～2分で理解できます。

補足説明
知っておくと便利なことや注意点を説明します。

バージョン解説
Excelのバージョンによって操作が違う場合、その手順を紹介します。

コラム スキルアップ トラブル解決
もっと詳しく知りたい方へ、スキルアップやトラブル解決の知識を紹介します。

※ここに掲載している紙面はイメージです。実際のページとは異なります。

本書は、2017年4月発行の『速効！ポケットマニュアルExcel データ集計・分析ワザ ピボットテーブル』と2017年3月発行の『速効！ポケットマニュアルExcel関数 便利ワザ』と『速効！ポケットマニュアルExcel VBA・マクロ 自動化ワザ』を改訂・再編集したものです。

サンプルデータのダウンロード

URL：https://book.mynavi.jp/supportsite/detail/9784839966997.html

※以下の手順通りにブラウザーのアドレスバーに入力してください。

Windows 10の場合

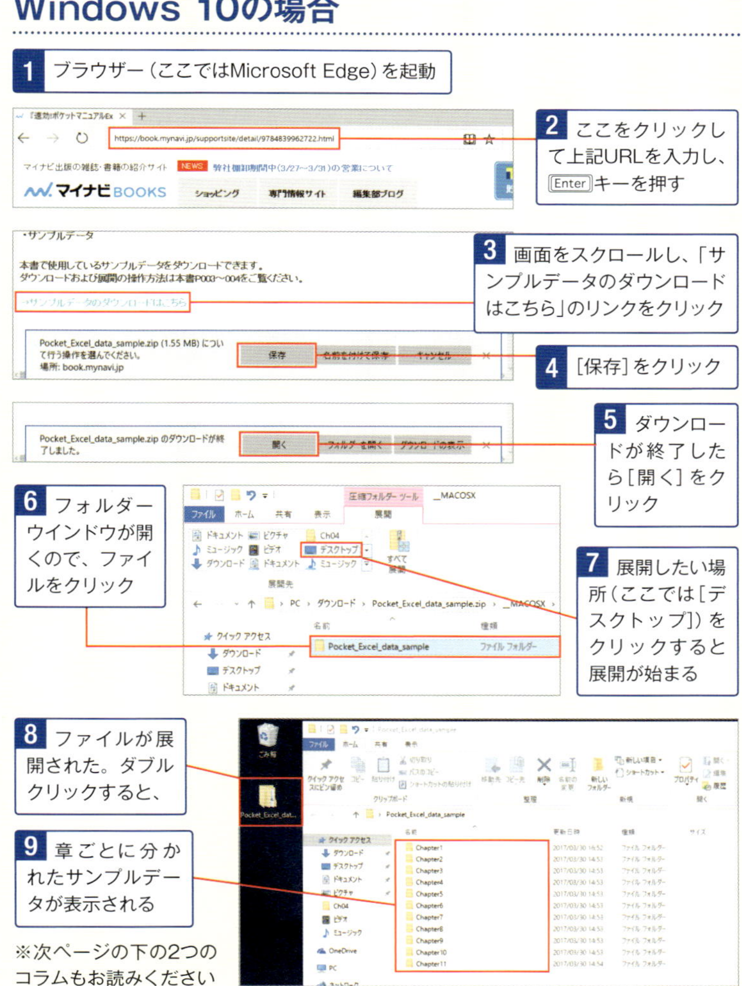

1 ブラウザー（ここではMicrosoft Edge）を起動

2 ここをクリックして上記URLを入力し、Enterキーを押す

3 画面をスクロールし、「サンプルデータのダウンロードはこちら」のリンクをクリック

4 ［保存］をクリック

5 ダウンロードが終了したら［開く］をクリック

6 フォルダーウインドウが開くので、ファイルをクリック

7 展開したい場所（ここでは［デスクトップ］）をクリックすると展開が始まる

8 ファイルが展開された。ダブルクリックすると、

9 章ごとに分かれたサンプルデータが表示される

※次ページの下の2つのコラムもお読みください

Windows 8.1/8/7/Vistaの場合

1 ブラウザー（ここではInternet Explorer）を起動

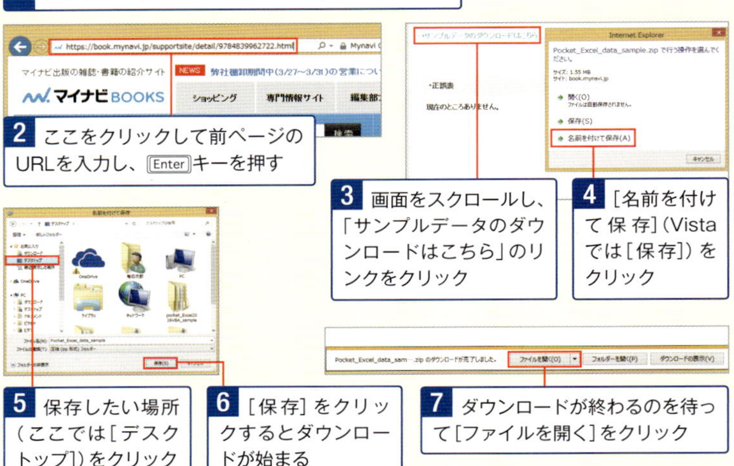

2 ここをクリックして前ページのURLを入力し、Enterキーを押す

3 画面をスクロールし、「サンプルデータのダウンロードはこちら」のリンクをクリック

4 ［名前を付けて保存］（Vistaでは［保存］）をクリック

5 保存したい場所（ここでは［デスクトップ］）をクリック

6 ［保存］をクリックするとダウンロードが始まる

7 ダウンロードが終わるのを待って［ファイルを開く］をクリック

8 表示されたフォルダーをクリック

9 ［展開］タブをクリック（8.1/8の場合）

10 ［すべて展開］をクリック（7/Vistaでは［ファイルをすべて展開］）

11 ［展開］をクリック

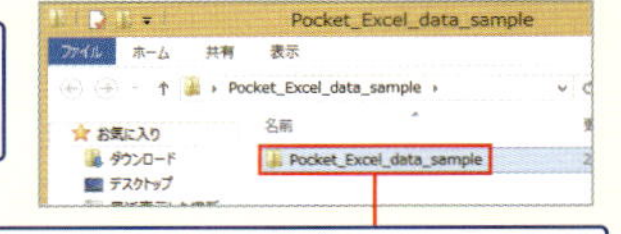

12 展開された。ダブルクリックして開く

ファイル名はページ左上の「No.」の番号と一致しています。例えば「002～.xlsx」というファイル名は「No.002」で使うサンプルです。「002a～.xlsx」のように末尾に「a」「b」などの英字が付く場合は、ファイルが複数用意されています。なお、内容によってはサンプルがないものもあります。

⚠ サンプルファイルを開くと、通常は［保護ビュー］で開かれ、［ウイルスに感染している可能性があります］と表示されます。これは実際に感染しているかどうかに関わらず警告として表示されるメッセージです。［編集を有効にする］をクリックしてご使用ください。

速効! ポケットマニュアル
Sokko! Pocket Manual
エクセル
Excel
2016&2013&2010
ビジネスこれだけ!
集計・分析・マクロ
一歩進んだ便利ワザ

CONTENTS ◎目次

第3章
集計・分析のキホンは並べ替えと抽出 ………………………… 047

第4章

第5章 意外とカンタン! ピボットテーブルのキホン

第6章
これだけ！ ピボットテーブルのビジネス活用ワザ ……… 109

第7章
避けては通れない関数のキホン ……………………… 127

第8章
これだけ! ビジネスで必須の関数 ………… 141

第9章 これだけ！ビジネスで使えるExcel複合ワザ

第10章 印刷・共有のためのビジネスワザ

第1章 活用しやすいデータ作成のキホン

大量のデータを扱うには、「データベース形式」で入力しておくと便利です。1データ1行、空白行を入れない、1行目はフィールド名等、いくつか決まりがありますので、よく理解しておきましょう。

No. 001 データはデータベース形式にすると超便利！

並べ替え、抽出や集計などに適したデータベース形式とは、フィールド名（項目名）、フィールド（列）、レコード（行）から構成されます。1行目にフィールド名を、2行目以降に各フィールドから構成される1組の情報を1レコードとして順に入力します。

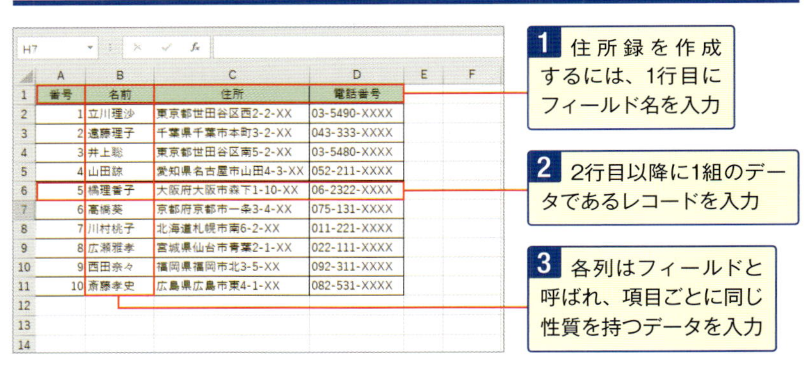

	A	B	C	D
1	番号	名前	住所	電話番号
2	1	立川理沙	東京都世田谷区西2-2-XX	03-5490-XXXX
3	2	遠藤理子	千葉県千葉市本町3-2-XX	043-333-XXXX
4	3	井上聡	東京都世田谷区南5-2-XX	03-5480-XXXX
5	4	山田諒	愛知県名古屋市山田4-3-XX	052-211-XXXX
6	5	橋理香子	大阪府大阪市森下1-10-XX	06-2322-XXXX
7	6	高橋葵	京都府京都市一条3-4-XX	075-131-XXXX
8	7	川村桃子	北海道札幌市南6-2-XX	011-221-XXXX
9	8	広瀬雅孝	宮城県仙台市青葉2-1-XX	022-111-XXXX
10	9	西田奈々	福岡県福岡市北3-5-XX	092-311-XXXX
11	10	斎藤孝史	広島県広島市東4-1-XX	082-531-XXXX

4 原則として、1つのワークシートに1つのデータベースを作成する

K10

	A	B	C	D
1	個人住所録			
2				
3	番号	名前	住所	電話番号
4	1	立川理沙	東京都世田谷区西2-2-XX	03-5490-XXXX
5	2	遠藤理子	千葉県千葉市本町3-2-XX	043-333-XXXX
6	3	井上聡	東京都世田谷区南5-2-XX	03-5480-XXXX
7	4	山田諒	愛知県名古屋市山田4-3-XX	052-211-XXXX
8	5	橋理香子	大阪府大阪市森下1-10-XX	06-2322-XXXX
9	6	高橋葵	京都府京都市一条3-4-XX	075-131-XXXX
10	7	川村桃子	北海道札幌市南6-2-XX	011-221-XXXX
11	8	広瀬雅孝	宮城県仙台市青葉2-1-XX	022-111-XXXX
12	9	西田奈々	福岡県福岡市北3-5-XX	092-311-XXXX
13	10	斎藤孝史	広島県広島市東4-1-XX	082-531-XXXX

スケジュール	
1日目	東京
2日目	名古屋
3日目	京都
4日目	大阪
5日目	広島
6日目	福岡

5 タイトルやデータベースに関連のない内容を入力する場合は、データベースの周りに空白行、空白列を挿入、データベースと区別

フィールド名にはセルに色を付けるなどして、レコードと区別させます。

スキルアップ データベース内に空白行を作らない

Excelには、空白行、空白列で囲まれた範囲をデータベース範囲として自動的に認識する機能があります。データベース内に空白行を作ってしまうと、そこまでがデータベース範囲と誤認識されるので注意が必要です。

No. 002 3000行のデータベースを一瞬で選択できるワザ

データベース範囲は広範囲になる場合が多く、マウスで範囲を選択するには手間がかかります。そこで、データベース範囲に名前を定義すると、簡単に範囲を選択できるようになります。

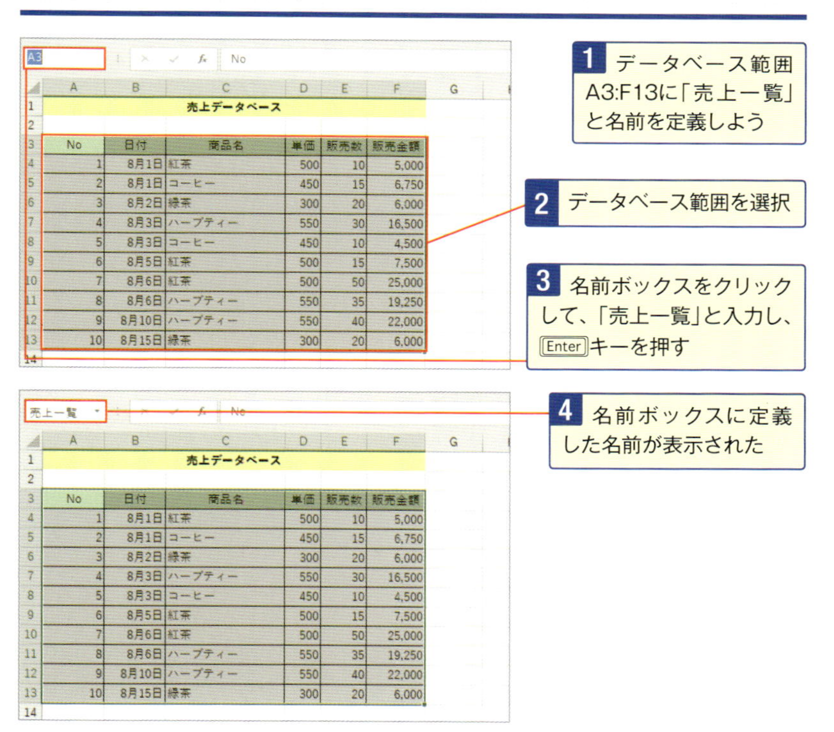

No	日付	商品名	単価	販売数	販売金額
1	8月1日	紅茶	500	10	5,000
2	8月1日	コーヒー	450	15	6,750
3	8月2日	緑茶	300	20	6,000
4	8月3日	ハーブティー	550	30	16,500
5	8月3日	コーヒー	450	10	4,500
6	8月5日	紅茶	500	15	7,500
7	8月6日	紅茶	500	50	25,000
8	8月6日	ハーブティー	550	35	19,250
9	8月10日	ハーブティー	550	40	22,000
10	8月15日	緑茶	300	20	6,000

スキルアップ 定義した名前を削除するには

定義した名前を削除するには、[数式] タブから [名前の管理] を選択します。次に [名前の管理] ダイアログボックスの定義された名前の一覧から、削除したい名前を選択し、[削除] ボタンをクリックします。

No.003 名前で範囲選択すると効率めちゃアップ↑

指定した範囲に名前が定義されていると、名前ボックスから定義した名前を選択するだけで、範囲を選択することができます。これにより、作業を効率よく進めることができます。

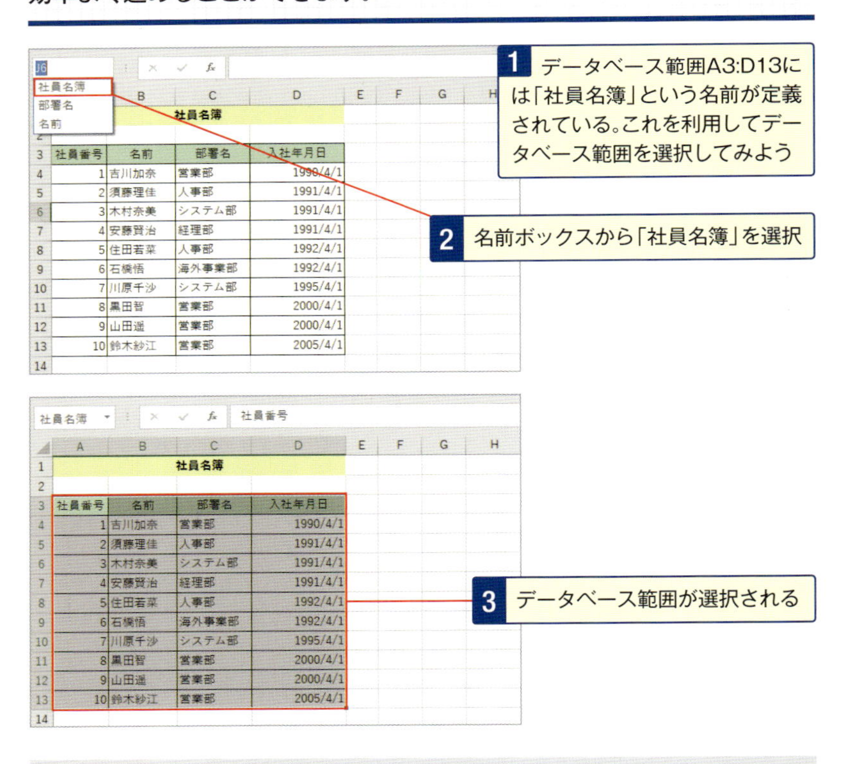

社員番号	名前	部署名	入社年月日
1	吉川加奈	営業部	1990/4/1
2	須藤理佳	人事部	1991/4/1
3	木村奈美	システム部	1991/4/1
4	安藤賢治	経理部	1991/4/1
5	住田若菜	人事部	1992/4/1
6	石橋悟	海外事業部	1992/4/1
7	川原千沙	システム部	1995/4/1
8	黒田智	営業部	2000/4/1
9	山田遥	営業部	2000/4/1
10	鈴木紗江	営業部	2005/4/1

スキルアップ 定義した名前は関数の引数や印刷範囲にも利用可能

定義した名前は、範囲選択だけでなく、関数の引数にも利用できます。

セル番地を使って引数を指定	定義した名前を使って引数を指定
=SUM (A2:A10)	=SUM (合計範囲)

また、印刷範囲に名前を定義すれば、ページ設定時の印刷範囲としても利用できます。

No. 004 フォーム形式で社内の誰でもラクラク入力・編集・検索

フォームを使用すると、レコードの内容が単票形式で表示され、レコードの新規入力・編集・削除・検索が簡単に行えます。まずは[ファイル]タブのオプションを選択して、[Excelのオプション]ダイアログを表示します。

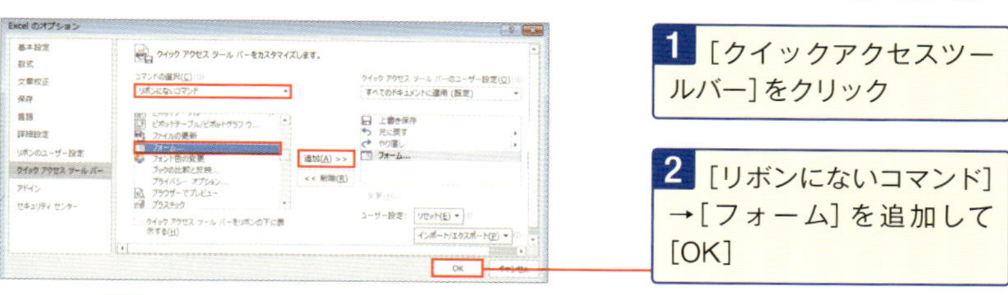

1 [クイックアクセスツールバー]をクリック

2 [リボンにないコマンド]→[フォーム]を追加して[OK]

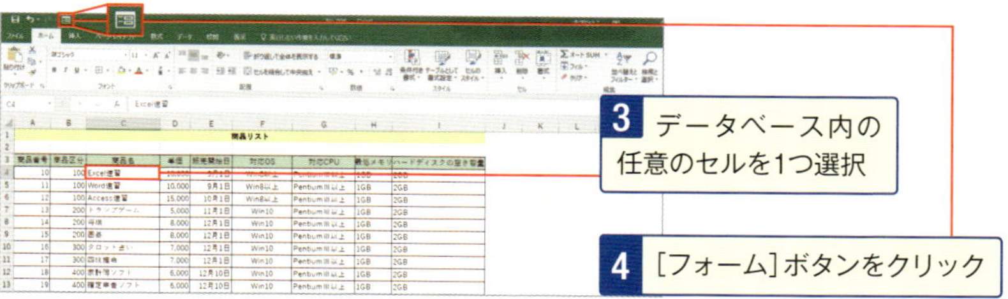

商品番号	商品区分	商品名	単価	販売開始日	対応OS	対応CPU	最低メモリ	ハードディスクの空き容量
10	100	Excel道習	10,000	9月1日	Win8以上	PentiumⅢ以上	1GB	2GB
11	100	Word道習	10,000	9月1日	Win8以上	PentiumⅢ以上	1GB	2GB
12	100	Access道習	15,000	10月1日	Win8以上	PentiumⅢ以上	1GB	2GB
13	200	トランプゲーム	5,000	11月1日	Win10	PentiumⅢ以上	1GB	2GB
14	200	将棋	8,000	12月1日	Win10	PentiumⅢ以上	1GB	2GB
15	200	囲碁	8,000	12月1日	Win10	PentiumⅢ以上	1GB	2GB
16	300	タロット占い	7,000	12月1日	Win10	PentiumⅢ以上	1GB	2GB
17	300	四柱推命	7,000	12月1日	Win10	PentiumⅢ以上	1GB	2GB
18	400	家計簿ソフト	6,000	12月10日	Win10	PentiumⅢ以上	1GB	2GB
19	400	確定申告ソフト	6,000	12月10日	Win10	PentiumⅢ以上	1GB	2GB

3 データベース内の任意のセルを1つ選択

4 [フォーム]ボタンをクリック

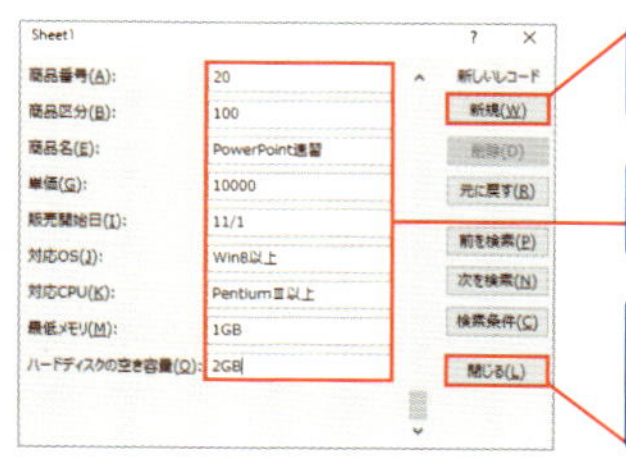

5 [新規]ボタンをクリック

6 新規レコードを入力

7 入力終了後、[閉じる]ボタンをクリック

セルを移動する場合は、Tabキーを押します。

C4 Excel道習

商品リスト

商品番号	商品区分	商品名	単価	販売開始日	対応OS	対応CPU	最低メモリ	ハードディスクの空き容量
10	100	Excel道習	10,000	9月1日	Win8以上	PentiumⅢ以上	1GB	2GB
11	100	Word道習	10,000	9月1日	Win8以上	PentiumⅢ以上	1GB	2GB
12	100	Access道習	15,000	10月1日	Win8以上	PentiumⅢ以上	1GB	2GB
13	200	トランプゲーム	5,000	11月1日	Win10	PentiumⅢ以上	1GB	2GB
14	200	将棋	8,000	12月1日	Win10	PentiumⅢ以上	1GB	2GB
15	200	囲碁	8,000	12月1日	Win10	PentiumⅢ以上	1GB	2GB
16	300	タロット占い	7,000	12月1日	Win10	PentiumⅢ以上	1GB	2GB
17	300	四柱推命	7,000	12月1日	Win10	PentiumⅢ以上	1GB	2GB
18	400	家計簿ソフト	6,000	12月10日	Win10	PentiumⅢ以上	1GB	2GB
19	400	確定申告ソフト	6,000	12月10日	Win10	PentiumⅢ以上	1GB	2GB
20	100	PowerPoint道習	10,000	11月1日	Win8以上	PentiumⅢ以上	1GB	2GB

8 新規レコードがデータベースの最終行に追加される

No. 005 フォーム形式でのデータ検索→修正は簡単3ステップ

フォームを使用して目的のレコードを探すには、[検索条件]ボタンを使用します。検索結果が複数ある場合は、[次を検索]ボタンや[前を検索]ボタンをクリックして表示します。

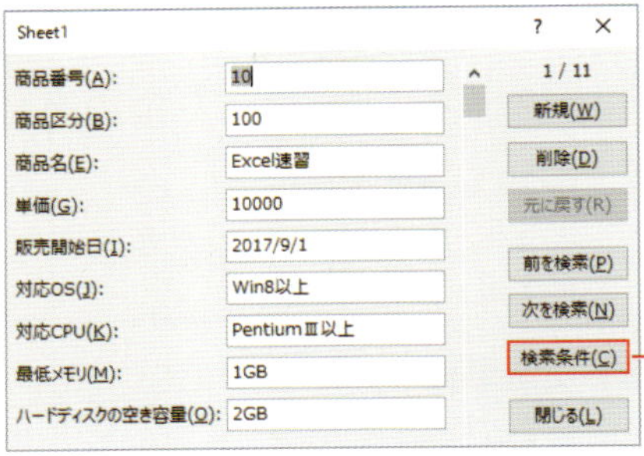

Sheet1

商品番号(A):	10	1 / 11
商品区分(B):	100	新規(W)
商品名(E):	Excel速習	削除(D)
単価(G):	10000	元に戻す(R)
販売開始日(I):	2017/9/1	前を検索(P)
対応OS(J):	Win8以上	次を検索(N)
対応CPU(K):	PentiumⅢ以上	検索条件(C)
最低メモリ(M):	1GB	
ハードディスクの空き容量(O):	2GB	閉じる(L)

1 データベース内の任意のセルを1つ選択し、[クイックアクセスツールバー]の[フォーム]を選択

2 [検索条件]ボタンをクリック

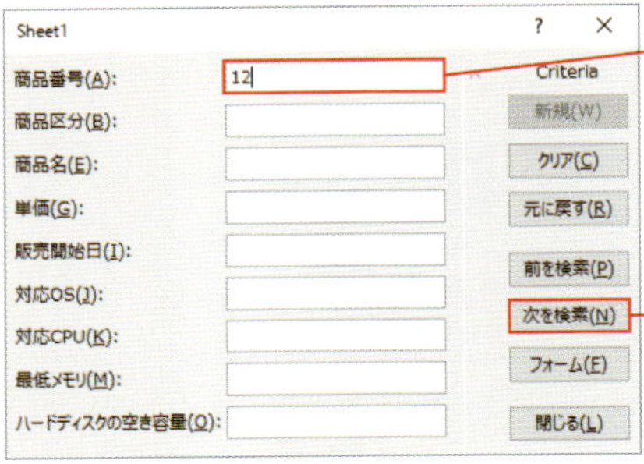

Sheet1

商品番号(A):	12	Criteria
商品区分(B):		新規(W)
商品名(E):		クリア(C)
単価(G):		元に戻す(R)
販売開始日(I):		前を検索(P)
対応OS(J):		次を検索(N)
対応CPU(K):		フォーム(F)
最低メモリ(M):		
ハードディスクの空き容量(O):		閉じる(L)

3 検索条件を入力

4 [次を検索]ボタンをクリック

Sheet1

商品番号(A):	12	3 / 11
商品区分(B):	100	新規(W)
商品名(E):	Access速習	削除(D)
単価(G):	20000	元に戻す(R)
販売開始日(I):	2017/10/1	前を検索(P)
対応OS(J):	Win8以上	次を検索(N)
対応CPU(K):	PentiumⅢ以上	検索条件(C)
最低メモリ(M):	1GB	
ハードディスクの空き容量(O):	2GB	閉じる(L)

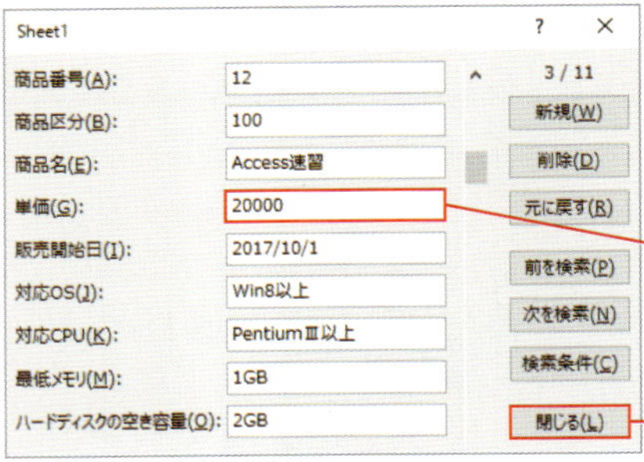

修正した内容は、他のレコードに移動したり、フォーム画面を閉じたりしたときに反映されます。

5 指定したレコードが表示されるので、単価を修正

6 [閉じる]ボタンをクリック

No.006 スクロールすると見出しが見えない!? 見出し固定ワザ

下や右に画面をスクロールするとフィールド名や、レコードを区別するための特定のフィールドなどが見えなくなることがあります。常にフィールド名や特定のフィールドを表示するには、ウィンドウ枠を固定します。

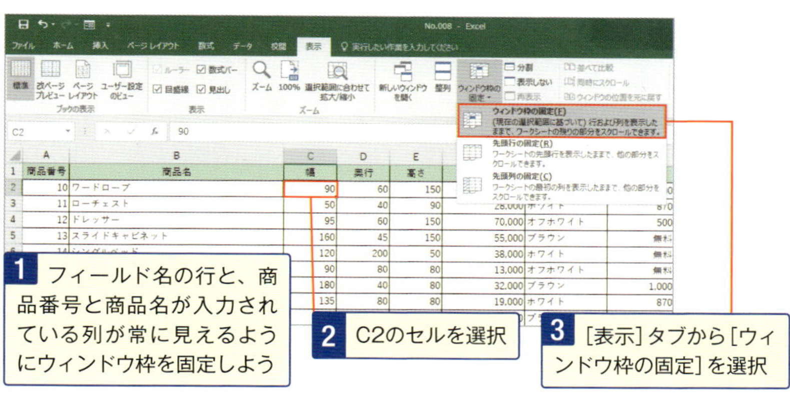

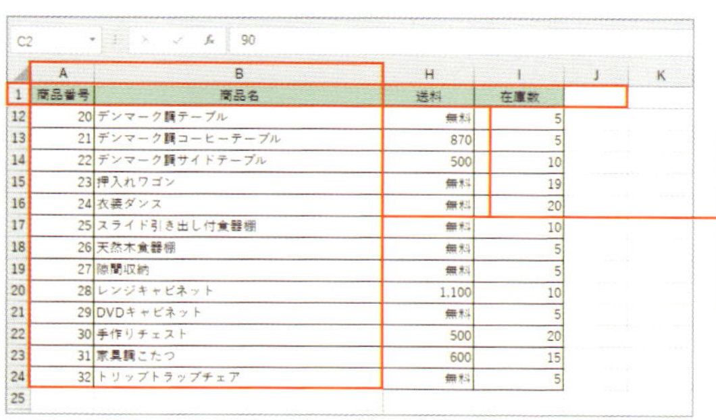

4 下や右に画面をスクロールしてもフィールド名や特定のフィールドが表示されている

トラブル解決 ウィンドウ枠の固定とその解除方法

ウィンドウ枠の固定は、固定したい行と列が交差するセルの右下のセルを選択して設定します。行、列のみを固定する場合は、固定する行の下の行、固定する列の右の列を選択して設定します。設定を解除するには、[表示] タブから [ウィンドウ枠固定の解除] を選択します。

No. 007 シートの比較は「並べて比較」でシート切り替え無用！

各ワークシートに作成された同じ形式のデータベースを同時に見たい場合には、[並べて比較] を使用します。[並べて比較] を解除するには、[並べて比較] ツールバーの [並べて比較を解除] ボタンをクリックします。

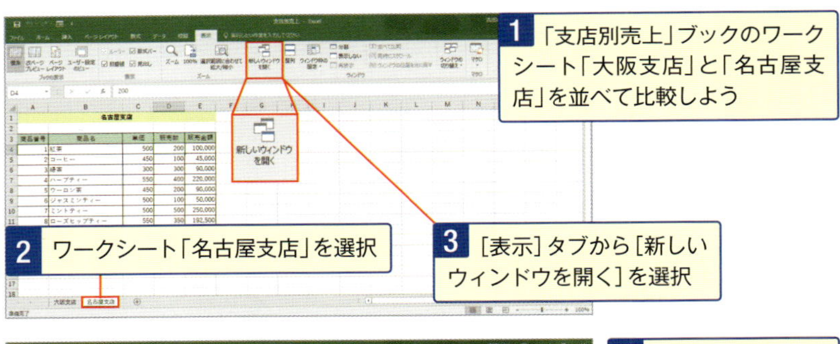

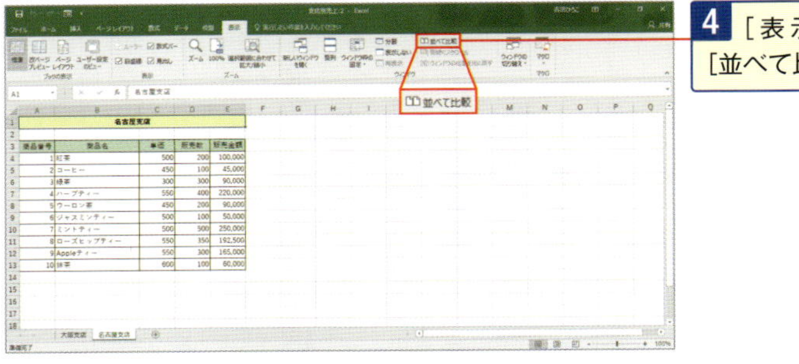

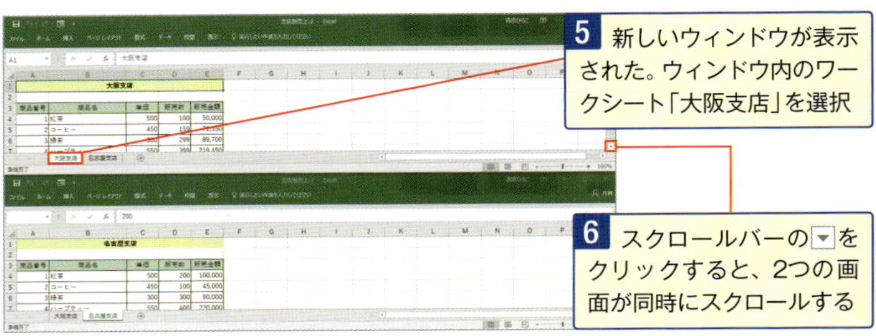

第2章

これだけ！データベース作成の時短ワザ

データベース形式でデータを入力する際、時短のためのテクニックがいくつもあります。会社の支店名も設定すればオートフィルで入力できたり、既に入力されたデータでも、半角全角や半角アキを揃えることでグッと使いやすいデータになります。

No.008 マウス禁止！連続入力には Tab と Enter で瞬間セル移動

新規レコードを連続入力する場合、Tabキーを押すと、アクティブセルが**右へ移動**し、Enterキーを押すと、アクティブセルが次のレコードの**左端に移動**します。このキー操作を使い分ければスムーズに入力できます。

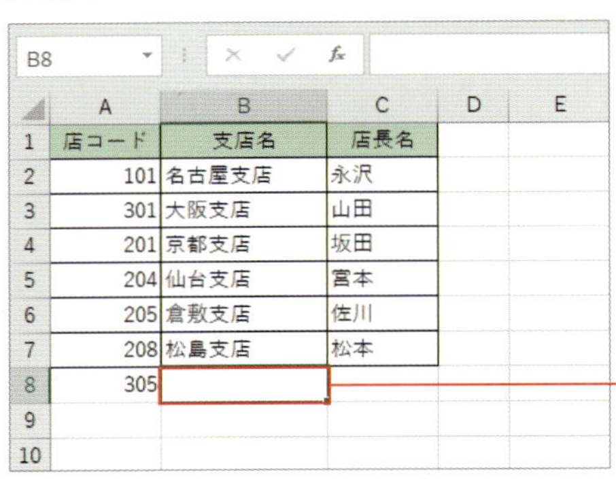

B8

	A	B	C	D	E
1	店コード	支店名	店長名		
2	101	名古屋支店	永沢		
3	301	大阪支店	山田		
4	201	京都支店	坂田		
5	204	仙台支店	宮本		
6	205	倉敷支店	佐川		
7	208	松島支店	松本		
8	305				
9					
10					

1 新規に入力するレコードの左端のセルを選択し、データを入力してTabキーを押すと、アクティブセルが右に移動

A9

	A	B	C	D	E
1	店コード	支店名	店長名		
2	101	名古屋支店	永沢		
3	301	大阪支店	山田		
4	201	京都支店	坂田		
5	204	仙台支店	宮本		
6	205	倉敷支店	佐川		
7	208	松島支店	松本		
8	305	札幌支店	浅田		
9					
10					

2 同じ操作でレコードの右端までデータを入力したら、Enterキーを押す。アクティブセルが次の新規レコードの左端に移動する

スキルアップ 選択してTabキーのみを使う

上記のようにすると、アクティブセルが右端にきたらEnterキーを押さなければなりません。あらかじめ入力範囲を選択しておけば、アクティブセルが右端でも、Tabキーで次の行のレコードの左端に移動します。

No.009 いちいち再計算では遅い！ 手動再計算で入力スピードアップ

データの量が多くなると、Excelの動作が遅くなって入力がはかどらない場合があります。そのようなときは、必要なときだけ再計算するように設定すると、データ入力のスピードアップにつながります。

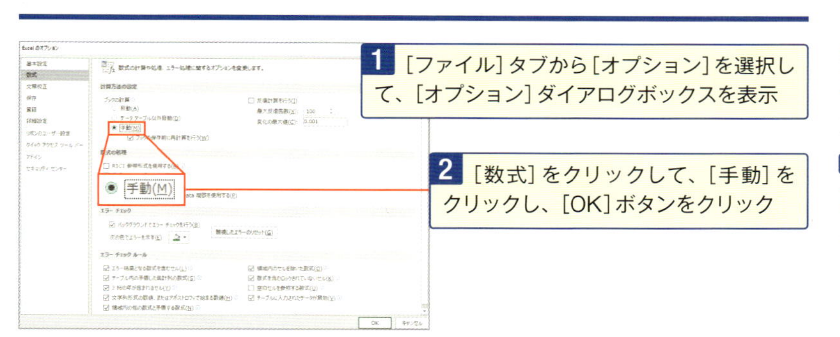

1 [ファイル]タブから[オプション]を選択して、[オプション]ダイアログボックスを表示

2 [数式]をクリックして、[手動]をクリックし、[OK]ボタンをクリック

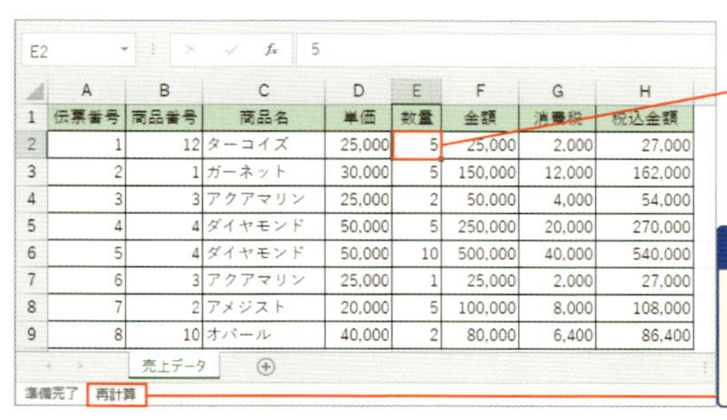

	A	B	C	D	E	F	G	H
1	伝票番号	商品番号	商品名	単価	数量	金額	消費税	税込金額
2	1	12	ターコイズ	25,000	5	25,000	2,000	27,000
3	2	1	ガーネット	30,000	5	150,000	12,000	162,000
4	3	3	アクアマリン	25,000	2	50,000	4,000	54,000
5	4	4	ダイヤモンド	50,000	5	250,000	20,000	270,000
6	5	4	ダイヤモンド	50,000	10	500,000	40,000	540,000
7	6	3	アクアマリン	25,000	1	25,000	2,000	27,000
8	7	2	アメジスト	20,000	5	100,000	8,000	108,000
9	8	10	オパール	40,000	2	80,000	6,400	86,400

3 E2のセルを「1」から「5」に変更

4 ステータスバーに「再計算」と表示され、「金額」「消費税」「税込金額」が自動計算されないことを確認

	A	B	C	D	E	F	G	H
1	伝票番号	商品番号	商品名	単価	数量	金額	消費税	税込金額
2	1	12	ターコイズ	25,000	5	125,000	10,000	135,000
3	2	1	ガーネット	30,000	5	150,000	12,000	162,000
4	3	3	アクアマリン	25,000	2	50,000	4,000	54,000
5	4	4	ダイヤモンド	50,000	5	250,000	20,000	270,000
6	5	4	ダイヤモンド	50,000	10	500,000	40,000	540,000
7	6	3	アクアマリン	25,000	1	25,000	2,000	27,000
8	7	2	アメジスト	20,000	5	100,000	8,000	108,000
9	8	10	オパール	40,000	2	80,000	6,400	86,400

E2 5 / 売上データ / 準備完了

5 F9キーを押す。再計算が実行され、ステータスバーの「再計算」が消える

No.010 入力に無関係なセルを非表示で速さアップとミス防止

入力する必要がないフィールドや、数式や内容を表示させる必要がないデータが入力されているフィールドは、一時的に列を非表示にすることで、入力スピードをアップしたり、入力されている内容を保護したりできます。

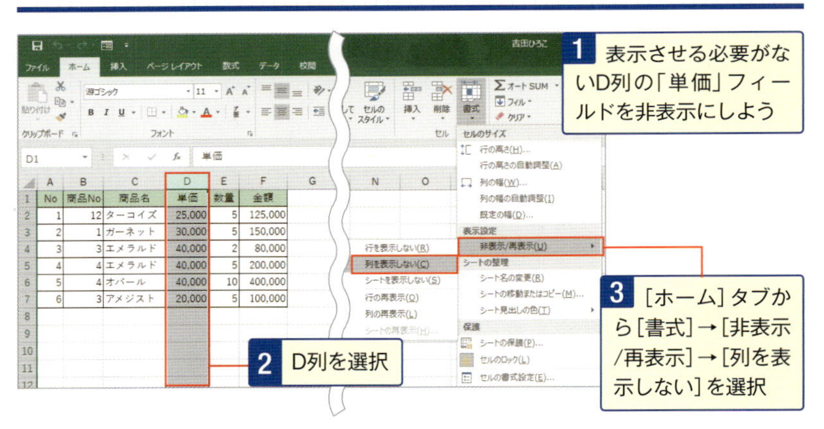

	A	B	C	E	F
1	No	商品No	商品名	数量	金額
2	1	12	ターコイズ	5	125,000
3	2	1	ガーネット	5	150,000
4	3	3	エメラルド	2	80,000
5	4	4	エメラルド	5	200,000
6	5	4	オパール	10	400,000
7	6	3	アメジスト	5	100,000

4 D列が表示されなくなる

非表示列は印刷されません。

スキルアップ 列を再表示するには

非表示にした列を再表示するには、非表示列をはさんだ列を選択して、上と同様に［再表示］を選択します。または、非表示列をはさんだ列を選択し、その上で右クリックして表示されるショートカットメニューから［再表示］を選択します。

No.011 入力は最初の数文字だけでOK！オートコンプリート機能

入力するデータが同じ列にある場合、最初の数文字の読みを入力するだけで、残りの部分が自動的に表示されるオートコンプリート機能を使うと入力の手間が省けます。

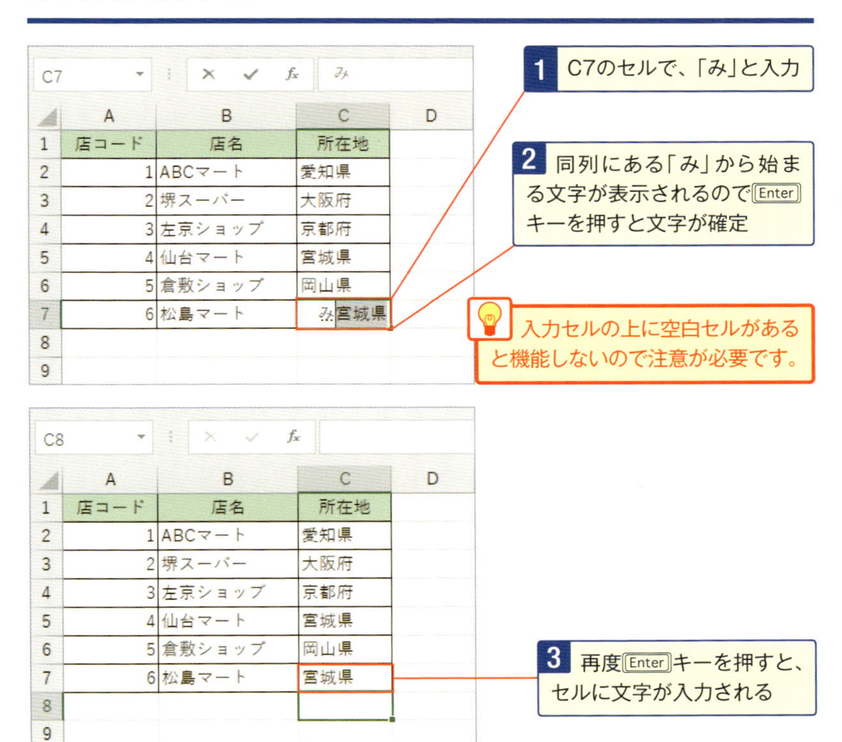

スキルアップ オートコンプリートを使いこなすには

最初の数文字の読みを入力すると候補が表示されますが、さらに入力を続けると、同じ列にあるデータの中から候補が絞り込まれていきます。なお、Alt+↓キーを押すと読みに関わらず、同じ列に入力されている入力候補の一覧が表示されます。

No.012 住所は郵便番号から変換すると数字だけでサクッと完成

社員名簿や得意先リストなどで住所を入力する場合、正確な住所入力を簡単に行うには、郵便番号から変換します。この設定によって、入力した郵便番号に応じた住所を自動的に入力できます。

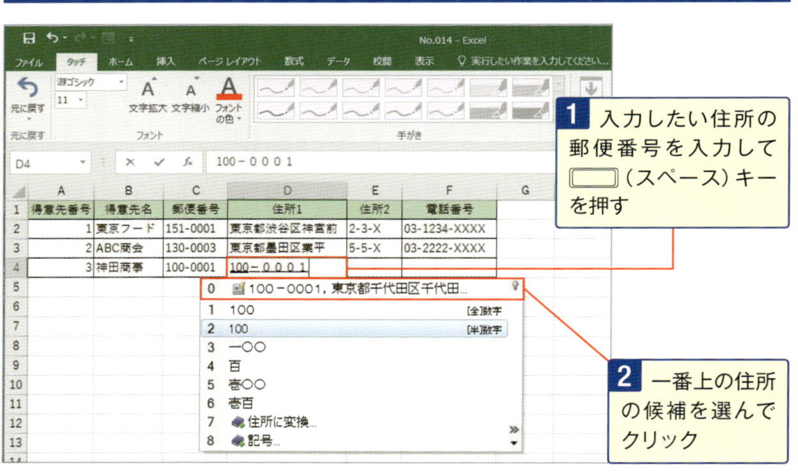

	A	B	C	D	E	F
1	得意先番号	得意先名	郵便番号	住所1	住所2	電話番号
2	1	東京フード	151-0001	東京都渋谷区神宮前	2-3-X	03-1234-XXXX
3	2	ABC商会	130-0003	東京都墨田区業平	5-5-X	03-2222-XXXX
4	3	神田商事	100-0001	東京都千代田区千代田		

3 郵便番号から住所が入力される

No.013 「0001」と入力したいのにどうしても「1」になってしまう

数値を指定した桁数で表示するには、表示したい桁数分だけ「0」を並べてユーザー定義の表示形式を定義します。例えば、数値を4桁で表示するには「0000」と定義します。

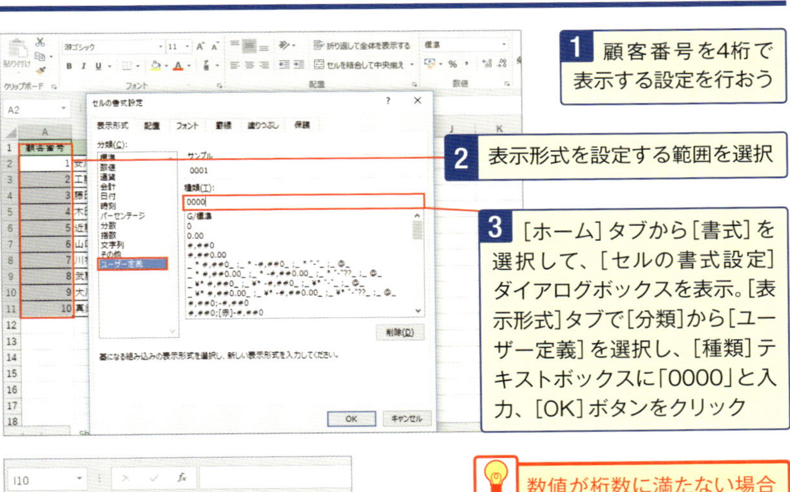

1 顧客番号を4桁で表示する設定を行おう

2 表示形式を設定する範囲を選択

3 ［ホーム］タブから［書式］を選択して、［セルの書式設定］ダイアログボックスを表示。［表示形式］タブで［分類］から［ユーザー定義］を選択し、［種類］テキストボックスに「0000」と入力、［OK］ボタンをクリック

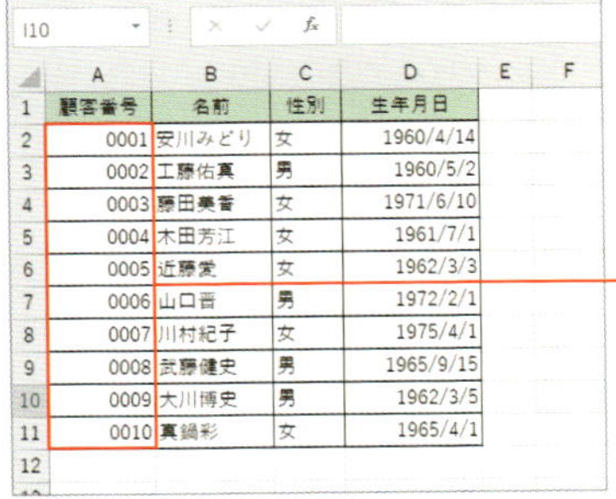

	A	B	C	D
1	顧客番号	名前	性別	生年月日
2	0001	安川みどり	女	1960/4/14
3	0002	工藤佑真	男	1960/5/2
4	0003	藤田美香	女	1971/6/10
5	0004	木田芳江	女	1961/7/1
6	0005	近藤愛	女	1962/3/3
7	0006	山口晋	男	1972/2/1
8	0007	川村紀子	女	1975/4/1
9	0008	武藤健史	男	1965/9/15
10	0009	大川博史	男	1962/3/5
11	0010	真鍋彩	女	1965/4/1

数値が桁数に満たない場合は「0」を補って表示されます。

4 数値が4桁で表示される

スキルアップ 表示形式を定義した数値はどのように保存されているの？

4桁で表示するように設定したセルに「1」「001」「0001」「00001」などと入力した場合、すべて「0001」と4桁で表示されますが、実際には、数値の「1」として保存されています。

No. 014 自分の会社の支店名もオートフィルできちゃうの!?

毎回同じ順番で文字列データを入力したい場合、ユーザー設定リストにその順番で文字列データを登録しておくと、オートフィルで登録した順番に文字列データを入力できます。会社の支店名などをまとめて入力するときに便利です。

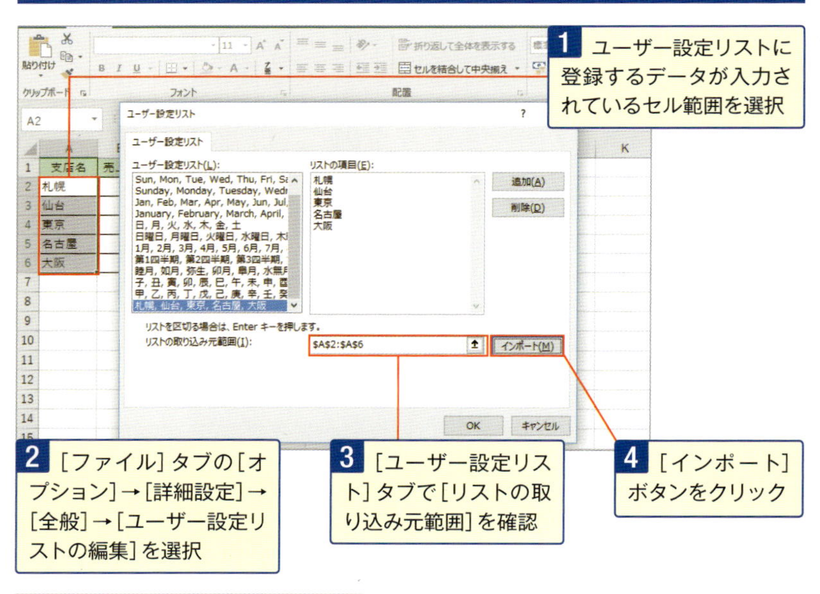

A7 札幌

	A	B	C	D	E	F
1	支店名	売上月	販売数	売上高		
2	札幌	1	200	400,000		
3	仙台	1	100	200,000		
4	東京	1	300	600,000		
5	名古屋	1	400	800,000		
6	大阪	1	200	400,000		
7	札幌					
8	仙台					
9	東京					
10	名古屋					
11	大阪					
12						
13						

5 ユーザー設定リストに登録した1番最初の文字列を入力し、オートフィルを実行すると、登録した順番にデータが入力される

No.015 ふりがなを振るのが面倒……コマンド一発でOK

漢字変換する前の入力時の読みの情報を保存しています。この情報をふりがなとして表示させることができます。ただし、別のソフトに入力したデータをコピーした文字列には、読みの情報はありませんので表示できません。

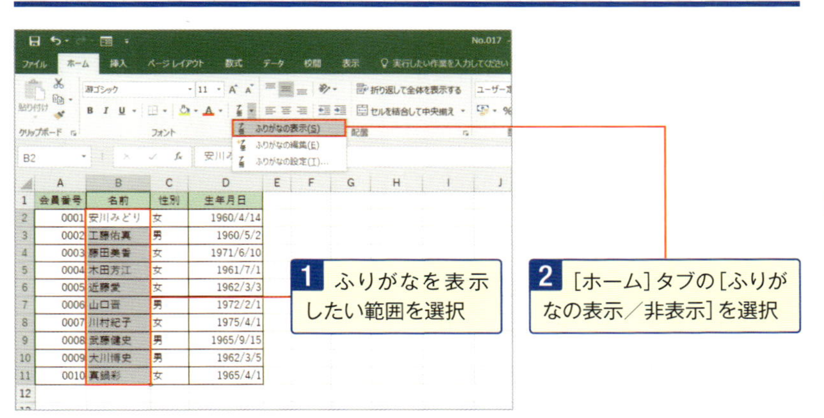

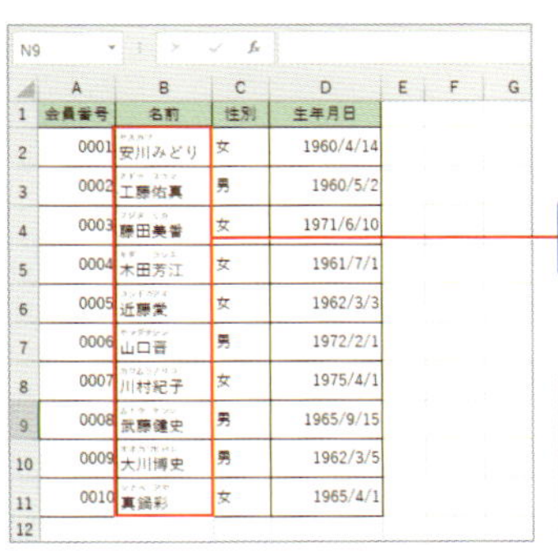

⚠ 入力する際に別の読みで入力した場合は、その読みがふりがなとして出てしまいます。その際は下のコラムを参照して訂正しましょう。

スキルアップ 表示されたふりがなを訂正するには

表示されたふりがなを訂正するには、セルをダブルクリックしたあと、ふりがな上をクリックして修正します。または、セルの上で、Altキー＋Shiftキー＋↑キーを押してから修正することもできます。

No.016 ふりがなはひらがな、全角カタカナ、半角カタカナが選べる

表示されたふりがなの文字の種類は、[ふりがなの設定]で、ひらがな・全角カタカナ・半角カタカナの3種類のいずれかに変更できます。PHONETIC関数(P.31参照)で表示したふりがなも、ここで設定した文字の種類で表示されます。

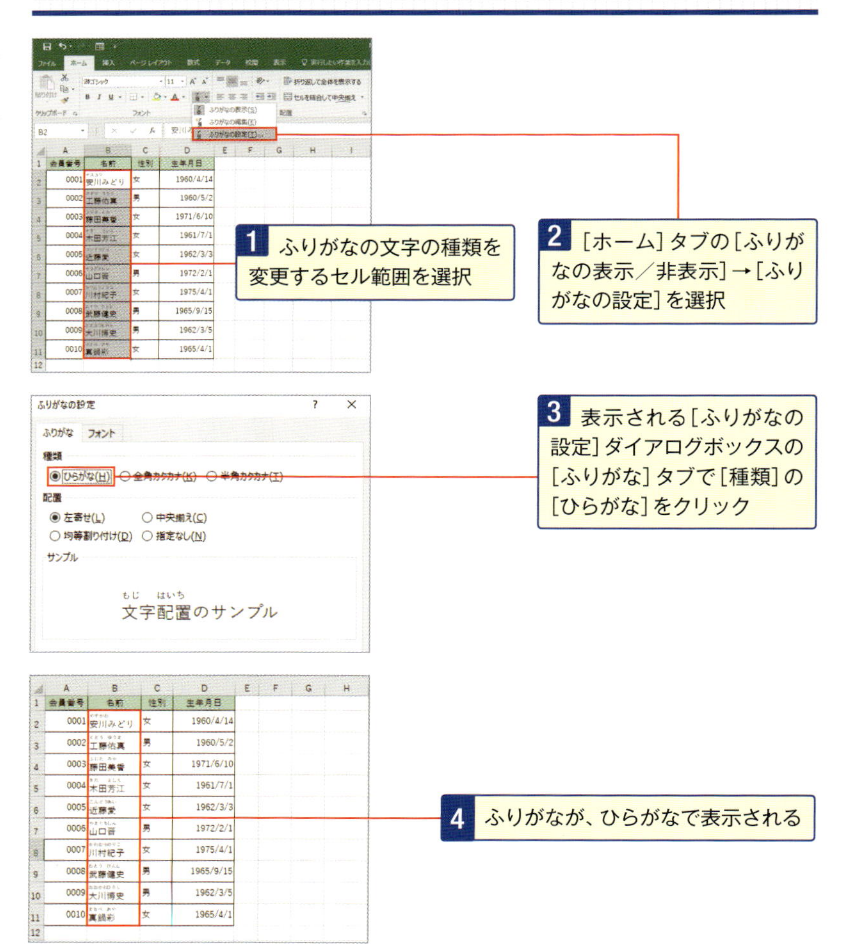

No.017 ふりがな欄が別!? ふりがなは別のセルに取り出せる

PHONETIC関数を使用すると指定したセルにふりがなを取り出すことができます。データベースにあとからふりがな欄を追加した場合は、ふりがなのフィールドを選択して関数を入力し、Ctrlキー＋Enterキーを押して一度に式を入力できます。

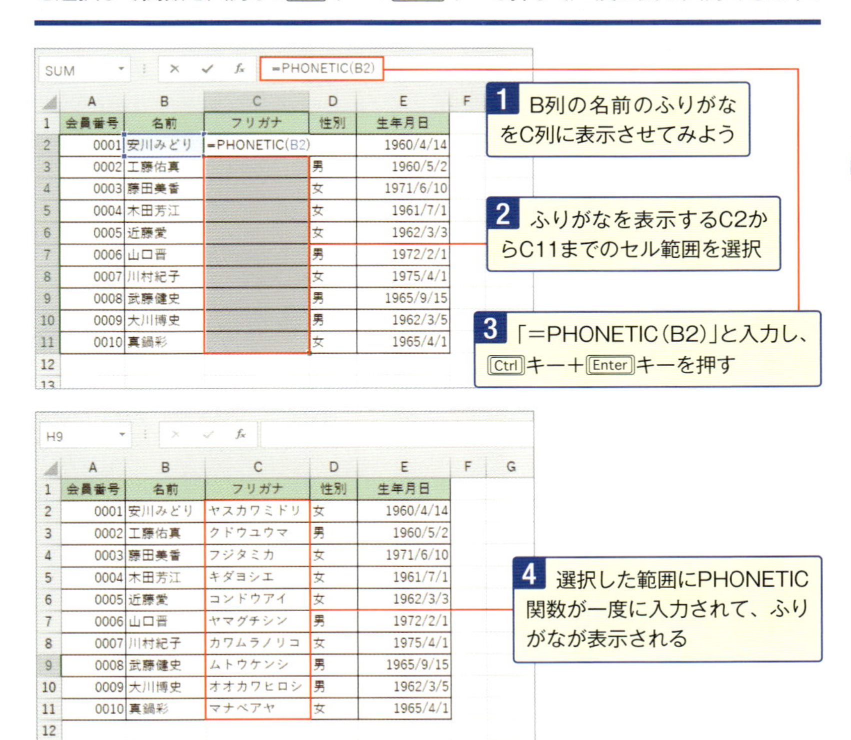

スキルアップ PHONETIC関数（情報）

取り出したふりがなの文字の種類は、指定したセルに設定されている文字の種類が表示されます。

=PHONETIC（範囲）
範囲に指定したセルからふりがなを取り出す

No.018 姓と名をつなげたい…「&」でつなげて文字列一発連結

異なるセルに入力されている文字列を連結して1つのセルに表示するには、「&」を使います。別々に入力されていた姓と名を1つにまとめたい場合などに利用します。1つにまとめたセルには数式が入力されています。

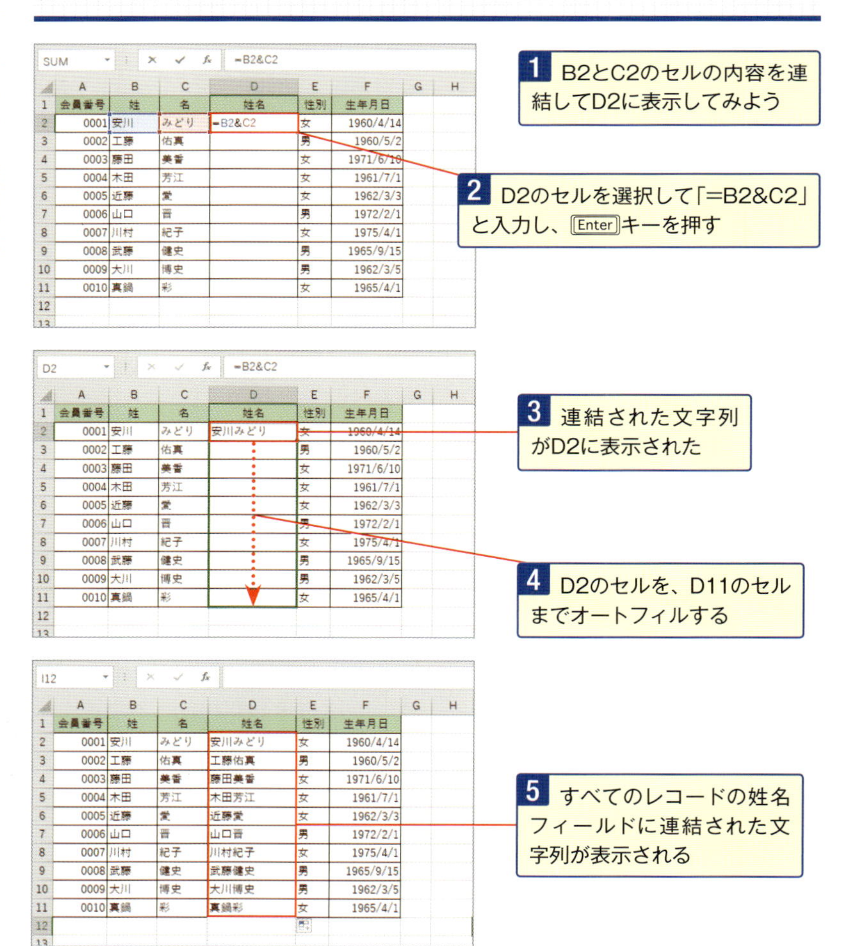

会員番号	姓	名	姓名	性別	生年月日
0001	安川	みどり	安川みどり	女	1960/4/14
0002	工藤	佑真	工藤佑真	男	1960/5/2
0003	藤田	美香	藤田美香	女	1971/6/10
0004	木田	芳江	木田芳江	女	1961/7/1
0005	近藤	駕	近藤駕	女	1962/3/3
0006	山口	晋	山口晋	男	1972/2/1
0007	川村	紀子	川村紀子	女	1975/4/1
0008	武藤	健史	武藤健史	男	1965/9/15
0009	大川	博史	大川博史	男	1962/3/5
0010	真鍋	彩	真鍋彩	女	1965/4/1

No.019 郵便番号や型番の上3桁がラクラク取り出せる

LEFT関数を使用すると、文字列の左端から指定した文字数の文字列を取り出すことができます。郵便番号のハイフンまでの文字列を取り出すなど、決まった文字数を取り出す場合に便利です。

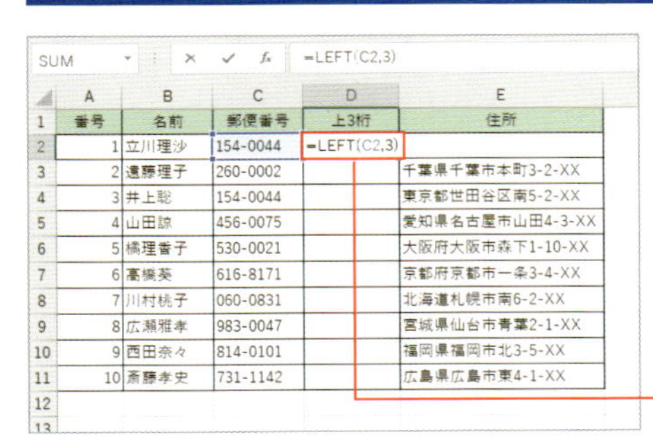

SUM =LEFT(C2,3)

	A	B	C	D	E
1	番号	名前	郵便番号	上3桁	住所
2	1	立川理沙	154-0044	=LEFT(C2,3)	
3	2	遠藤理子	260-0002		千葉県千葉市本町3-2-XX
4	3	井上聡	154-0044		東京都世田谷区南5-2-XX
5	4	山田涼	456-0075		愛知県名古屋市山田4-3-XX
6	5	橋理香子	530-0021		大阪府大阪市森下1-10-XX
7	6	高橋葵	616-8171		京都府京都市一条3-4-XX
8	7	川村桃子	060-0831		北海道札幌市南6-2-XX
9	8	広瀬雅孝	983-0047		宮城県仙台市青葉2-1-XX
10	9	西田奈々	814-0101		福岡県福岡市北3-5-XX
11	10	斎藤孝史	731-1142		広島県広島市東4-1-XX

1 D2のセルにC2のセルの郵便番号から上3桁を取り出してみよう

2 D2のセルを選択して「=LEFT (C2,3)」と入力

H11

	A	B	C	D	E
1	番号	名前	郵便番号	上3桁	住所
2	1	立川理沙	154-0044	154	東京都世田谷区西2-2-XX
3	2	遠藤理子	260-0002	260	千葉県千葉市本町3-2-XX
4	3	井上聡	154-0044	154	東京都世田谷区南5-2-XX
5	4	山田涼	456-0075	456	愛知県名古屋市山田4-3-XX
6	5	橋理香子	530-0021	530	大阪府大阪市森下1-10-XX
7	6	高橋葵	616-8171	616	京都府京都市一条3-4-XX
8	7	川村桃子	060-0831	060	北海道札幌市南6-2-XX
9	8	広瀬雅孝	983-0047	983	宮城県仙台市青葉2-1-XX
10	9	西田奈々	814-0101	814	福岡県福岡市北3-5-XX
11	10	斎藤孝史	731-1142	731	広島県広島市東4-1-XX

3 D2のセルに結果が表示されたのを確認して、D11までオートフィルする。すべてのレコードの上3桁フィールドに結果が表示される

半角の単位で文字数を指定する場合はLEFTB関数を使用します。

スキルアップ LEFT関数・LEFTB関数（文字列操作）

=LEFT（文字列,文字数）
=LEFTB（文字列,半角文字数）
文字列の左端から指定した文字数の文字列を取り出す

文字列	文字列または、文字列が入力されているセルを指定する
文字数	文字列の左端から取り出す文字数を指定する LEFTB関数は、半角単位で文字数を指定する

文字列の右端から文字列を取り出すには、RIGHT関数、RIGHTB関数を使用します。

No.020 会員番号の末尾4桁がラクラク取り出せる

MID関数を使用すると、文字列の**左端から指定した位置より指定した文字数の文字列**を取り出すことができます。会員番号に登録年などが含まれる場合に、登録年のみを取り出すのに便利です。

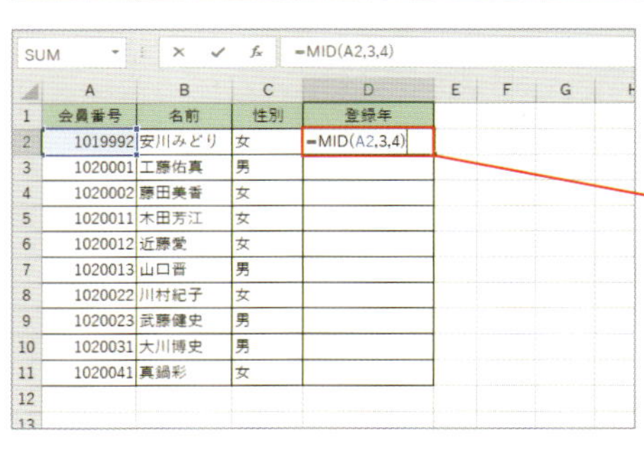

SUM　=MID(A2,3,4)

	A	B	C	D
1	会員番号	名前	性別	登録年
2	1019992	安川みどり	女	=MID(A2,3,4)
3	1020001	工藤佑真	男	
4	1020002	藤田美香	女	
5	1020011	木田芳江	女	
6	1020012	近藤愛	女	
7	1020013	山口晋	男	
8	1020022	川村紀子	女	
9	1020023	武藤健史	男	
10	1020031	大川博史	男	
11	1020041	真鍋彩	女	

1 D2のセルにA2のセルの3文字目から登録年にあたる4桁の数値を取り出してみよう

2 D2のセルを選択して「=MID（A2,3,4）」と入力

K16

	A	B	C	D
1	会員番号	名前	性別	登録年
2	1019992	安川みどり	女	1999
3	1020001	工藤佑真	男	2000
4	1020002	藤田美香	女	2000
5	1020011	木田芳江	女	2001
6	1020012	近藤愛	女	2001
7	1020013	山口晋	男	2001
8	1020022	川村紀子	女	2002
9	1020023	武藤健史	男	2002
10	1020031	大川博史	男	2003
11	1020041	真鍋彩	女	2004

3 D2のセルに結果が表示されたのを確認して、D11までオートフィルすると、すべてのレコードの登録年フィールドに結果が表示される

半角の単位で文字数を指定する場合はMIDB関数を使用します。

スキルアップ MID関数・MIDB関数（文字列操作）

=MID（文字列,開始位置,文字数）
=MIDB（文字列,開始位置,半角文字数）
文字列の指定した位置から指定された文字数の文字列を取り出す
MIDB関数は、半角の単位で文字数を指定して取り出す場合に使用する

引数	説明
文字列	文字列または、文字列が入力されているセルを指定する
開始位置	文字列の左端を1として、取り出す文字位置を指定する
文字数	取り出す文字数を指定する。MIDB関数の場合は、半角文字数を指定する

No. 021 住所から「○○区」を取り出したい…文字数がわからなくてもOK

FIND関数は、指定した文字が指定した位置から何文字目にあるのかを返します。住所から区名を取り出すなど、取り出したい文字数は決まってないが、区切りとなる文字列が決まっているような場合にはLEFT関数と組み合わせて使うと便利です。

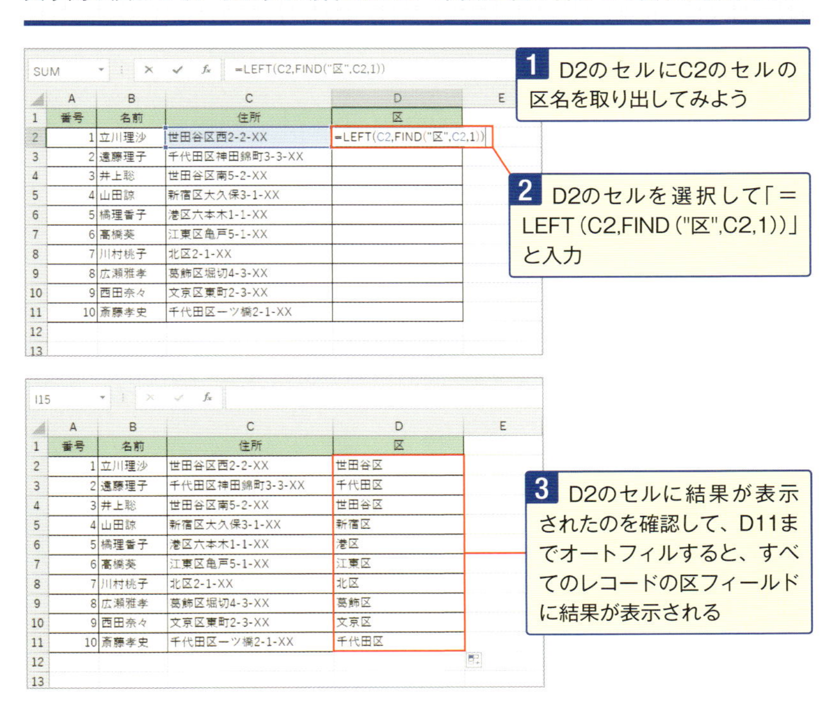

スキルアップ FIND関数（文字列操作）

=FIND（検索文字列,対象,開始位置） 指定した文字が、指定した位置から何文字目にあるかを返す	
検索文字列	検索する文字列を指定する
対象	検索される文字列または、文字列が入力されているセルを指定する
開始位置	検索を開始する位置を文字列の左端からの位置で指定する

No.022 数字の全角半角がバラバラ…半角数字と全角数字を統一したい！

ASC関数は全角の英数カナ文字を半角に変換します。JIS関数はその逆の処理を行います。英数カナ文字が混じっているデータを半角、全角に統一する場合に便利です。変換後セルには数式が入力されています。

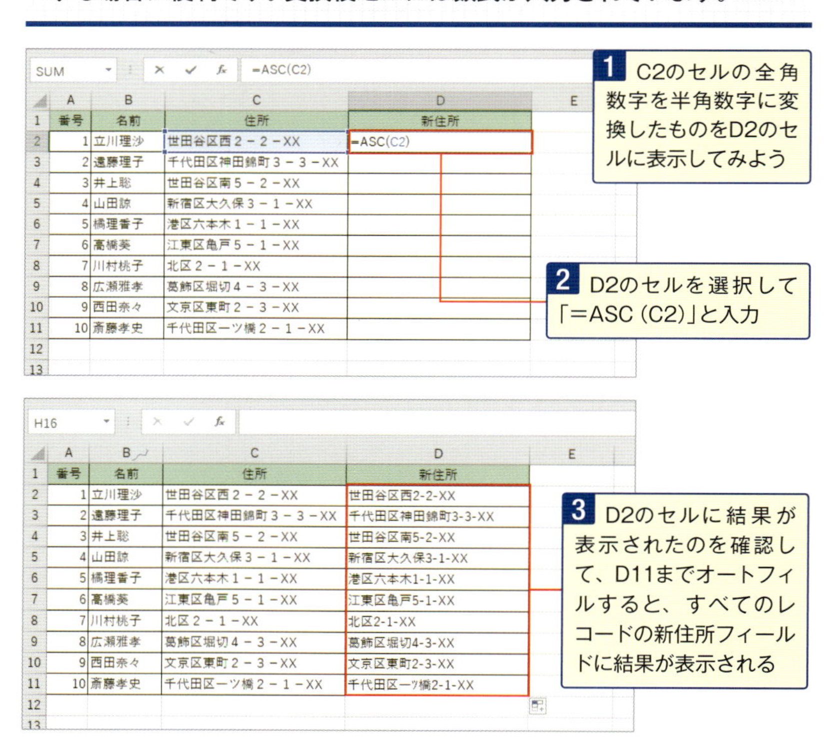

スキルアップ ASC関数・JIS関数（文字列操作）

=ASC（文字列） 文字列内に含まれる全角英数カナ文字をすべて半角に変換する
=JIS（文列） 文字列内に含まれる半角英数カナ文字をすべて全角に変換する

No. 023 商品番号を入力すると商品名や単価を表示したい

商品名や単価などを入力していると、ミスが多くなり時間もかかります。このような場合は、別途、商品一覧表を作成し、商品番号を入力するだけで商品一覧表から商品名や単価を取り出せるVLOOKUP関数を使用すると便利です。

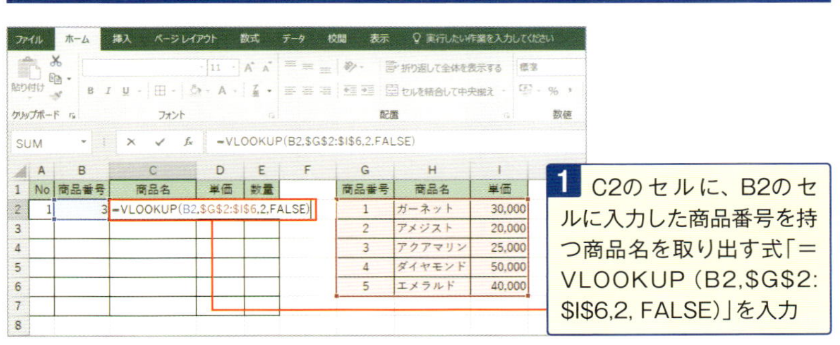

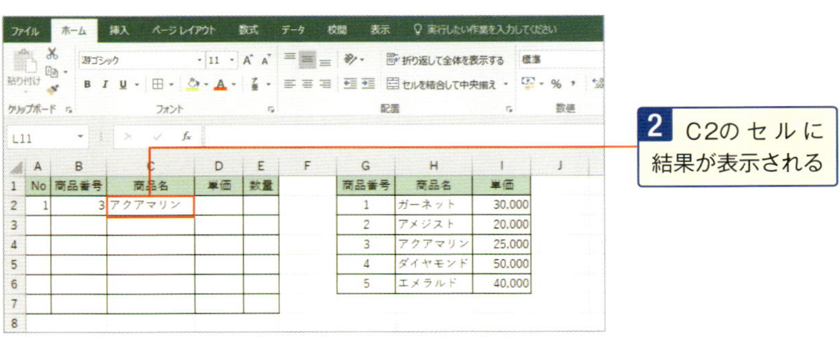

スキルアップ VLOOKUP関数(検索/行列)

＝VLOOKUP (検索値,範囲,列番号,検索の型)
範囲の左端列で検索値を検索し、検索された行の列番号に入力されているデータを取り出す

検索値	検索したいデータを指定する
範囲	検索値を左端にもつ一覧表を絶対参照で指定する
列番号	範囲の左端を1として、取り出したい文字列のある列番号を指定する
検索の型	完全一致は、FALSE、近似値も含める場合はTRUEを指定する TRUEを指定した場合は、範囲の左端をキーに昇順に並べる必要がある

No. 024 「#N/A」だらけ！ なにコレ? このエラー値、消したいよ～！

検索値が入力されていない場合、VLOOKUP関数の検索結果は「#N/A」とエラー値が表示されます。これを防ぐには、IF関数と組み合わせて、検索値が空白の場合は空白を表示し、それ以外の場合はVLOOKUP関数の検索結果を表示します。

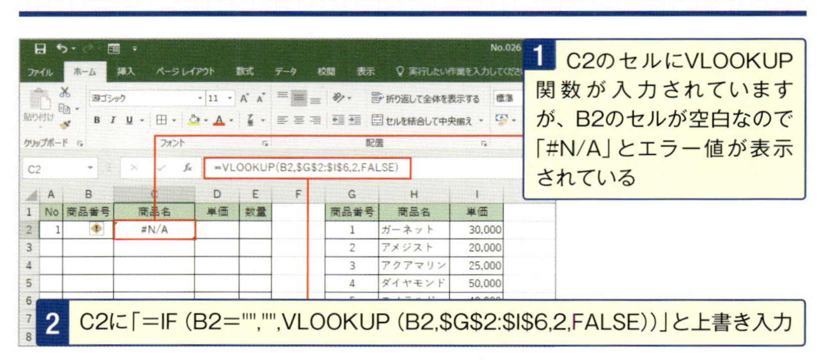

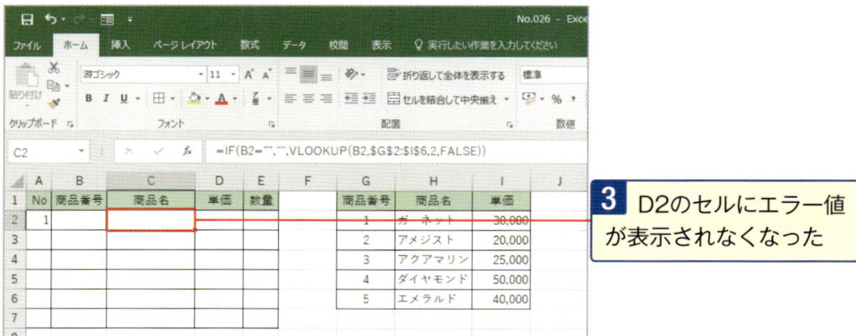

スキルアップ IF関数（論理）

=IF (論理式,真の場合,偽の場合)

論理式で指定された式が成り立つ場合は、真の場合を返し、それ以外は偽の場合を返す

引数	説明
論理式	結果がTRUEまたはFALSEになる値または式を指定する
真の場合	論理式の結果がTRUEであった場合に返す値や式を指定する
偽の場合	論理式の結果がFALSEであった場合に返す値や式を指定する

No.025 勤続年数や販売期間を求めたい! 関数の挿入は使えないので注意

ある期間内の年数や、月数、日数を求めるには、DATEDIF関数を使用します。入社日から今日までの勤続年数を求める場合などに便利です。[関数の挿入]ダイアログボックスから選択できないので、直接入力する必要があります。

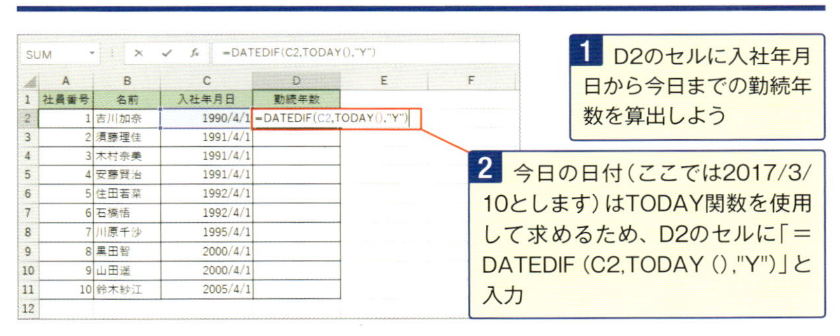

1 D2のセルに入社年月日から今日までの勤続年数を算出しよう

2 今日の日付(ここでは2017/3/10とします)はTODAY関数を使用して求めるため、D2のセルに「=DATEDIF (C2,TODAY (),"Y")」と入力

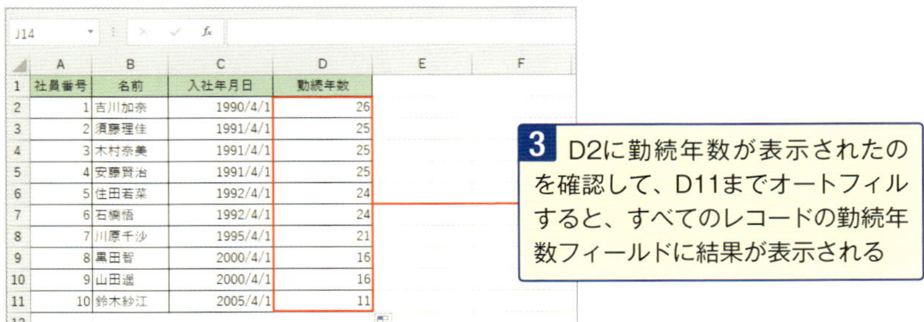

3 D2に勤続年数が表示されたのを確認して、D11までオートフィルすると、すべてのレコードの勤続年数フィールドに結果が表示される

スキルアップ DATEDIF関数

=DATEDIF (開始日,終了日,単位)
開始日から終了日までの差を単位で指定した単位で算出する

引数	説明
開始日	開始日を二重引用符「"」で囲むか、日付が入力されているセルを指定する
終了日	終了日を二重引用符「"」で囲むか、日付が入力されているセルを指定する
単位	求める期間の単位を指定する

※単位は次のように指定します。

年数・・・"Y"	満月数・・・"M"	満日数・・・"D"
1年未満の月数・・・"YM"	1年未満の日数・・・"YD"	1月未満の日数・・・"MD"

No.026 ノルマ達成のセルに色を付けたい！ 条件付き書式でラクラク

指定した条件を満たすセルに書式を設定するには、条件付き書式を利用します。条件付き書式はセル単位で設定し、条件は3つまで指定できます。設定できる書式は、フォントや罫線の書式、セルの背景色などです。

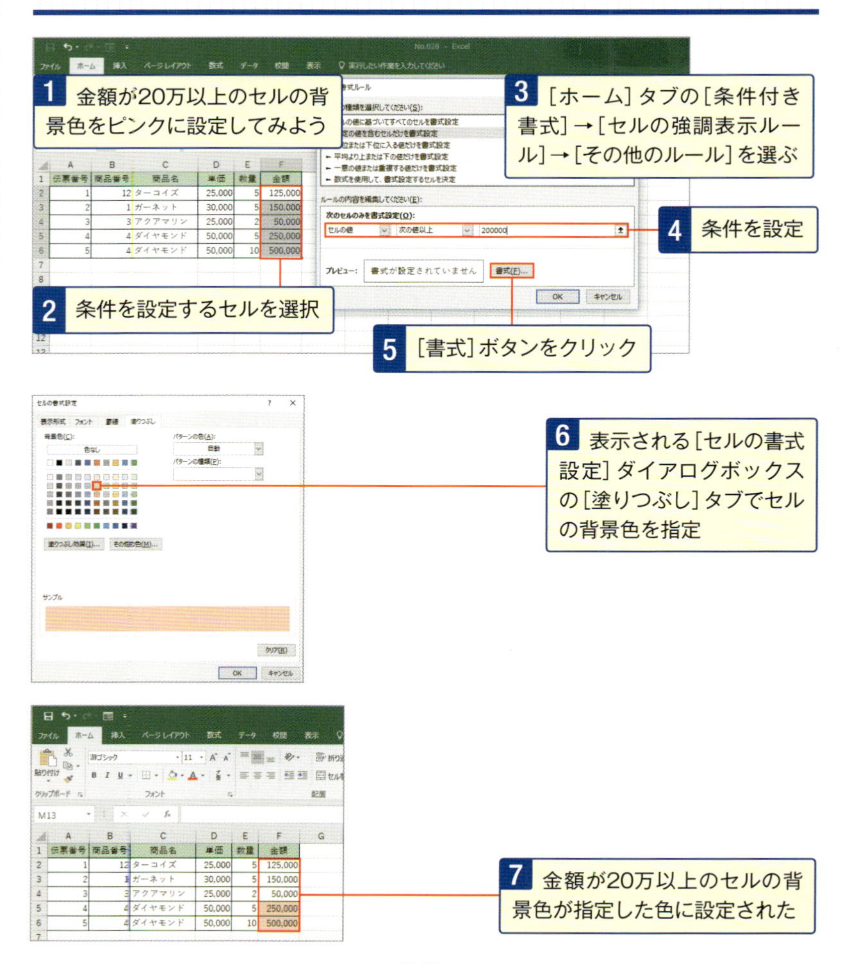

No.027 数式で連結した名前をコピーに便利な文字列に置き換えたい！

数式を値に置き換えるには、セルをコピーしたあとに［形式を選択して貼り付け］ダイアログボックスで［値］を選択して貼り付けます。この操作によって、数式の結果を数値や文字列として利用できるようになります。

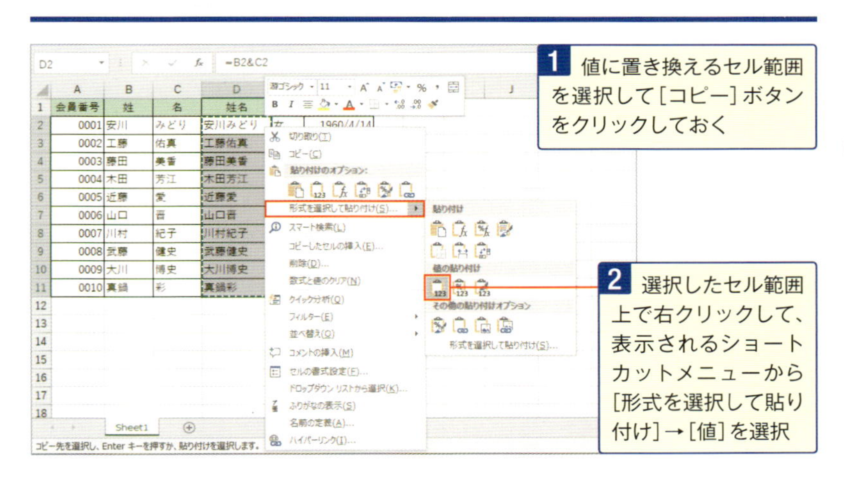

1 値に置き換えるセル範囲を選択して［コピー］ボタンをクリックしておく

2 選択したセル範囲上で右クリックして、表示されるショートカットメニューから［形式を選択して貼り付け］→［値］を選択

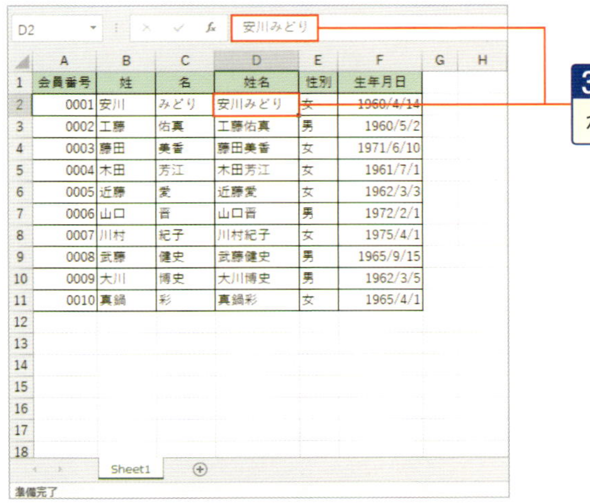

	A	B	C	D	E	F
1	会員番号	姓	名	姓名	性別	生年月日
2	0001	安川	みどり	安川みどり	女	1960/4/14
3	0002	工藤	佑真	工藤佑真	男	1960/5/2
4	0003	藤田	美香	藤田美香	女	1971/6/10
5	0004	木田	芳江	木田芳江	女	1961/7/1
6	0005	近藤	愛	近藤愛	女	1962/3/3
7	0006	山口	晋	山口晋	男	1972/2/1
8	0007	川村	紀子	川村紀子	女	1975/4/1
9	0008	武藤	健史	武藤健史	男	1965/9/15
10	0009	大川	博史	大川博史	男	1962/3/5
11	0010	真鍋	彩	真鍋彩	女	1965/4/1

3 最初にコピーした［値］が貼り付けられた

No. 028 検索はCtrl＋Fで一瞬！ [次を検索]ボタンで次々見つかる

データベースの中から**特定のデータを検索**するには、Ctrlキー＋Fキーを**押して**[検索]を実行します。検索キーワードを入力して、[次を検索]ボタンをクリックするたびに、キーワードを含むセルにカーソルが移動します。

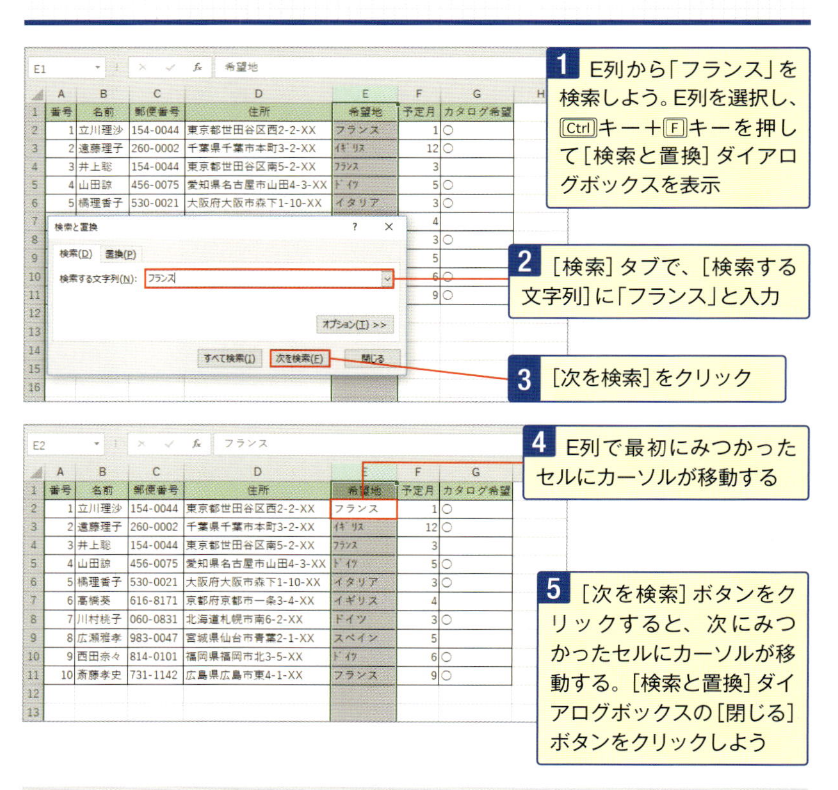

スキルアップ [検索]を実行するショートカットキーと検索対象範囲

[検索]をショートカットキーで実行するには、Ctrlキー＋Fキーを押します。また、検索範囲を選択せずに[検索]を実行すると、ワークシート全体が検索対象範囲となります。

No. 029

半角カタカナはエラーになっちゃう！半角カナだけ検索したい

［検索と置換］ダイアログボックスの［検索］タブで［オプション］ボタンをクリックすると、検索の詳細設定をする画面が表示されます。大文字と小文字の区別、半角と全角の区別、完全に一致するものを検索するかどうかなどの検索条件を設定できます。

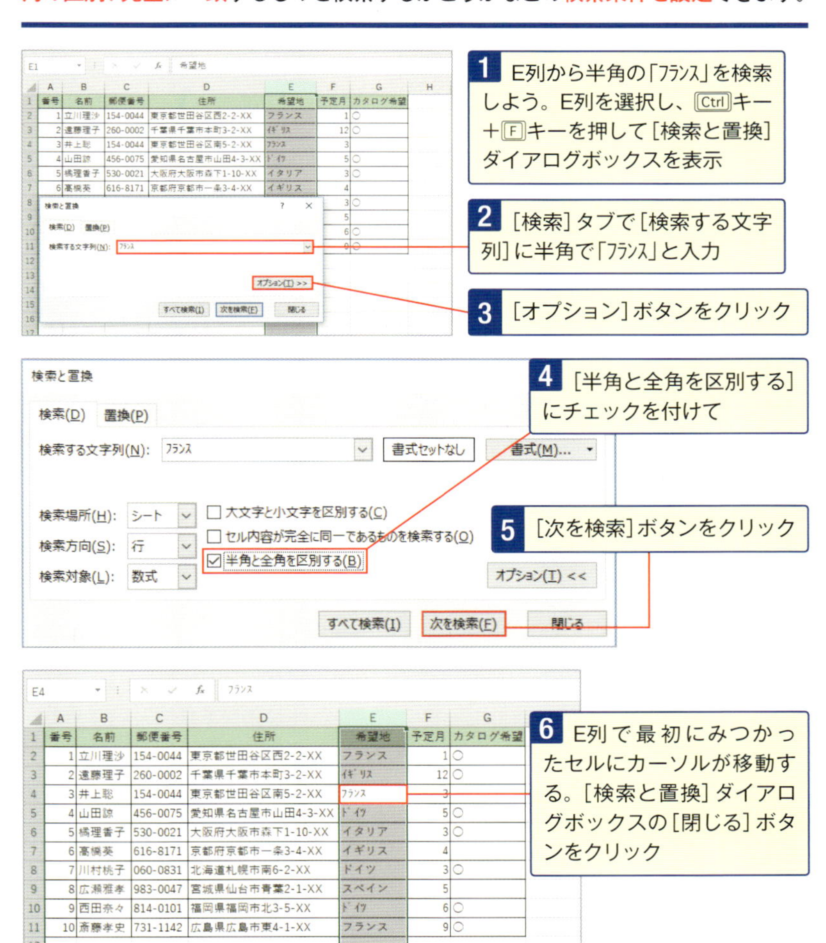

番号	名前	郵便番号	住所	希望地	予定月	カタログ希望
1	立川理沙	154-0044	東京都世田谷区西2-2-XX	フランス	1	○
2	遠藤理子	260-0002	千葉県千葉市本町3-2-XX	ｲｷﾞﾘｽ	12	○
3	井上聡	154-0044	東京都世田谷区南5-2-XX	ﾌﾗﾝｽ	3	
4	山田諒	456-0075	愛知県名古屋市山田4-3-XX	ﾄﾞｲﾂ	5	○
5	橋理香子	530-0021	大阪府大阪市森下1-10-XX	イタリア	3	○
6	高橋葵	616-8171	京都府京都市一条3-4-XX	イギリス	4	
7	川村桃子	060-0831	北海道札幌市南6-2-XX	ドイツ	3	○
8	広瀬雅孝	983-0047	宮城県仙台市青葉2-1-XX	スペイン	5	
9	西田奈々	814-0101	福岡県福岡市北3-5-XX	ﾄﾞｲﾂ	6	○
10	斎藤孝史	731-1142	広島県広島市東4-1-XX	フランス	9	○

No.030 データ置換はCtrl＋Hで一瞬！一括でも、確認しながらでも

データを置き換えるには、Ctrlキー＋Hキーで［置換］を実行します。検索するデータと置換後のデータを入力して［置換］ボタンをクリックすると、最初に検索されたデータが置き換えられます。

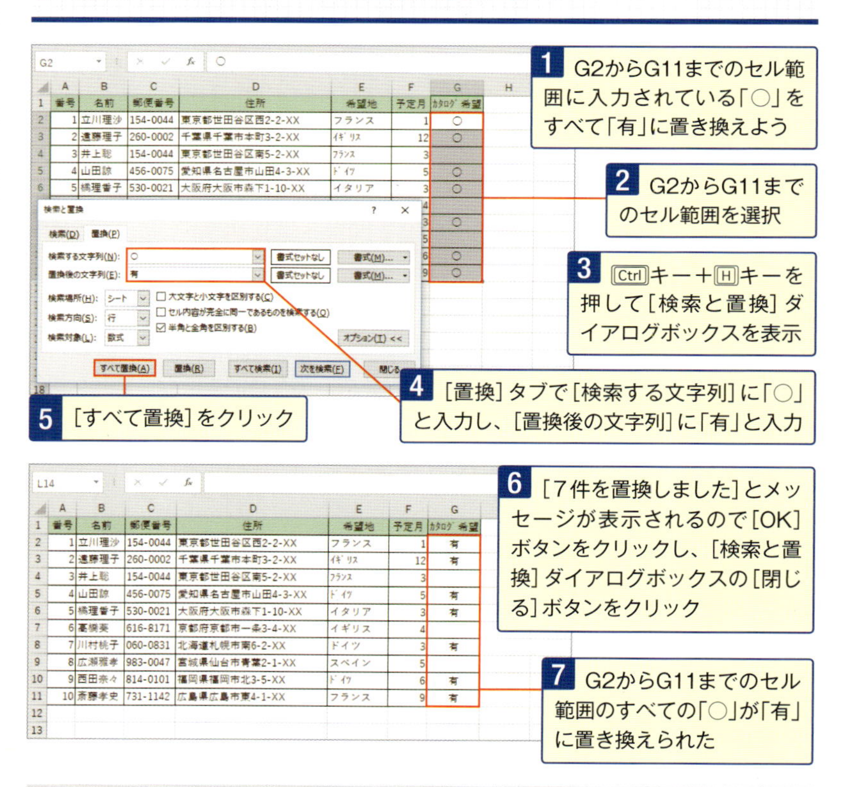

スキルアップ 1つずつ確認しながら置換するには

［すべて検索］をクリックしたあと［置換］をクリックすると、最初の文字列が置換され、そのあと［置換］をクリックするたびに次の文字列が置換されていくので、1つずつ確認しながら置換できます。

No. 031 置換は文字列だけじゃない！書式、大文字小文字、半角全角もOK

［検索と置換］ダイアログボックスの［置換］タブで［オプション］ボタンをクリックすると、置換の詳細設定をする画面が表示されます。書式の置換、大文字と小文字の区別、半角と全角の区別などについて設定できます。

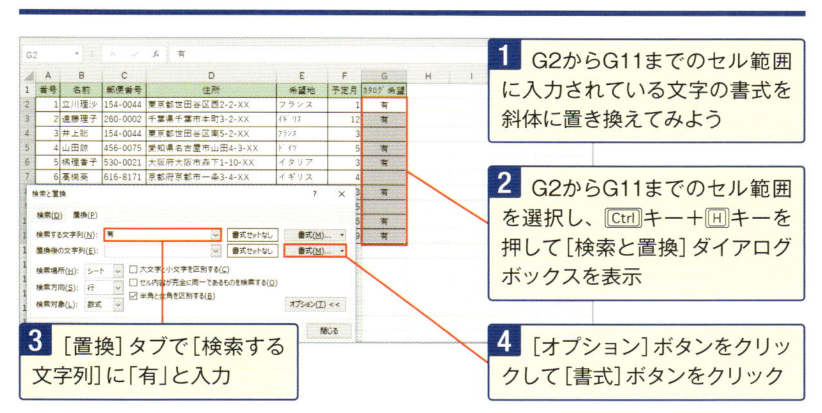

1 G2からG11までのセル範囲に入力されている文字の書式を斜体に置き換えてみよう

2 G2からG11までのセル範囲を選択し、Ctrlキー＋Hキーを押して［検索と置換］ダイアログボックスを表示

3 ［置換］タブで［検索する文字列］に「有」と入力

4 ［オプション］ボタンをクリックして［書式］ボタンをクリック

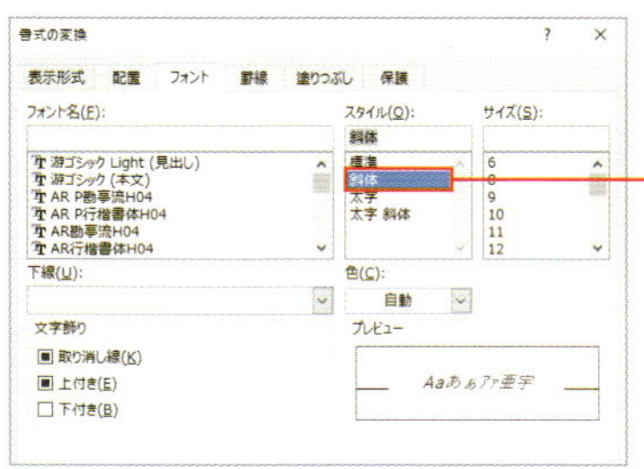

5 表示される［書式の変換］ダイアログボックスの［フォント］タブで［スタイル］の一覧から［斜体］を選択して［OK］をクリック

N15

	A	B	C	D	E	F	G
1	番号	名前	郵便番号	住所	希望地	予定月	カタログ希望
2	1	立川理沙	154-0044	東京都世田谷区西2-2-XX	フランス	1	有
3	2	遠藤理子	260-0002	千葉県千葉市本町3-2-XX	イギリス	12	有
4	3	井上聡	154-0044	東京都世田谷区南5-2-XX	フランス	3	
5	4	山田諒	456-0075	愛知県名古屋市山田4-3-XX	ドイツ	5	有
6	5	橋理香子	530-0021	大阪府大阪市森下1-10-XX	イタリア	3	有
7	6	高橋葵	616-8171	京都府京都市一条3-4-XX	イギリス	4	
8	7	川村桃子	060-0831	北海道札幌市南6-2-XX	ドイツ	3	有
9	8	広瀬雅孝	983-0047	宮城県仙台市青葉2-1-XX	スペイン	5	
10	9	西田奈々	814-0101	福岡県福岡市北3-5-XX	ドイツ	6	有
11	10	斎藤孝史	731-1142	広島県広島市東4-1-XX	フランス	9	有
12							

6 ［検索と置換］ダイアログボックスに戻り、［すべて置換］ボタンをクリック。［7件を置換しました］とメッセージが表示されるので［OK］ボタンをクリック。

7 G2からG11までのセル範囲の書式が斜体に置き換えられた

No.032 姓と名の間にスペースがあったりなかったり…スペース一括削除！

［検索と置換］ダイアログボックスの［置換］タブで［検索する文字列］にスペースを入力し、［置換後の文字列］に何も入力せずに［置換］を実行すると、**指定範囲内のすべてのスペースを削除**できます。

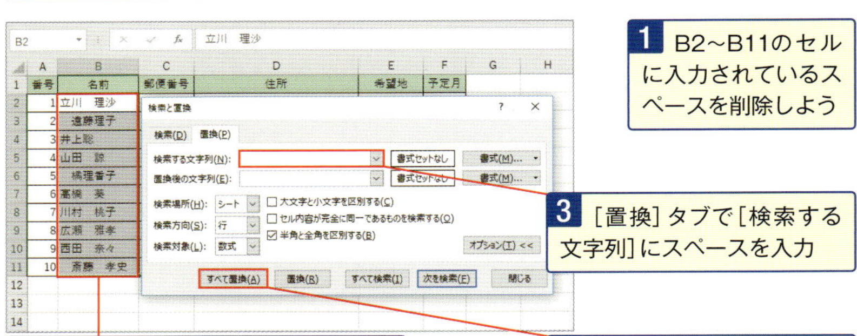

1 B2～B11のセルに入力されているスペースを削除しよう

2 B2からB11までのセル範囲を選択し、Ctrlキー＋Hキーを押して［検索と置換］ダイアログボックスを表示

3 ［置換］タブで［検索する文字列］にスペースを入力

4 ［置換後の文字列］に何も入力せずに［すべて置換］ボタンをクリック

	A	B	C	D	E	F
1	番号	名前	郵便番号	住所	希望地	予定月
2	1	立川理沙	154-0044	東京都世田谷区西2-2-XX	フランス	1
3	2	遠藤理子	260-0002	千葉県千葉市本町3-2-XX	ｲｷﾞﾘｽ	12
4	3	井上聡	154-0044	東京都世田谷区南5-2-XX	ﾌﾗﾝｽ	3
5	4	山田諒	456-0075	愛知県名古屋市山田4-3-XX	ﾄﾞｲﾂ	5
6	5	橘理香子	530-0021	大阪府大阪市森下1-10-XX	イタリア	3
7	6	高橋葵	616-8171	京都府京都市一条3-4-XX	イギリス	4
8	7	川村桃子	060-0831	北海道札幌市南6-2-XX	ドイツ	3
9	8	広瀬雅孝	983-0047	宮城県仙台市青葉2-1-XX	スペイン	5
10	9	西田奈々	814-0101	福岡県福岡市北3-5-XX	ﾄﾞｲﾂ	6
11	10	斎藤孝史	731-1142	広島県広島市東4-1-XX	フランス	9

5 ［10件を置換しました。］とメッセージが表示されるので［OK］ボタンをクリック

6 B2からB11までのセル範囲のすべての空白が削除された

スキルアップ 文字列の先頭と末尾の余分なスペースを削除するには

TRIM関数を使って、文字列の先頭と末尾の余分なスペースを削除することもできます。例えば、B3のセルに入力されている文字列の先頭と末尾のスペースを削除するには、=TRIM(B3)と入力します。なお、文字列間の複数のスペースは文字列間のスペースを1つずつ残して、不要なスペースをすべて削除します。

第3章

集計・分析のキホンは並べ替えと抽出

「データ分析」にも、いろいろなテクニックがあります。その中でもよく使う基本的なものは「並べ替え」と「抽出」です。ふりがなでの並べ替えや「株式会社」などの文字列を除いての並べ替え、基本的な抜き出しの設定など、ひととおりマスターしましょう。

No. 033

売上金額順に並べ替えるには「昇順」「降順」ボタンで一発

データベース内で並べ替えたい列内の任意のセルを1つ選択して、[データ] タブの [昇順で並べ替え] ボタン、または [降順で並べ替え] ボタンをクリックすると、一瞬でレコードが並べ替えられます。

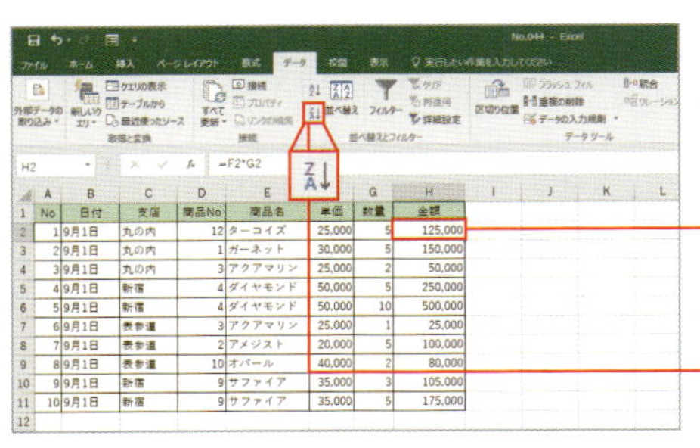

1 「No」順に並んでいるデータを「金額」の高い順に並べ替えるには、「金額」のフィールド内の任意のセルを1つ選択

2 [データ] タブの [降順で並べ替え] ボタンをクリック

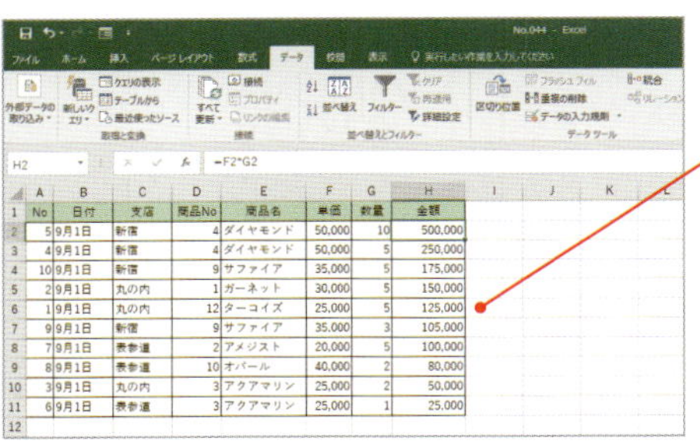

3 「金額」の高い順に並べ替えられた

並べ替える前に通し番号を入力しておくと、もとの順番に戻すことができます。

スキルアップ

データの種類による並び替えの順序の違い

データの種類による並び替えの順序の違いは次の通りです。

データの種類	昇順	降順
数値	負の最小値→0→正の最大値の順	昇順の逆
日付	日付の古い順	昇順の逆
文字列	記号類（コード順）→1文字目に数字をもつ文字列（0～9）→アルファベット（A～Zの順）→日本語（50音順）の順	昇順の逆
論理値	FALSE、TRUEの順	昇順の逆

※空白データは昇順、降順にかかわらず最後になります。

No. 034 並べ替えのキーは一度にいくつでも設定できる！

データベース内のセルを1つ選択して[データ]タブの[並べ替え]をクリックすると並べ替える範囲が認識され、[並べ替え]ダイアログボックスで複数のレコードを並べ替えることができます。

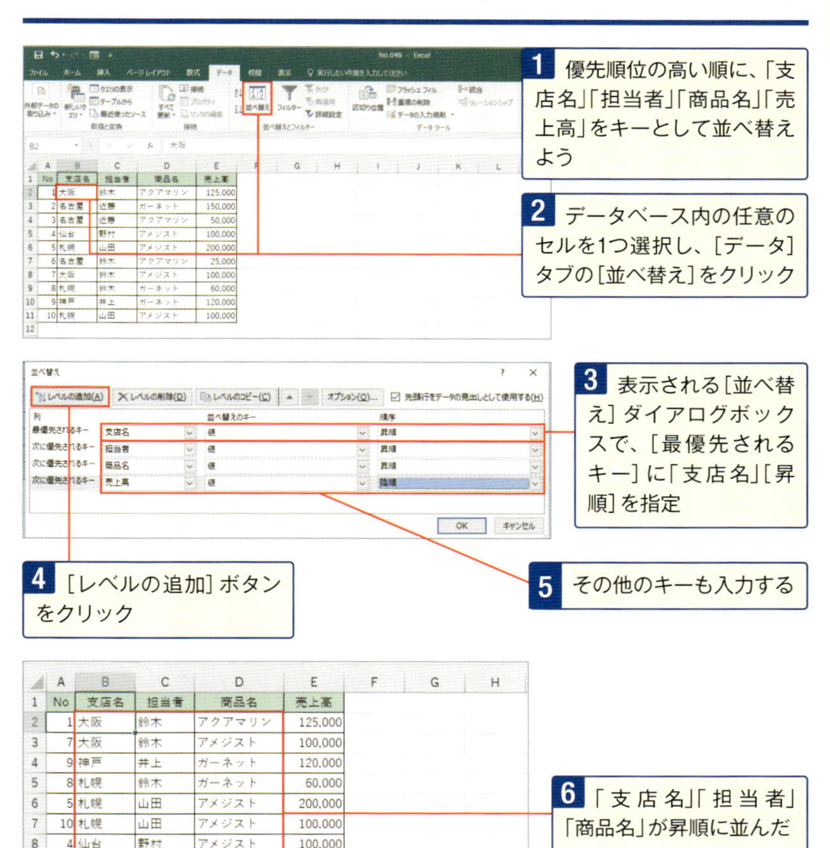

	A	B	C	D	E
1	No	支店名	担当者	商品名	売上高
2	1	大阪	鈴木	アクアマリン	125,000
3	7	大阪	鈴木	アメジスト	100,000
4	9	神戸	井上	ガーネット	120,000
5	8	札幌	鈴木	ガーネット	60,000
6	5	札幌	山田	アメジスト	200,000
7	10	札幌	山田	アメジスト	100,000
8	4	仙台	野村	アメジスト	100,000
9	3	名古屋	近藤	アクアマリン	50,000
10	2	名古屋	近藤	ガーネット	150,000
11	6	名古屋	鈴木	アクアマリン	25,000

No.035 会社の支店名順に並べ替えるには[並べ替えオプション]でOK

オリジナルのルールでレコードを並べ替えるには、ユーザー設定リストを利用します。[並べ替え]ダイアログボックスの[オプション]ボタンをクリックして[並べ替えオプション]ダイアログを表示し、作成したリストを並べ替え順序に指定します。

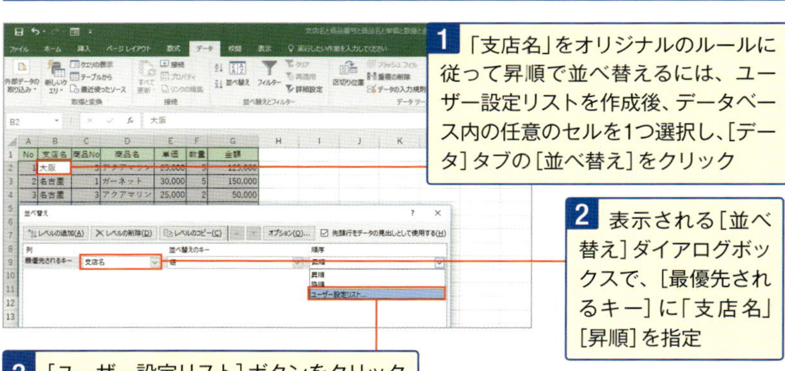

1 「支店名」をオリジナルのルールに従って昇順で並べ替えるには、ユーザー設定リストを作成後、データベース内の任意のセルを1つ選択し、[データ]タブの[並べ替え]をクリック

2 表示される[並べ替え]ダイアログボックスで、[最優先されるキー]に「支店名」[昇順]を指定

3 [ユーザー設定リスト]ボタンをクリック

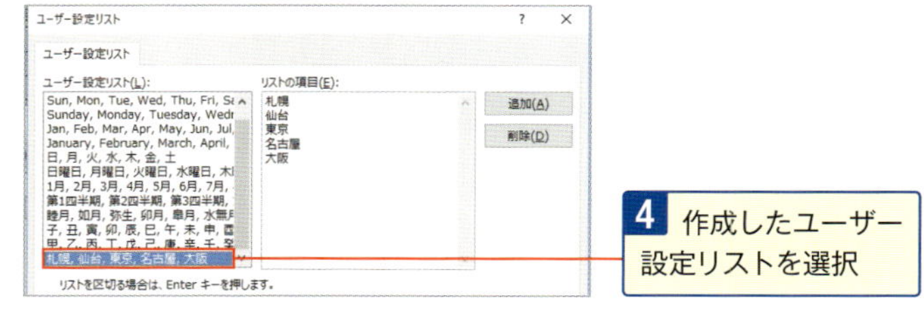

4 作成したユーザー設定リストを選択

	A	B	C	D	E	F	G
1	No	支店名	商品No	商品名	単価	数量	金額
2	5	札幌	2	アメジスト	20,000	10	200,000
3	8	札幌	1	ガーネット	30,000	2	60,000
4	10	札幌	2	アメジスト	20,000	5	100,000
5	4	仙台	2	アメジスト	20,000	5	100,000
6	9	東京	1	ガーネット	30,000	4	120,000
7	2	名古屋	1	ガーネット	30,000	5	150,000
8	3	名古屋	3	アクアマリン	25,000	2	50,000
9	6	名古屋	3	アクアマリン	25,000	1	25,000
10	1	大阪	3	アクアマリン	25,000	5	125,000
11	7	大阪	2	アメジスト	20,000	5	100,000
12							

5 「支店名」が作成したユーザー設定リストの昇順で並べ替えられる

No. 036 合計行を抜かして一部のデータを並べ替えたい！

並べ替えたい範囲の最後に合計行があるような場合には、並べ替える範囲を指定してから並べ替えを実行します。なお、並べ替える範囲にタイトル行が含まれている場合、タイトル行は自動的に認識されます。

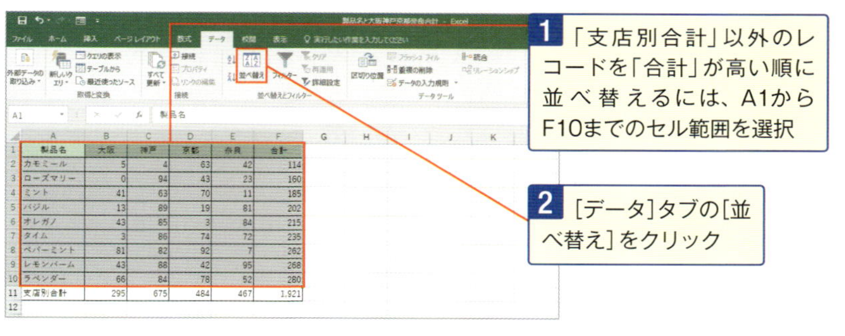

1 「支店別合計」以外のレコードを「合計」が高い順に並べ替えるには、A1からF10までのセル範囲を選択

2 ［データ］タブの［並べ替え］をクリック

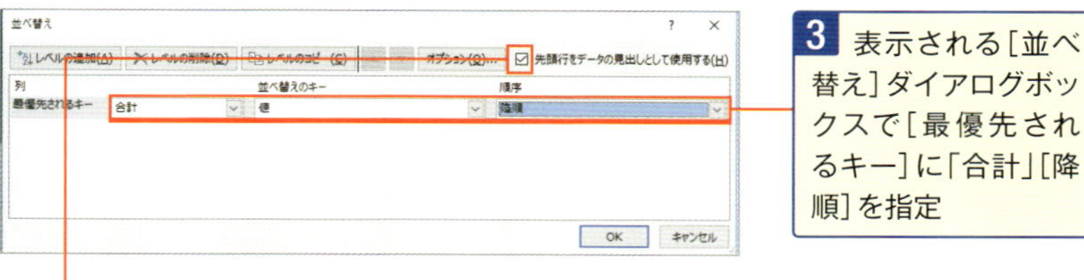

3 表示される［並べ替え］ダイアログボックスで［最優先されるキー］に「合計」［降順］を指定

4 ［先頭行をデータの見出しとして使用する］にチェック

	A	B	C	D	E	F	G
1	製品名	大阪	神戸	京都	奈良	合計	
2	ラベンダー	66	84	78	52	280	
3	レモンバーム	43	88	42	95	268	
4	ペパーミント	81	82	92	7	262	
5	タイム	3	86	74	72	235	
6	オレガノ	43	85	3	84	215	
7	バジル	13	89	19	81	202	
8	ミント	41	63	70	11	185	
9	ローズマリー	0	94	43	23	160	
10	カモミール	5	4	63	42	114	
11	支店別合計	295	675	484	467	1,921	
12							
13							

5 「支店別合計」以外のレコードが「合計」の高い順で並べ替えられた

No.037 商品名の見出しなど列そのものを並べ替えるってできる?

フィールド単位でデータを並べ替えるには、並べ替える単位を[列単位]に設定します。フィールド名が日付や名前である場合に、フィールドを日付順や名前順に並べ替えることができます。

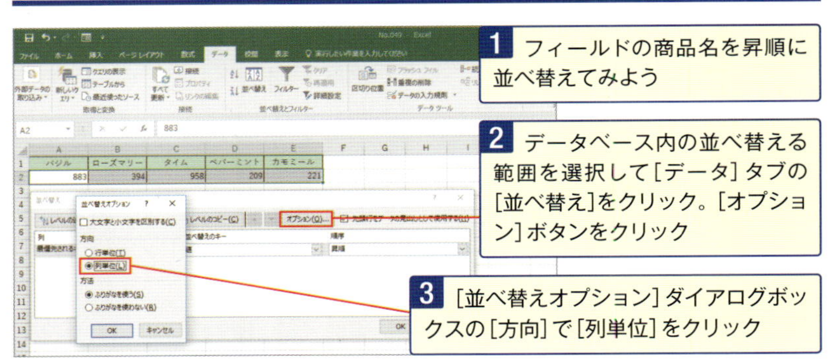

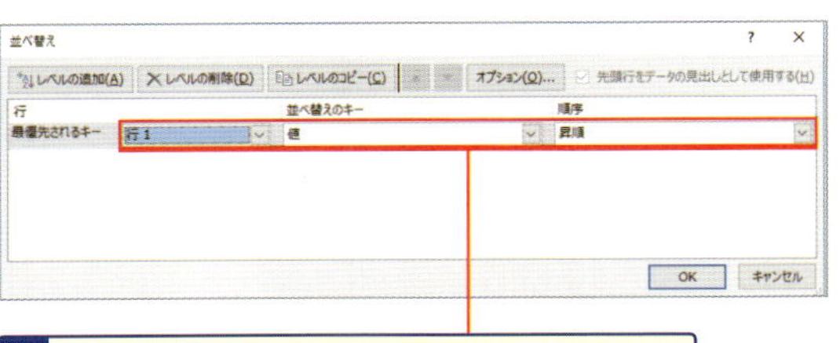

4 [並べ替え]ダイアログボックスの[最優先されるキー]で「行1」、[昇順]を指定

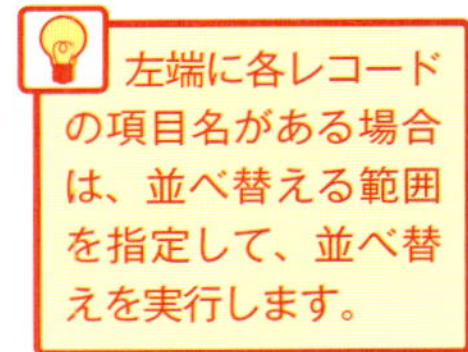

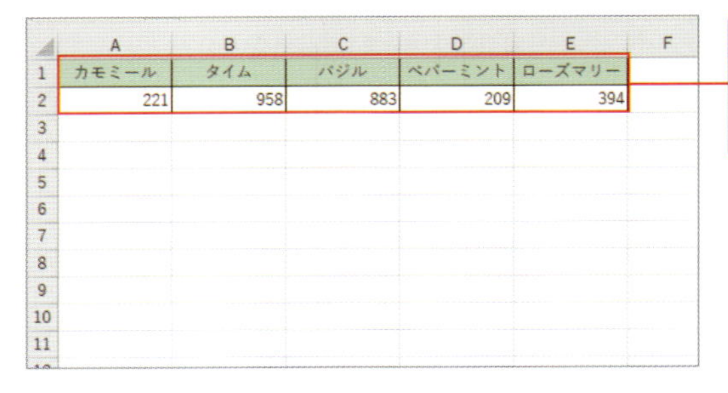

5 フィールド名が商品名の昇順に左から並べ替えられた

No. 038 aとAを区別して並べ替えたい! [大文字と小文字を区別する]オプション

Excelでは、英字の大文字と小文字は区別されません。区別して並べ替えをするには、[並べ替えオプション] ダイアログボックスで [大文字と小文字を区別する] にチェックを付けて並べ替えます。小文字の次に大文字を並べるには、昇順を指定します。

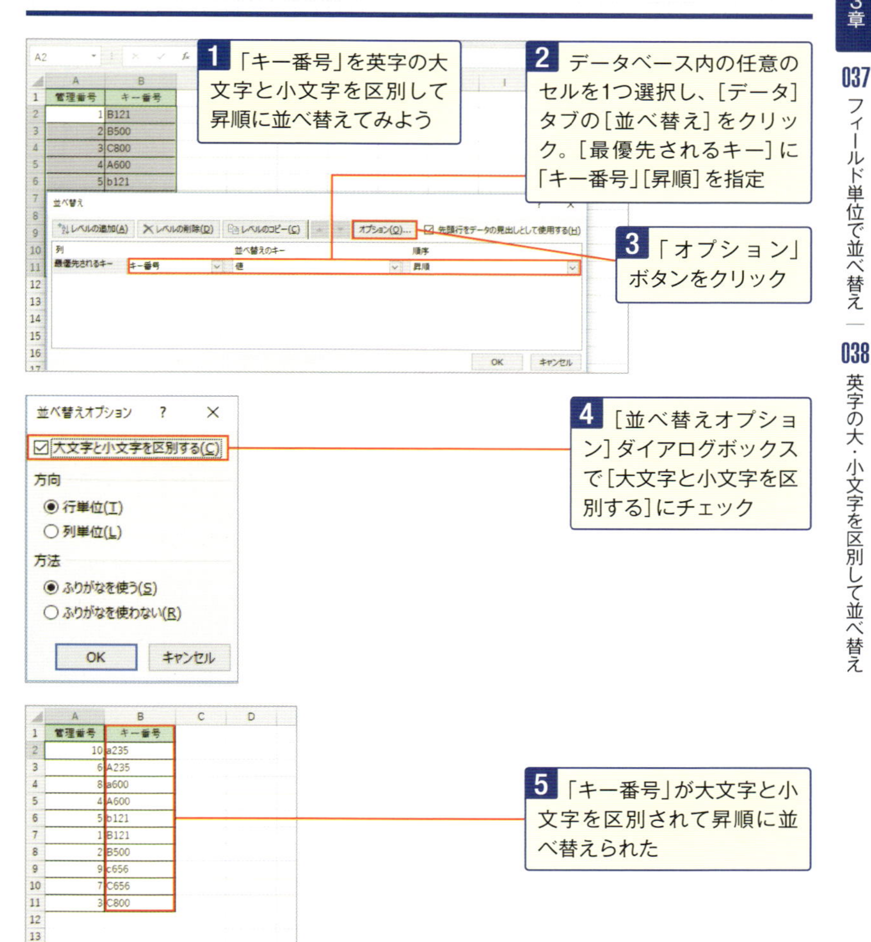

No. 039 漢字の並べ替えは文字コード順になる…?ふりがなでも並べ替えOK

[並べ替え]の[方法]には、[ふりがなを使う]、[ふりがなを使わない]の2種類があります。前者を指定すればふりがな順に、後者を指定すれば文字コード順にレコードが並べ替えられます。

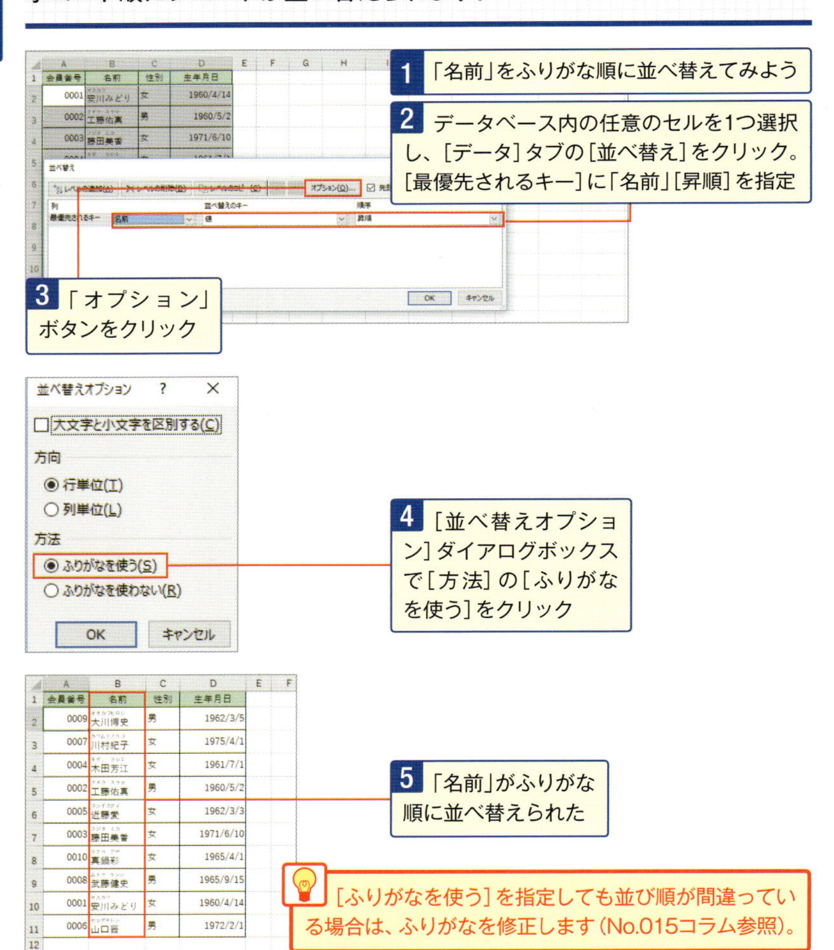

[ふりがなを使う]を指定しても並び順が間違っている場合は、ふりがなを修正します(No.015コラム参照)。

No.040

「株式会社」など指定の文字列を除いて会社名を並べ替えるテク

「株式会社」などの文字列を取り除いた会社名でデータを並べ替えたい場合は、SUBSTITUTE関数を使用してその文字列を取り除いたデータを別の列に用意し、その列で並べ替えを実行します。

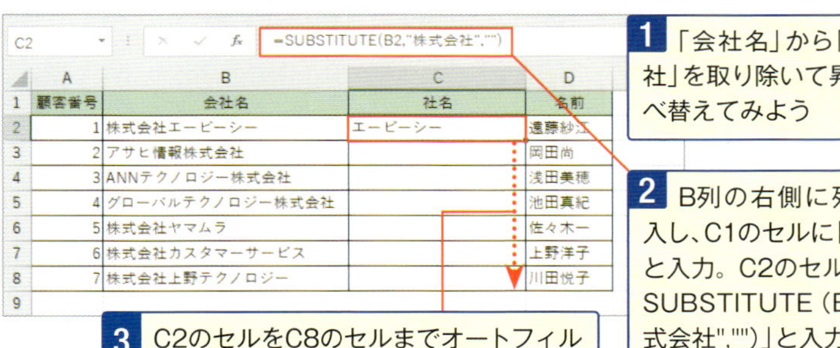

	A	B	C	D
1	顧客番号	会社名	社名	名前
2	1	株式会社エービーシー	エービーシー	遠藤紗江
3	2	アサヒ情報株式会社		岡田尚
4	3	ANNテクノロジー株式会社		浅田美穂
5	4	グローバルテクノロジー株式会社		池田真紀
6	5	株式会社ヤマムラ		佐々木一
7	6	株式会社カスタマーサービス		上野洋子
8	7	株式会社上野テクノロジー		川田悦子
9				

G12

	A	B	C	D
1	顧客番号	会社名	社名	名前
2	3	ANNテクノロジー株式会社	ANNテクノロジー	浅田美穂
3	2	アサヒ情報株式会社	アサヒ情報	岡田尚
4	1	株式会社エービーシー	エービーシー	遠藤紗江
5	6	株式会社カスタマーサービス	カスタマーサービス	上野洋子
6	4	グローバルテクノロジー株式会社	グローバルテクノロジー	池田真紀
7	5	株式会社ヤマムラ	ヤマムラ	佐々木一
8	7	株式会社上野テクノロジー	上野テクノロジー	川田悦子

4 C列の任意のセルを1つ選択し、[データ]タブの[昇順で並べ替え]ボタンをクリックすると、「株式会社」を取り除いた会社名で並べ替えられる

並べ替えたあとは、作成した列を、必要に応じて非表示にします。

スキルアップ SUBSTITUTE関数(文字列操作)

=SUBSTITUTE(文字列,検索文字列,置換文字列,置換対象) 文字列の中の検索文字列を置換文字列に置き換える	
文字列	文字列、または置き換えたい文字列が入力されているセルを指定する
検索文字列	置き換える前の文字列を指定する
置換文字列	置き換え後の文字列を指定する
置換対象	文字列の中に検索文字列が複数あった場合に、左から何番目の文字列を置き換えるかを指定する。省略した場合はすべて置き換えられる

No. 041 データの抜き出しには「オートフィルター」で「抽出条件」を指定

オートフィルターを使用すると、▼をクリックし、抽出する条件を指定するだけでレコードの抽出結果が表示されます。フィルターオプションの設定を使用すると、複雑な条件を設定したり、抽出結果を指定した場所に表示したりできます。

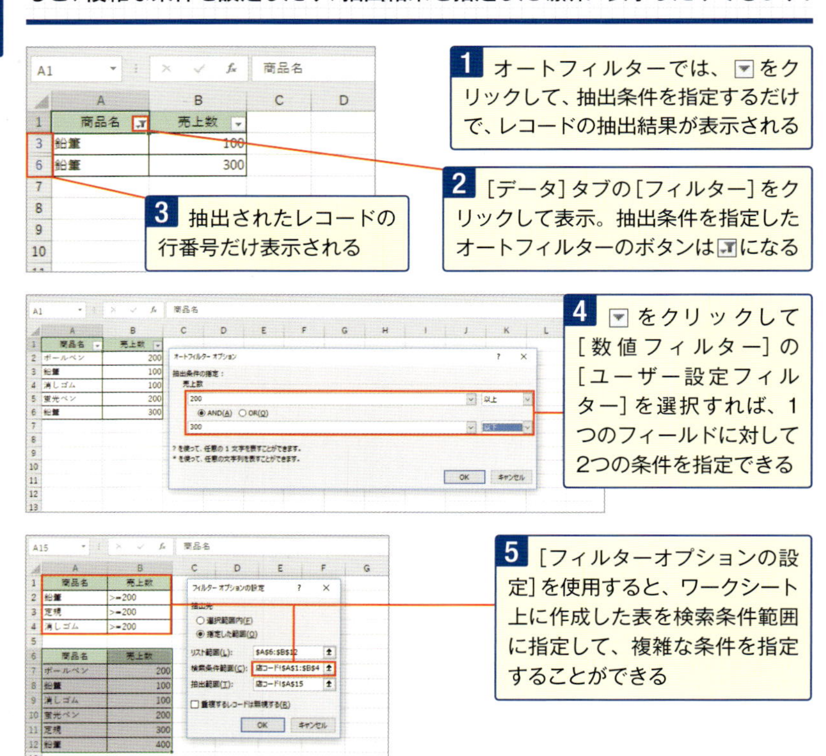

スキルアップ 検索条件範囲の見出し

検索条件範囲の見出しを作成するとき、データベースの見出しをコピーすると間違いが少なくなります。その他、[フィルターオプションの設定]では、抽出結果を表示する範囲を指定することもできます。

No.042 1つの条件でサクッと抜き出すには [▼]ボタンでチェックを付ける

[データ] タブの [フィルター] をクリックすると、各フィールド名に▼が表示されます。抽出条件を指定したいフィールドの▼をクリックして条件を指定すると、条件に合うレコードだけが表示され、その他のレコードは非表示になります。

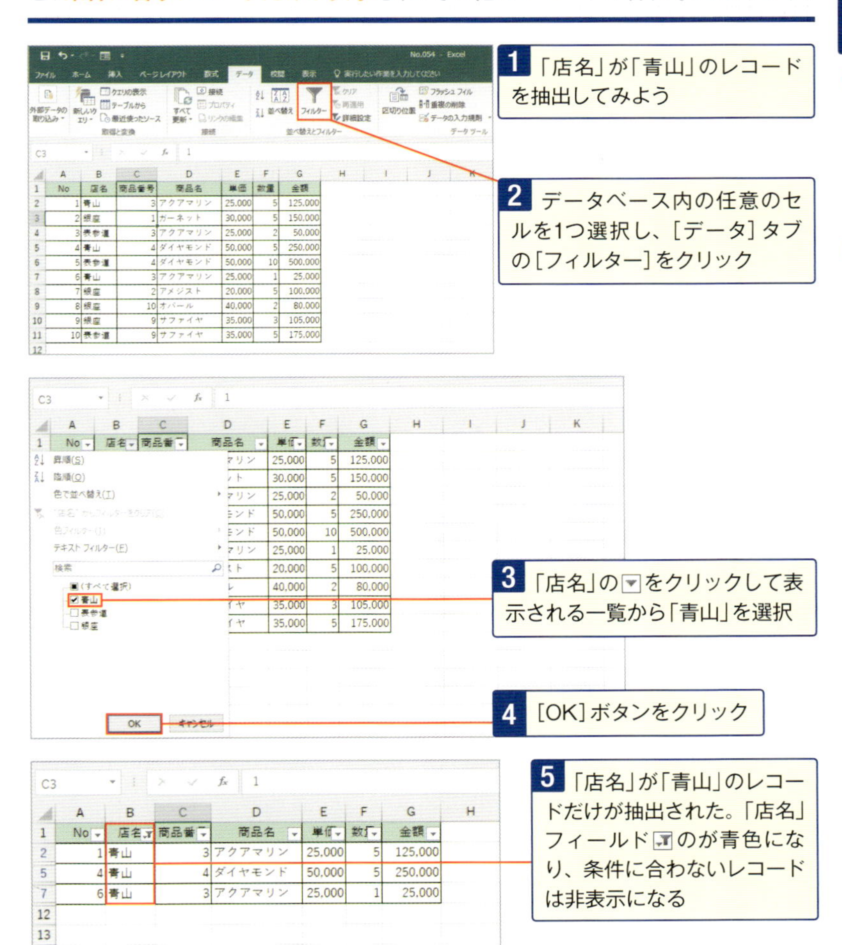

No.043 2つ以上の条件でも同じように[▼]ボタンでチェックを付ける

各フィールドの▼から条件を指定していくと、レコードが絞り込まれていきます。優先順位順にこの作業を繰り返すことで、必要なレコードを抽出することができます。

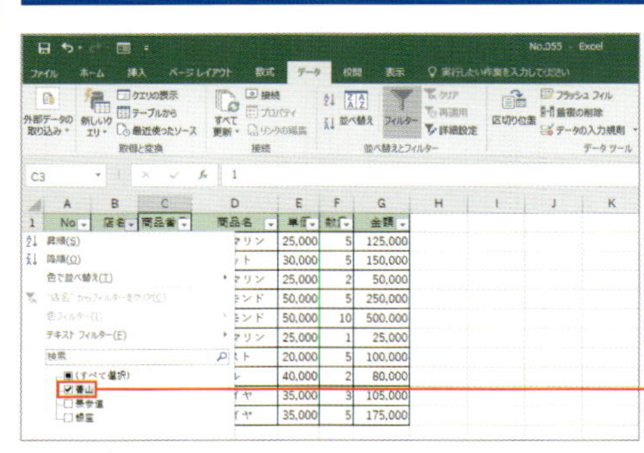

1 「店名」が「青山」で「商品名」が「アクアマリン」のレコードを抽出してみよう

2 セルを1つ選択し、[データ]タブの[フィルター]をクリック。「店名」の▼をクリックして表示される一覧から「青山」を選択

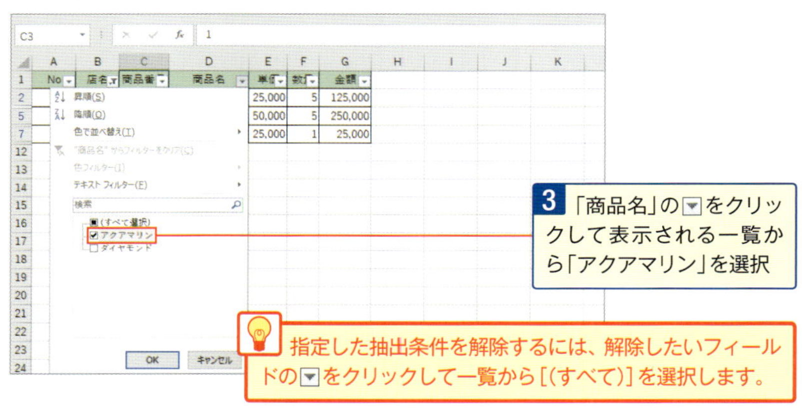

3 「商品名」の▼をクリックして表示される一覧から「アクアマリン」を選択

指定した抽出条件を解除するには、解除したいフィールドの▼をクリックして一覧から[(すべて)]を選択します。

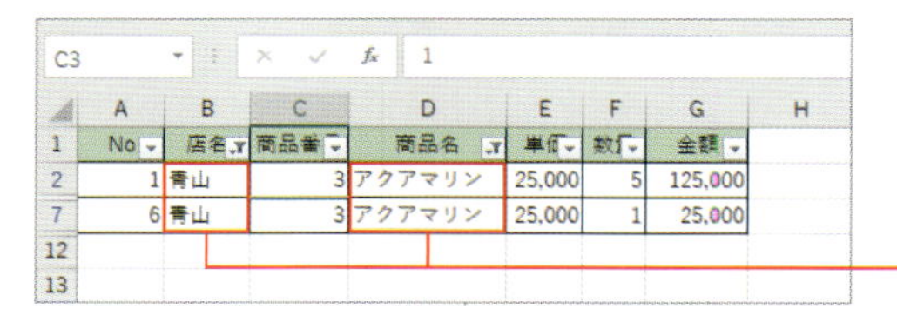

	A	B	C	D	E	F	G
1	No	店名	商品番	商品名	単価	数	金額
2	1	青山	3	アクアマリン	25,000	5	125,000
7	6	青山	3	アクアマリン	25,000	1	25,000

4 「店名」が「青山」で、「商品名」が「アクアマリン」のレコードが抽出された

No. 044 たくさんの抽出条件を一発解除！［▼］ボタンから［すべて］を選ぶだけ

オートフィルターで指定した複数の条件をまとめて解除してすべてのレコードを表示するには、［データ］タブの［クリア］をクリックします。各フィールドに指定した条件を個別に解除するには、各フィールド▼のをクリックして、［（すべて）］を選択します。

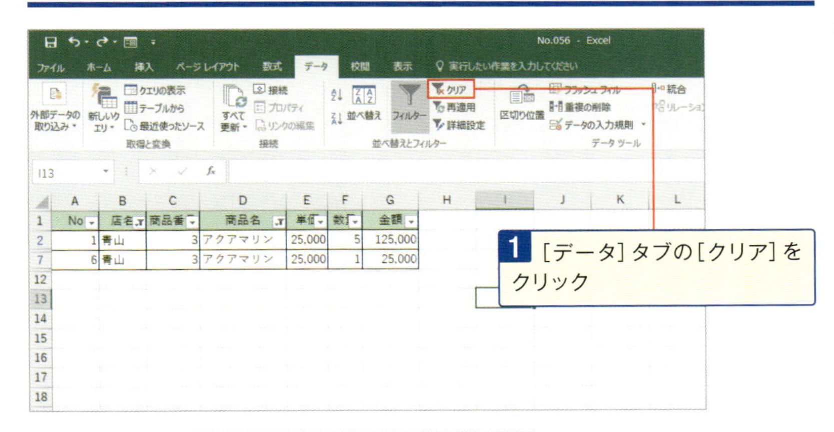

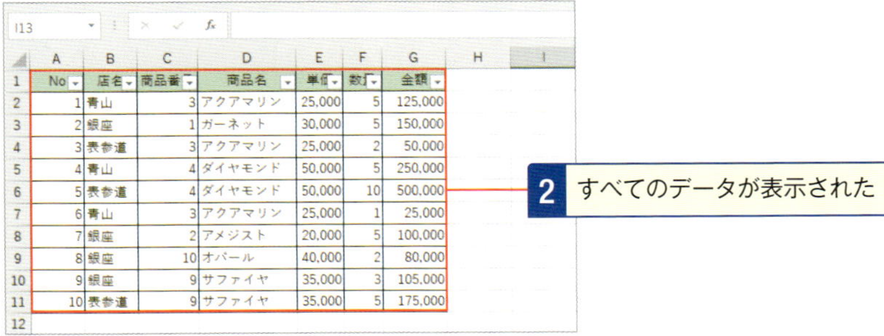

トラブル解決 オートフィルターを解除するには

オートフィルターを解除するには、［ファイル］タブから［フィルター］を選択します。なお、この操作実行時にオートフィルターを使用していなければオートフィルターが設定され、使用していればオートフィルターが解除されます。

No.045 上位または下位の5位までならすでに条件が用意されている！

オートフィルターの[(トップテン…)]を選択すると、指定したランクに該当するレコードを抽出できます。ランクは、上位または下位の項目数またはパーセンテージで指定できます。

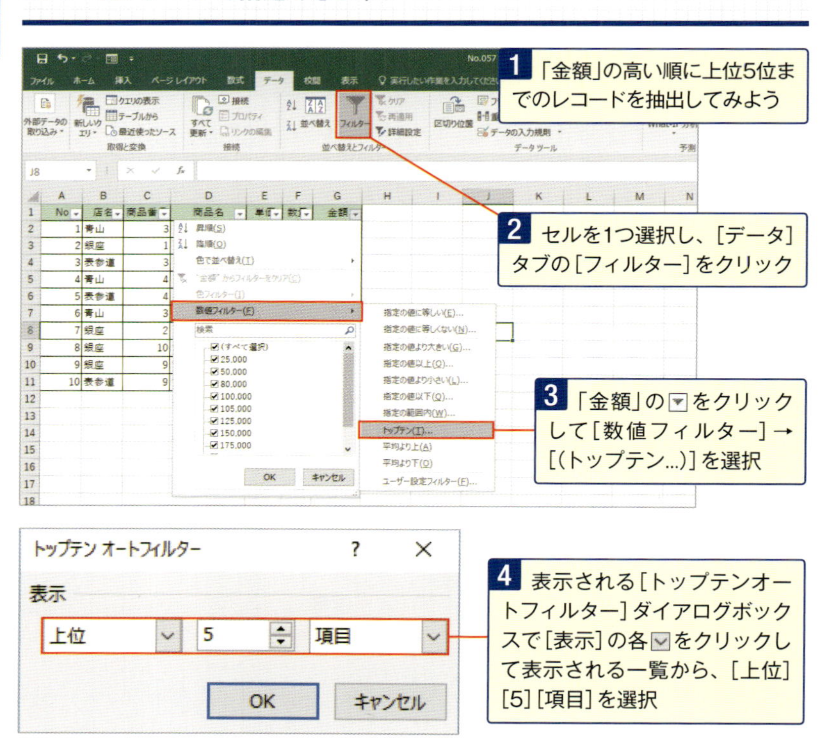

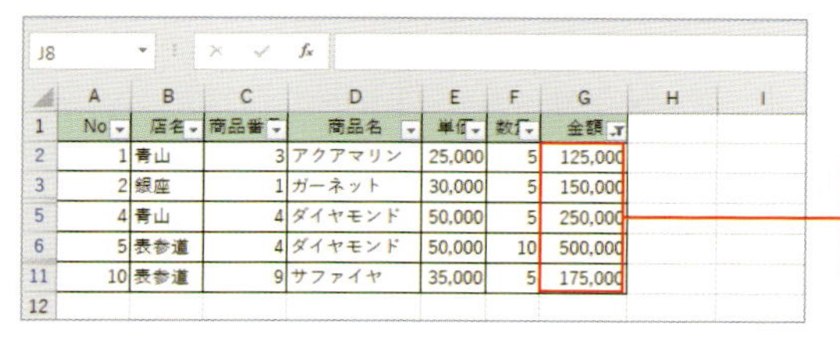

	No	店名	商品番	商品名	単価	数	金額
2	1	青山	3	アクアマリン	25,000	5	125,000
3	2	銀座	1	ガーネット	30,000	5	150,000
5	4	青山	4	ダイヤモンド	50,000	5	250,000
6	5	表参道	4	ダイヤモンド	50,000	10	500,000
11	10	表参道	9	サファイヤ	35,000	5	175,000

5 「金額」の上位5位までのレコードが抽出された

No. 046 入力漏れを探すには[▼]ボタンから[(空白セル)]で一発!

オートフィルターの[(空白セル)]を選択すると、指定したフィールドが空白セルのレコードを抽出できます。未入力のセルや入力漏れのセルを探す場合に役立ちます。なお、オートフィルターの[(空白セル)]は、フィールドに空白セルがある場合のみ表示されます。

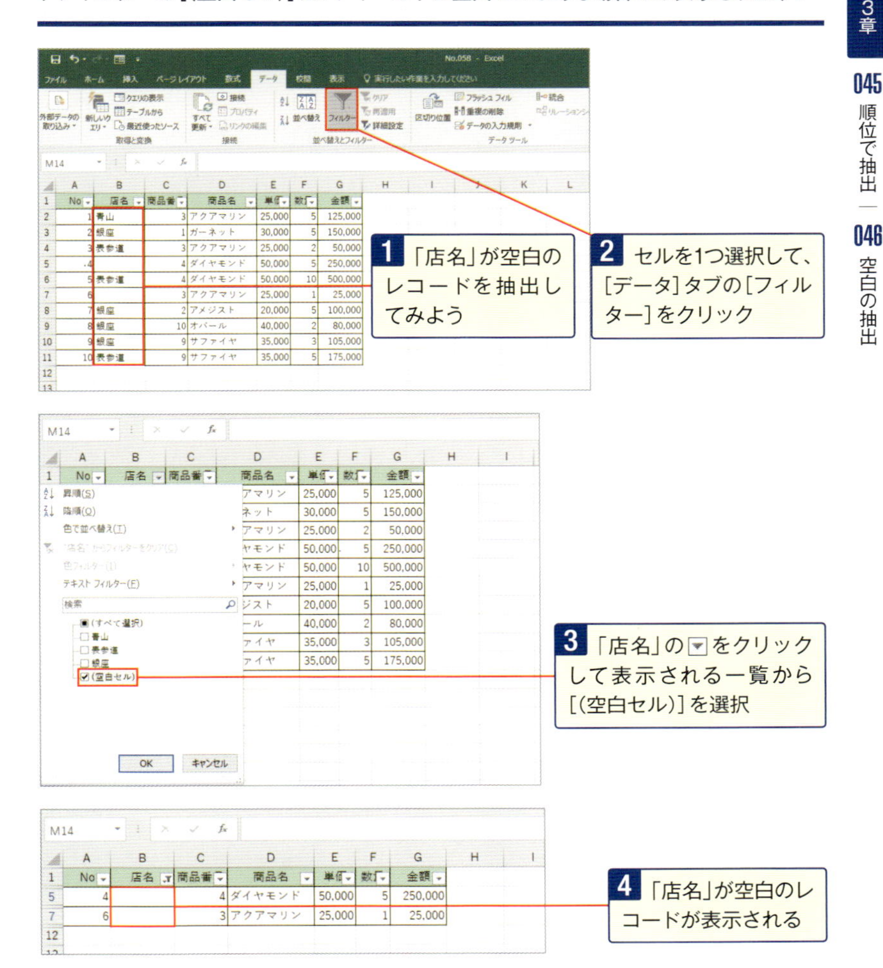

No.047

「○○以上」を一発で抜き出せる数値フィルター「指定の値より大きい」

[オートフィルターオプション] ダイアログボックスの [抽出条件の指定] を使うと、指定した値より大きい値を持つレコードを抽出できます。検索条件はドロップダウンリストから選択します。

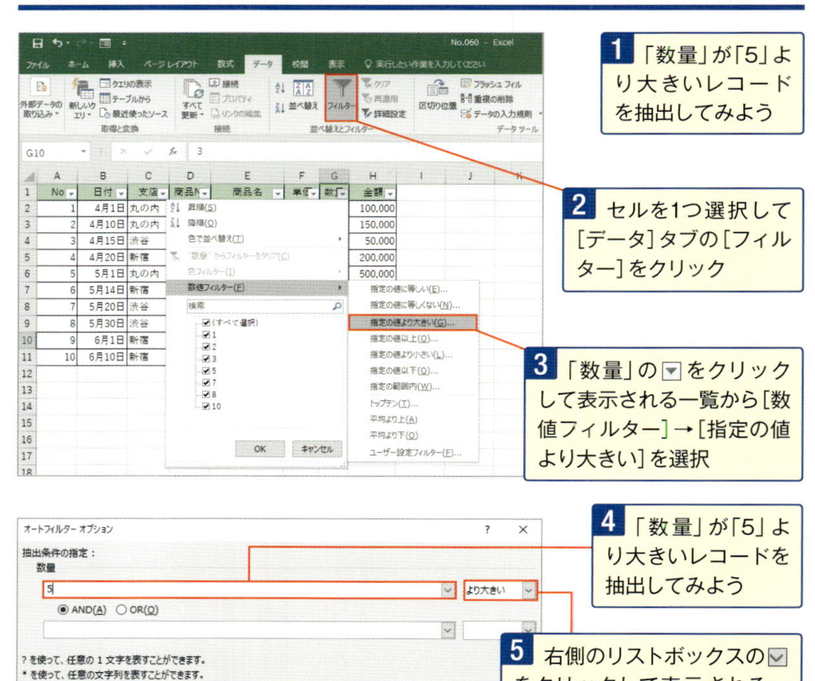

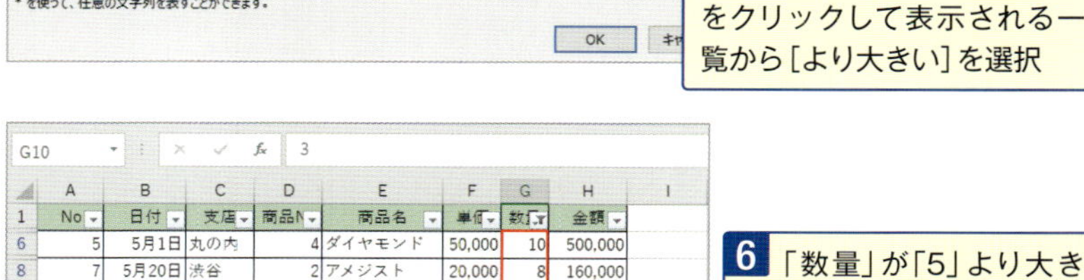

No.048

「○○を含む」を一発で抜き出せる テキストフィルター「指定の値を含む」

[オートフィルターオプション] ダイアログボックスの [抽出条件の指定] を使うと、指定のフィールドで特定の文字を含むレコードを抽出できます。検索条件はドロップダウンリストから選択します。

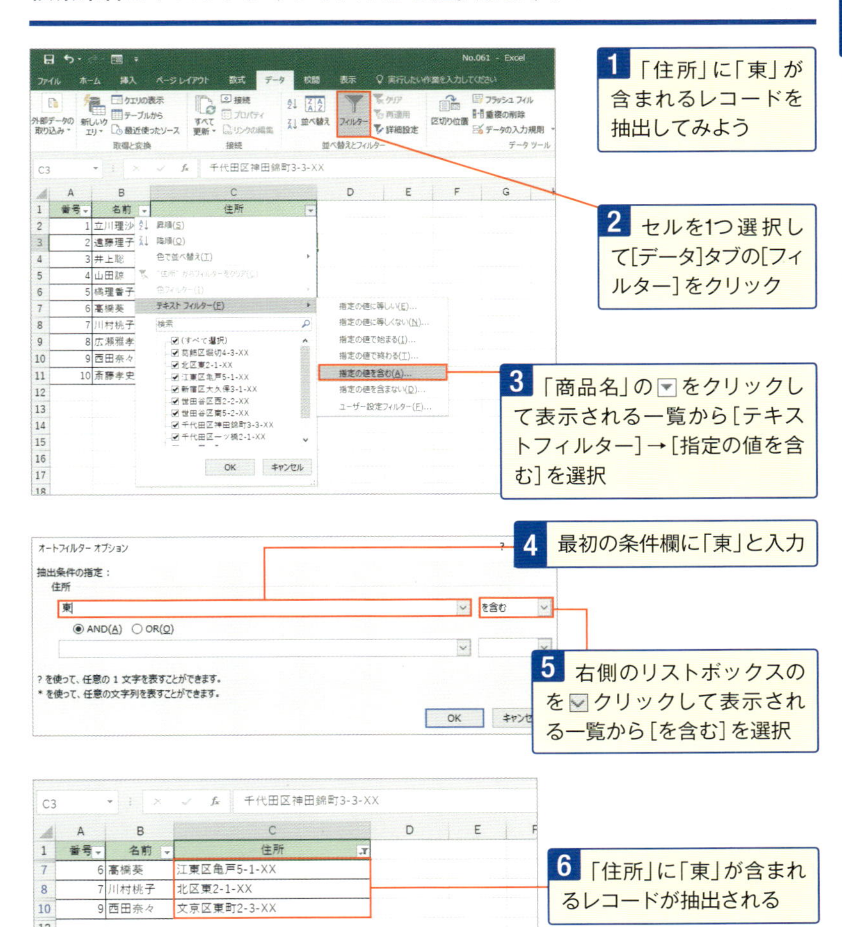

No. 049

「4/1～4/15」を一発で抜き出せる日付フィルター「指定の範囲内」

[オートフィルターオプション] ダイアログボックスの [抽出条件の指定] を使うと、抽出条件に範囲を指定してレコードを抽出できます。1つのフィールドに対して2つまで抽出条件を指定できます。

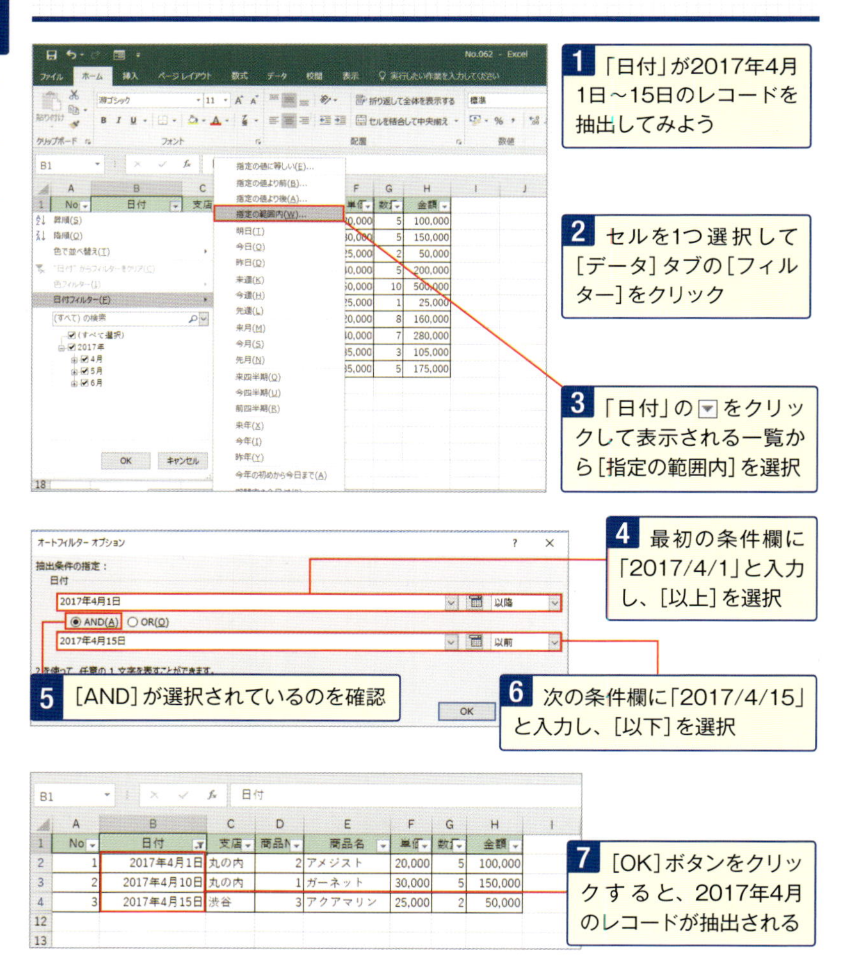

No	日付	支店	商品N	商品名	単価	数量	金額
1	2017年4月1日	丸の内	2	アメジスト	20,000	5	100,000
2	2017年4月10日	丸の内	1	ガーネット	30,000	5	150,000
3	2017年4月15日	渋谷	3	アクアマリン	25,000	2	50,000

No.050 2つの条件を同時に満たす抜き出しは「AND」を設定

[オートフィルターオプション] ダイアログボックスでは、1つのフィールドに対して2つまで抽出条件を指定できます。2つの抽出条件をともに満たすレコードを抽出するには、[抽出条件の指定] で [AND] を選択します。

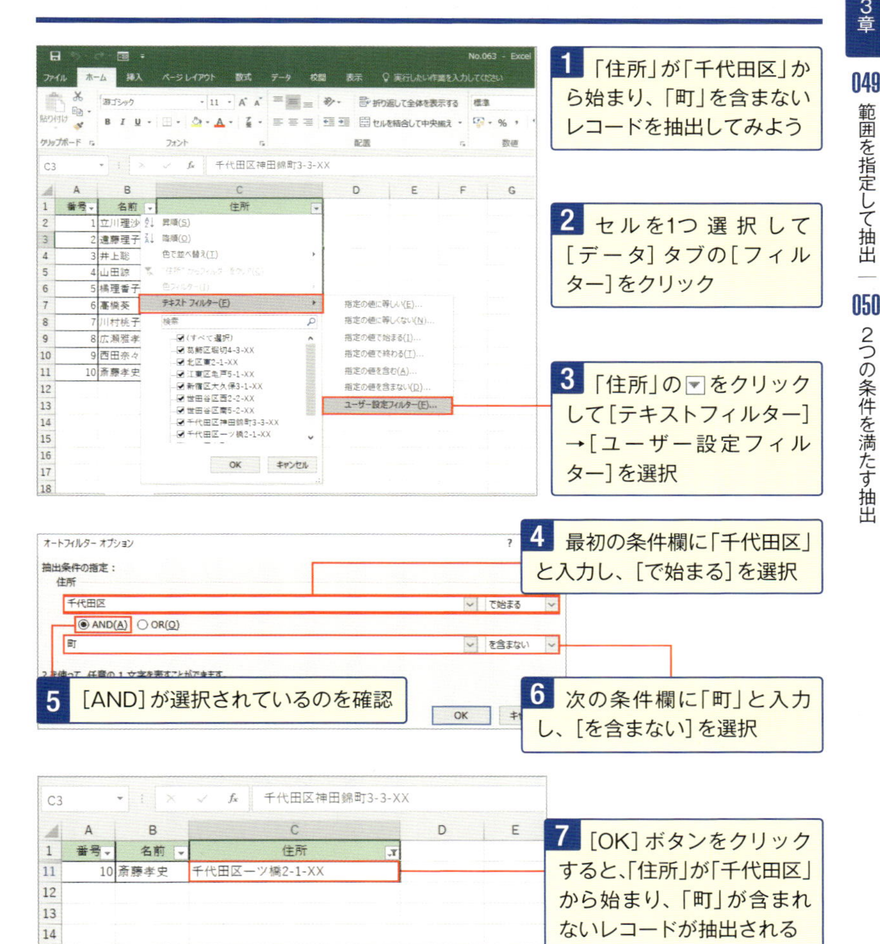

No.051 どちらか一方の条件を満たす抜き出しは「OR」を設定

[オートフィルターオプション] ダイアログボックスでは、1つのフィールドに対して2つまでの抽出条件を指定できます。**2つの条件のどちらか一方を満たすレコードを抽出**するには、**[抽出条件の指定] で [OR]** を選択します。

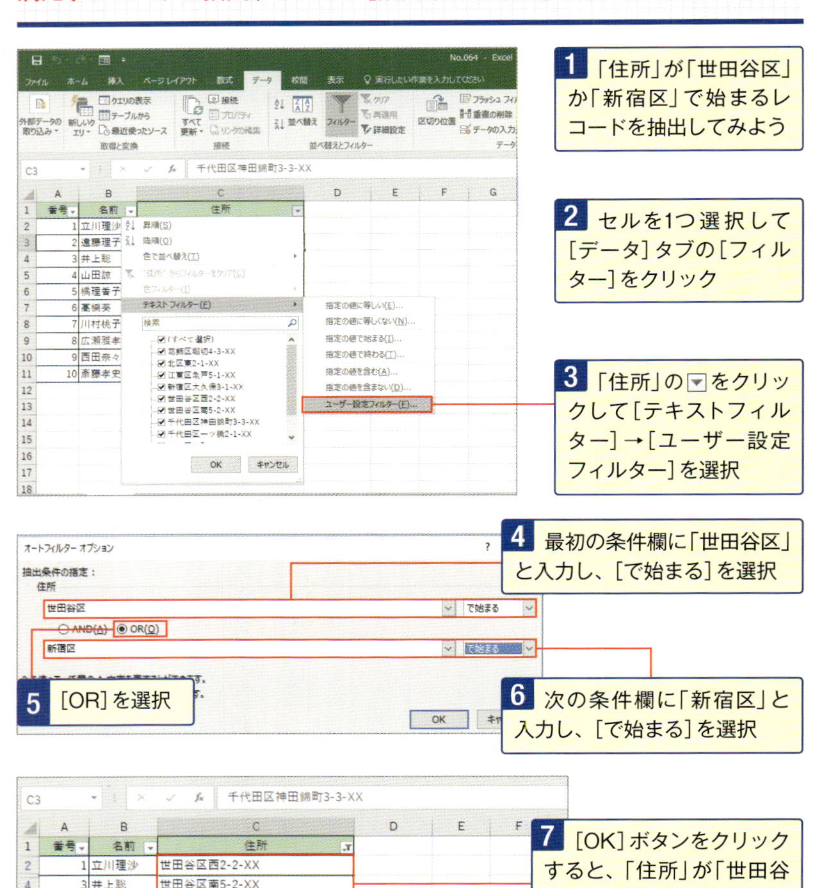

No.052 複雑な抜き出し設定はフィルターオプションにおまかせ!

[フィルターオプションの設定]では、「オートフィルター」では設定が不可能な複雑な検索条件を指定して、指定した場所にレコードの抽出結果を表示することができます。検索条件を記述する範囲は、自分で作成する必要があります。

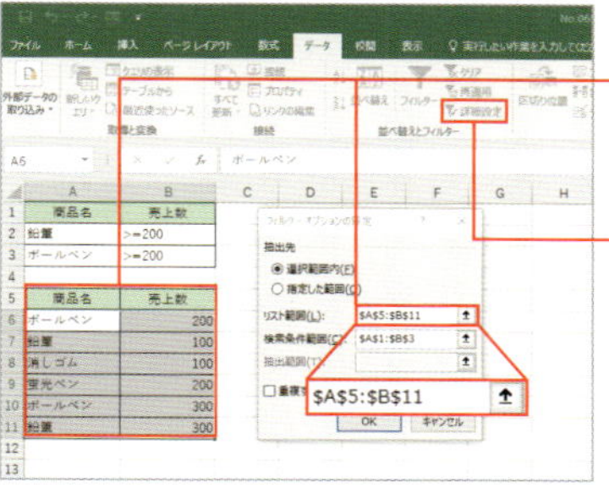

1 [リスト範囲]は、抽出元になるデータベースの範囲のこと。1行目にフィールド名、2行目以降にレコードが続く

2 [データ]タブの[詳細設定]をクリック

3 [検索条件範囲]は、[リスト範囲]で指定した範囲からレコードを抽出するための検索条件を指定する範囲

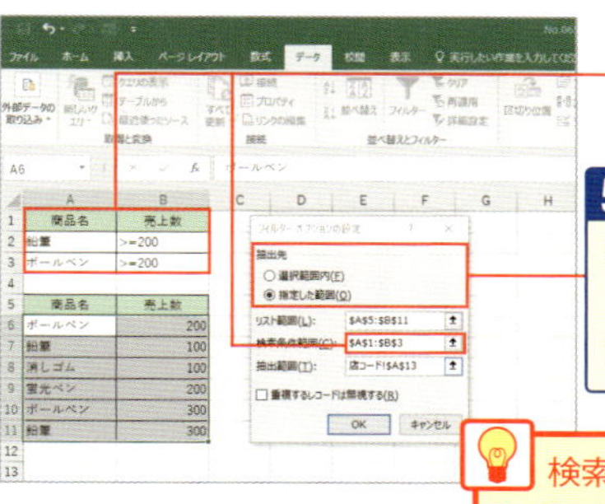

4 検索条件範囲には、検索するフィールド名、2行目以降に検索条件を指定

5 [抽出先]は、[リスト範囲]から抽出した結果を表示する範囲。[選択範囲内]か[指定した範囲]を選択できる。[選択範囲内]を指定すると、[リスト範囲]に結果が表示される

検索条件範囲を作成する際、データベースの見出しをコピーして検索条件範囲の見出しを作成すると間違いが少なくなります。また、検索範囲とデータベースの範囲の間には最低1行の空白行が必要です。

	A	B	C	D
1	商品名	売上数		
2	鉛筆	>=200		
3	ボールペン	>=200		
4				
5	商品名	売上数		
6	ボールペン	200		
7	鉛筆	100		
8	消しゴム	100		
9	蛍光ペン	200		
10	ボールペン	300		
11	鉛筆	300		
12				
13	商品名	売上数		
14	ボールペン	200		
15	ボールペン	300		
16	鉛筆	300		
17				
18				

6 [指定した範囲]を選択する場合は、[抽出範囲]に抽出先の左上端のセルを指定。例はA13のセルを「抽出範囲」に指定した結果

No. 053 「○○以上、△△未満」の抜き出しは比較演算子を使いこなす！

[フィルターオプションの設定] では、複雑な検索条件でレコードを抽出できます。数値や日付の検索で、**指定した値より大きい、または小さいデータを持つレコードを抽出**する場合は、比較演算子を使って検索条件を記述します。

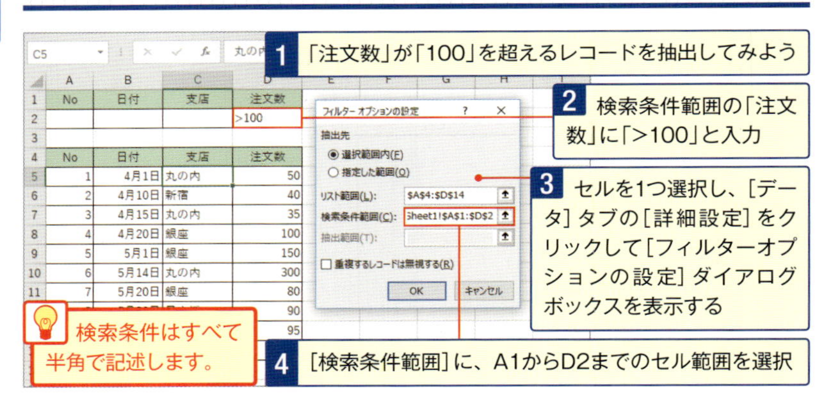

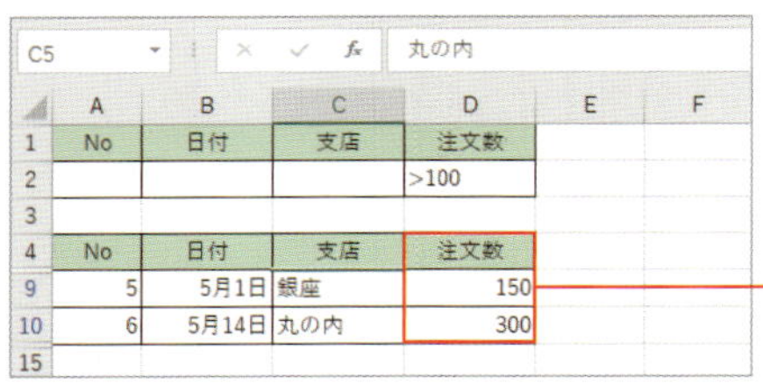

スキルアップ 比較演算子の種類

検索条件に使用する比較演算子の種類は次の通りです。

演算子	演算子の意味	例	例の意味
＝	～と等しい	＝10	10と等しい
＞	～より大きい	＞10	10より大きい
＞＝	～以上	＞＝10	10と等しいか10より大きい
＜	～より小さい	＜10	10より小さい
＜＝	～以下	＜＝10	10と等しいか10より小さい
＜＞	～以外	＜＞10	10以外

No. 054 数値や日付の範囲を指定して抜き出すこともできる

[フィルターオプションの設定]では、複雑な検索条件でレコードを抽出できます。**数値や日付の範囲を指定してレコードを抽出**するには、検索条件範囲に、範囲を指定するフィールドを2つ作成し、比較演算子を使って検索条件を記述します。

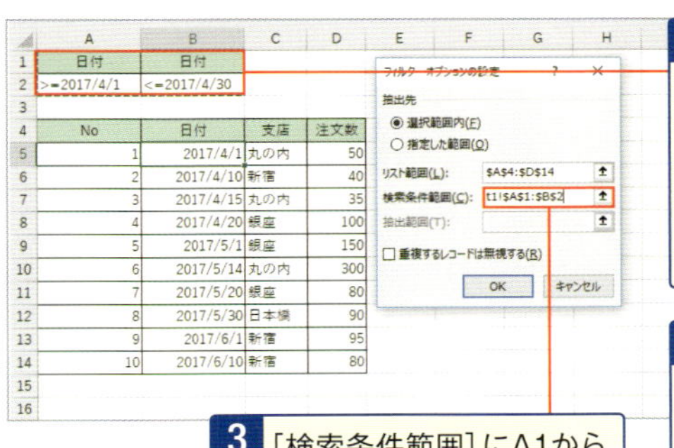

	A	B	C	D
1	日付	日付		
2	>=2017/4/1	<=2017/4/30		
3				
4	No	日付	支店	注文数
5	1	2017/4/1	丸の内	50
6	2	2017/4/10	新宿	40
7	3	2017/4/15	丸の内	35
8	4	2017/4/20	銀座	100
9	5	2017/5/1	銀座	150
10	6	2017/5/14	丸の内	300
11	7	2017/5/20	銀座	80
12	8	2017/5/30	日本橋	90
13	9	2017/6/1	新宿	95
14	10	2017/6/10	新宿	80

1 2017年4月のレコードを抽出するには、検索条件範囲で日付の範囲を指定するフィールドを2つ作成し、比較演算子を使って「>=2017/4/1」、「<=2017/4/30」と入力

2 データベース内の任意のセルを1つ選択し、[データ]タブの[詳細設定]をクリック

3 [検索条件範囲]にA1からB2までのセル範囲を選択

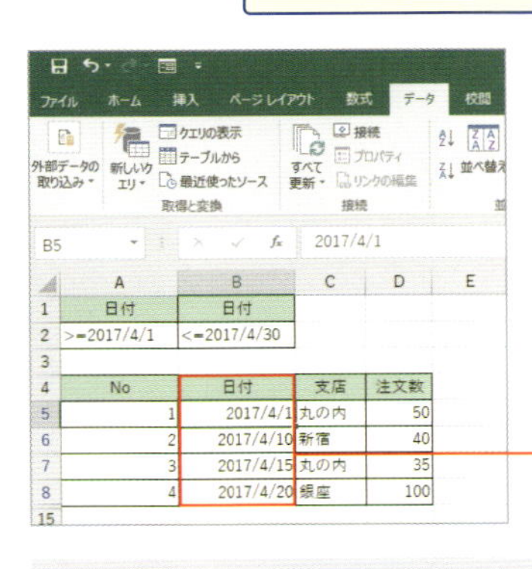

	A	B	C	D
1	日付	日付		
2	>=2017/4/1	<=2017/4/30		
3				
4	No	日付	支店	注文数
5	1	2017/4/1	丸の内	50
6	2	2017/4/10	新宿	40
7	3	2017/4/15	丸の内	35
8	4	2017/4/20	銀座	100

4 [OK]ボタンをクリックすると、2017年4月のレコードが抽出される

スキルアップ [検索条件範囲]の指定

[検索条件範囲]に指定する範囲は、検索するフィールド名と検索条件が記述されている範囲を指定します。指定する範囲に空白行が含まれていると、すべてのレコードが抽出されるので注意が必要です。また、[検索条件範囲]とデータベースの間には、最低1行の空白行が必要です。

No.055 「注文数が平均以上」を抜き出すには検索条件に数式や関数を

検索条件に数式や関数を使用するには、検索条件範囲のフィールド名に、データベースのフィールド名以外の名前を設定して、検索条件を「=」から入力します。

1 「注文数」が平均以上のレコードを抽出してみよう

2 検索条件範囲のフィールド名としてD1のセルに「条件」と入力

検索条件には、フィールドに入力されているデータと数式や関数の計算を比較して、結果がTRUEまたは、FALSEとなる数式を入力します。

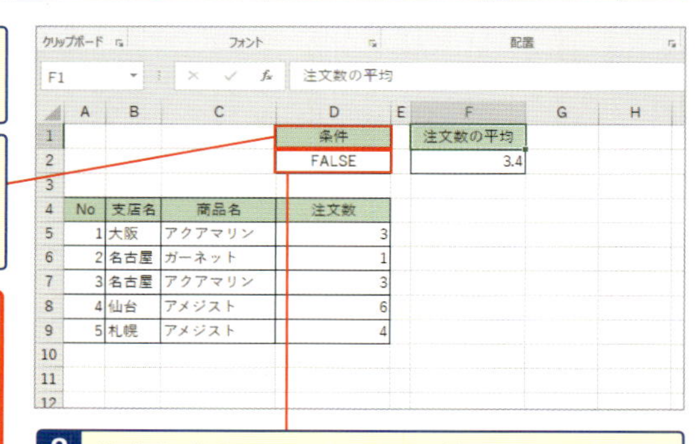

3 検索条件としてD2のセルに「=D5>=AVERAGE($D$5:$D$9)」と入力

4 データベース内の任意のセルを1つ選択し、[データ]タブの[詳細設定]をクリックして[フィルターオプションの設定]ダイアログボックスを表示

5 [検索条件範囲]に、D1からD2までのセル範囲を選択

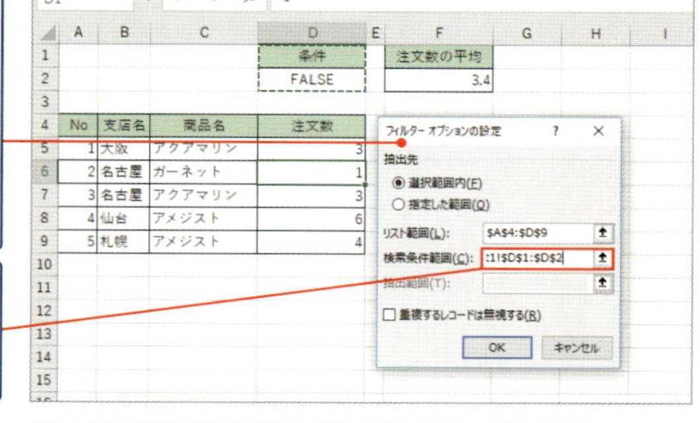

6 [OK]ボタンをクリックすると、「注文数」が平均以上のレコードが抽出される

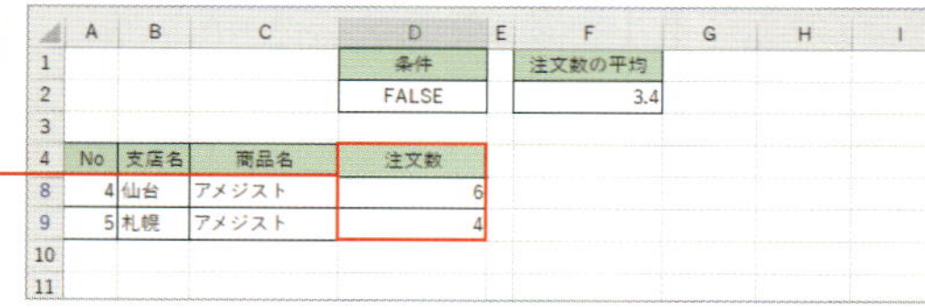

No.056

「『田』がつく住所」を抜き出すには「?」「*」のワイルドカード活用

指定した文字を含む文字列を抽出するには、ワイルドカードを使用して検索条件を入力します。「田*」と入力すると「田」から始まる文字列、「="=*田"」と入力すると「田」で終わる文字列、「*田*」と入力すると「田」を含む文字列を検索できます。

1 「住所」に「田」が含まれるレコードを抽出してみよう

2 検索条件範囲のC2のセルに「*田*」と入力

3 セルを1つ選択し、[データ] タブの [詳細設定] をクリックして [フィルターオプションの設定] ダイアログボックスを表示

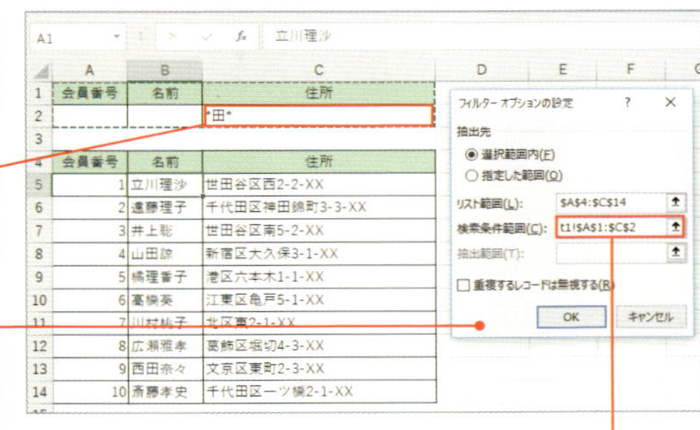

4 [検索条件範囲] に、A1からC2までのセル範囲を選択

5 [OK] ボタンをクリックすると、「住所」に「田」が含まれるレコードが抽出される

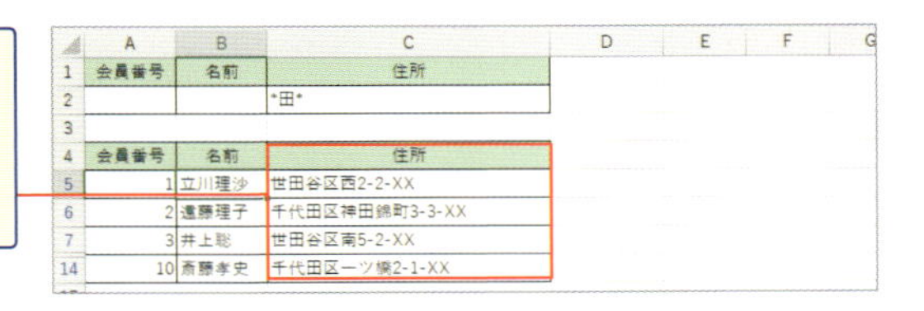

スキルアップ 検索条件設定で使用できるワイルドカード

代表的なワイルドカードは次のとおりです。

ワイルドカード	ワイルドカードの意味	例	例の意味	例の結果例
*	任意の数の文字	*県	任意の数の文字に「県」が続く	神奈川県 千葉県
?	任意の1文字	??県	任意の2文字に「県」が続く	千葉県 埼玉県

※Excelで「～で終わる」条件を記述する場合は、="=条件"となります。例えば、「県」で終わる条件は、「="=*県"」と入力します。

No.057 「住所の3文字目が『区』」の抜き出し文字と位置を指定

文字を検索するときに、文字位置も含めて条件を設定するにはワイルドカード「?」を利用します。「?」は任意の1文字を表すので、検索したい文字の前にある文字数分だけ「?」を記述することで文字位置を含めた検索条件を設定できます。

1 「住所」の3文字目が「区」であるレコードを抽出してみよう

2 検索条件範囲のC2のセルに「??区*」と入力

3 セルを1つ選択して[データ]タブの[詳細設定]をクリックして[フィルターオプションの設定]ダイアログボックスを表示

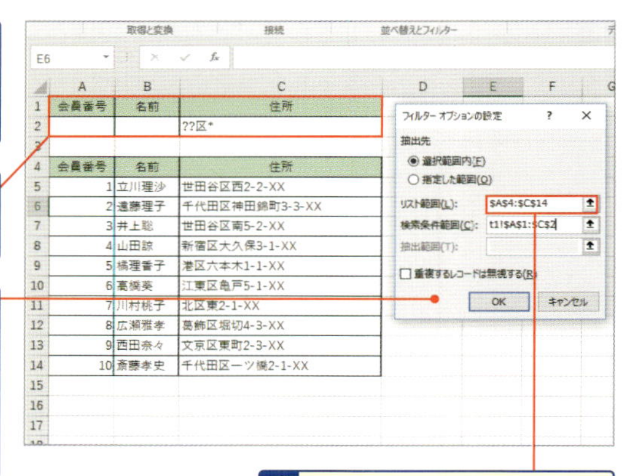

	A	B	C
1	会員番号	名前	住所
2			??区*
3			
4	会員番号	名前	住所
5	1	立川理沙	世田谷区西2-2-XX
6	2	遠藤理子	千代田区神田錦町3-3-XX
7	3	井上聡	世田谷区南5-2-XX
8	4	山田諒	新宿区大久保3-1-XX
9	5	橋理香子	港区六本木1-1-XX
10	6	高橋葵	江東区亀戸5-1-XX
11	7	川村桃子	北区東2-1-XX
12	8	広瀬雅孝	葛飾区堀切4-3-XX
13	9	西田奈々	文京区東町2-3-XX
14	10	斎藤孝史	千代田区一ツ橋2-1-XX

4 [検索条件範囲]にA1からC2までのセル範囲を選択

5 [OK]ボタンをクリックすると、「住所」の3文字目が「区」であるレコードが抽出される

	A	B	C
1	会員番号	名前	住所
2			??区*
3			
4	会員番号	名前	住所
8	4	山田諒	新宿区大久保3-1-XX
10	6	高橋葵	江東区亀戸5-1-XX
12	8	広瀬雅孝	葛飾区堀切4-3-XX
13	9	西田奈々	文京区東町2-3-XX

スキルアップ ワイルドカードの使い方

「住所」の3文字目が「区」であるデータを検索する場合、検索条件に「="=??区"」と入力すると、3文字目が「区」のデータを検索します。「区」の文字のあとに文字が続く場合は、任意の数の文字を表すワイルドカード「*」を使って「??区*」と入力します。または、「??区」と入力しても、Excelでは、同じ結果になります。

No.058 2つ以上の条件を満たす抜き出しはフィルターオプションで

［フィルターオプションの設定］を使用すれば、必要な数だけ条件を設定することができます。そのすべての条件を満たすレコードを抽出するには、すべての条件を同じ行に入力します。

1 2017年6月の「新宿支店」の「注文数」が「50」以上のレコードを抽出するには、検索条件範囲の2行目にすべての条件を入力

2 セルを1つ選択して［フィルターオプションの設定］ダイアログボックスを表示

	A	B	C	D
1	日付	日付	支店	注文数
2	>=2017/6/1	<=2017/6/30	新宿	>=50
3				
4	No	日付	支店	注文数
5	1	2017/4/1	丸の内	50
6	2	2017/4/10	新宿	40
7	3	2017/4/15	丸の内	35
8	4	2017/4/20	銀座	100
9	5	2017/5/1	銀座	150
10	6	2017/5/14	丸の内	300
11	7	2017/5/20	銀座	80
12	8	2017/5/30	日本橋	90
13	9	2017/6/1	新宿	95
14	10	2017/6/10	新宿	80
15				

3 ［検索条件範囲］にA1からD2までのセル範囲を選択

4 ［OK］ボタンをクリックすると、2017年6月の「新宿支店」の「注文数」が「50」以上のレコードが表示される

	A	B	C	D
1	日付	日付	支店	注文数
2	>=2017/6/1	<=2017/6/30	新宿	>=50
3				
4	No	日付	支店	注文数
13	9	2017/6/1	新宿	95
14	10	2017/6/10	新宿	80
15				

スキルアップ　1つのフィールドに複数の条件を指定するには

1つのフィールドに複数の条件を設定し、そのすべての条件を満たすレコードを抽出する検索条件を指定するには、指定したい条件分だけフィールド名をコピーして検索条件のフィールド名にします。例えば、注文数が「50」以上かつ「100」以下の「新宿」支店のレコードを抽出する検索条件は次のように指定します。

支店	注文数	注文数
新宿	>=50	<=100

No.059 2つ以上の条件のどちらかを満たす抜き出しもできる

[フィルターオプションの設定]を使用すれば、必要な数だけ条件を設定することできます。**設定したいずれかの条件を満たすレコードを抽出**するには、**それぞれの検索条件を異なる行に入力**します。

1 検索条件範囲のC2のセルに「丸の内」、C3のセルに「日本橋」、D4のセルに「>90」と入力

2 セルを1つ選択し、[データ]タブの[詳細設定]をクリックして[フィルターオプションの設定]ダイアログボックスを表示

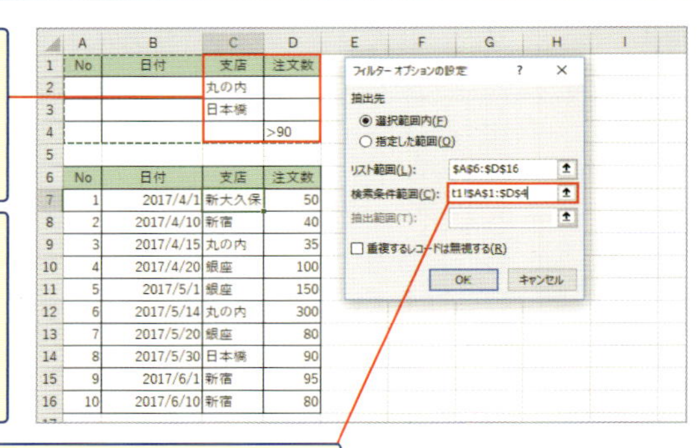

3 [検索条件範囲]にA1からD4までのセル範囲を選択

4 [OK]ボタンをクリックすると、「支店」が「丸の内」、または「日本橋」、もしくは「注文数」が「90」より大きいレコードが抽出される

	A	B	C	D
1	No	日付	支店	注文数
2			丸の内	
3			日本橋	
4				>90
5				
6	No	日付	支店	注文数
9	3	2017/4/15	丸の内	35
10	4	2017/4/20	銀座	100
11	5	2017/5/1	銀座	150
12	6	2017/5/14	丸の内	300
14	8	2017/5/30	日本橋	90
15	9	2017/6/1	新宿	95

スキルアップ AND条件とOR条件を組み合わせるには

検索条件範囲の表を活用すると、複数のすべての条件を満たすAND条件と、複数の条件のうちいずれかを満たすOR条件を組み合わせることができます。新宿支店で注文数が100以上のデータ、または銀座支店で注文数が100以上のデータを抽出するための検索条件は、次のように入力します。

支店	注文数
新宿	>=100
銀座	>=100

No.060 抜き出したデータを別の位置に表示したい

抽出結果の表示位置は、[選択範囲内]と[指定した範囲]の2種類です。別の位置に抜き出したい場合、後者を指定すると、抽出結果は[抽出範囲]に指定したセルを左上端とする範囲に表示されます。

1 「支店」が「丸の内」であるレコードを、A11のセルを左上端とする範囲に抽出してみよう

2 検索条件範囲のC2のセルに「丸の内」と入力

3 セルを1つ選択して[フィルターオプションの設定]ダイアログボックスを表示

4 [検索条件範囲]に、A1からD2までのセル範囲を選択

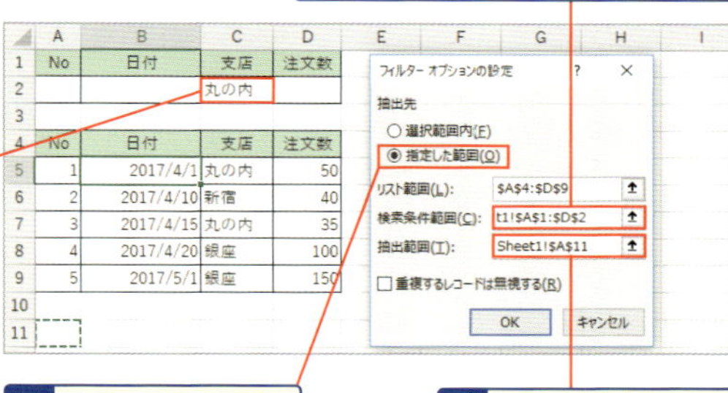

5 [指定した範囲]をクリック

6 [抽出範囲]にA11のセルを指定

7 [OK]ボタンをクリックすると、「支店」が「丸の内」であるレコードがA11のセルを左上端とする範囲に抽出される

スキルアップ 抽出範囲と指定してできる位置

[抽出範囲]に指定できるセルは、同一シート内のセルのみです。他のシートやファイルに抽出結果を表示する場合は、結果をコピーして希望の場所に貼り付けます。

No.061 重複データの非表示はオプション一発でOK

[フィルターオプションの設定]で[重複するレコードは無視する]を指定すると、抽出された結果で重複するレコードを非表示にできます。検索条件を空白にすると、データベース全体のレコードについて重複データを非表示にできます。

1 データベース全体のレコードについて重複データを非表示にしてみよう

4 [検索条件範囲]にA1からC2までのセル範囲を選択

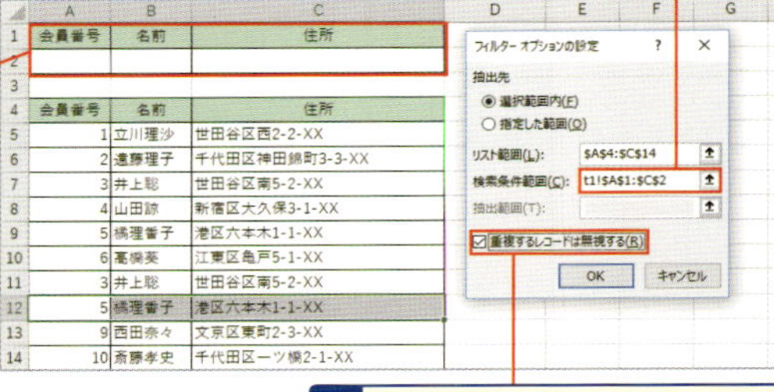

	A	B	C
1	会員番号	名前	住所
2			
3			
4	会員番号	名前	住所
5	1	立川理沙	世田谷区西2-2-XX
6	2	遠藤理子	千代田区神田錦町3-3-XX
7	3	井上聡	世田谷区南5-2-XX
8	4	山田諒	新宿区大久保3-1-XX
9	5	橋理香子	港区六本木1-1-XX
10	6	高橋葵	江東区亀戸5-1-XX
11	3	井上聡	世田谷区南5-2-XX
12	5	橋理香子	港区六本木1-1-XX
13	9	西田奈々	文京区東町2-3-XX
14	10	斎藤孝史	千代田区一ツ橋2-1-XX

2 検索条件範囲の条件欄を空白にする

3 セルを1つ選択して[フィルターオプションの設定]ダイアログボックスを表示

5 [重複するレコードは無視する]にチェックを付ける

6 [OK]ボタンをクリックすると、重複しているデータが非表示になる

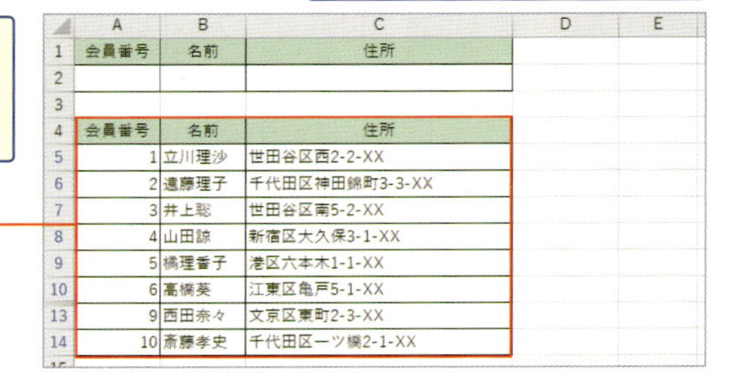

	A	B	C
1	会員番号	名前	住所
2			
3			
4	会員番号	名前	住所
5	1	立川理沙	世田谷区西2-2-XX
6	2	遠藤理子	千代田区神田錦町3-3-XX
7	3	井上聡	世田谷区南5-2-XX
8	4	山田諒	新宿区大久保3-1-XX
9	5	橋理香子	港区六本木1-1-XX
10	6	高橋葵	江東区亀戸5-1-XX
13	9	西田奈々	文京区東町2-3-XX
14	10	斎藤孝史	千代田区一ツ橋2-1-XX

スキルアップ データベース内の重複するデータを削除するには

検索条件を空白にしてデータベース全体の重複データを非表示にするときに、[抽出範囲]を[指定した範囲]に設定して[抽出範囲]を指定します(No.060参照)。そして、抽出を実行したあとに、もとのデータベースの内容を削除して、抽出結果を貼り付けます。

第4章

これだけ！集計・分析ワザ

より詳細な集計・分析のために、Excelにはいろいろな機能が用意されています。シートをまたいだ集計ができる「3D集計」や「統合」、集計に便利な関数など、場合に応じてふさわしい機能を選ぶことが肝要です。

No.062 複数シートの同じ見出しを一度に色付けできる作業グループ

複数のシートを選択して作業グループにすると、選択しているシートを同時に操作できます。連続したシートを選択するには、Shiftキーを押しながらシート見出しをクリックし、離れているシートを選択するには、Ctrlキーを押しながらシート見出しをクリックします。

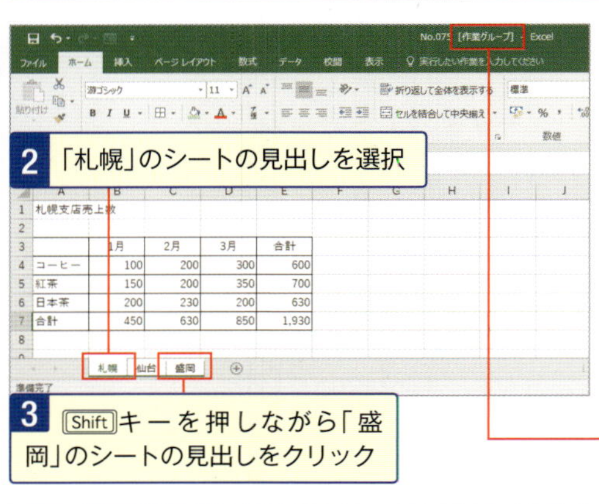

1 同じレイアウトで作られた3つのシートの各A1からB1までのセルに色を付けてみよう

2 「札幌」のシートの見出しを選択

3 Shiftキーを押しながら「盛岡」のシートの見出しをクリック

4 タイトルバーに[作業グループ]と表示される

5 A1からB1までのセル範囲を選択して

6 [ホーム]タブの[塗りつぶしの色]ボタンから色をクリック

7 選択されているシート見出しの上で右クリックして、表示されるメニューから、[シートのグループ解除]を選択すると、タイトルバーの[作業グループ]の表示が消える

8 各シートのA1からB1のセルの色が変更される

No. 063 複数シートの集計は位置が同じ[3D集計]か見出しが同じ[統合]か

複数のシートにわたるデータを集計する方法に、[3D集計]と[統合]があります。集計したいセルの位置がそれぞれのシートで共通している場合は[3D集計]、集計したいセルの位置に関わらず、表の見出しの項目名をもとに集計するには[統合]を使います。

	A	B	C	D	E
1		1月	2月	3月	合計
2	コーヒー	100	200	300	600
3	紅茶	150	200	350	700
4	日本茶	200	230	200	630
5	合計	450	630	850	1,930

	A	B	C	D	E
1		1月	2月	3月	合計
2	コーヒー	300	400	200	900
3	紅茶	350	200	350	900
4	日本茶	200	250	500	950
5	合計	850	850	1,050	2,750

	A	B	C	D	E
1		1月	2月	3月	合計
2	コーヒー	100	150	200	450
3	紅茶	200	250	350	800
4	日本茶	300	350	200	850
5	合計	600	750	750	2,100

1 3つのシートの各項目のデータのセル位置がすべて同じ場合は、[3D集計]を使って集計する。[3D集計]は、[数式]タブの[オートSUM]ボタンを使って実行する

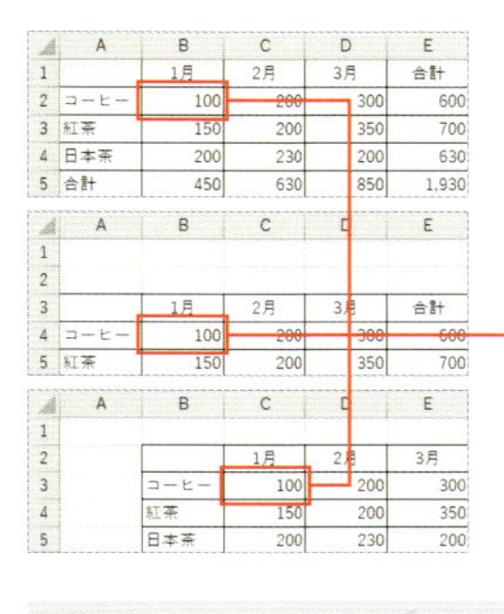

	A	B	C	D	E
1		1月	2月	3月	合計
2	コーヒー	100	200	300	600
3	紅茶	150	200	350	700
4	日本茶	200	230	200	630
5	合計	450	630	850	1,930

	A	B	C	D	E
1					
2					
3		1月	2月	3月	合計
4	コーヒー	100	200	300	600
5	紅茶	150	200	350	700

	A	B	C	D	E
1					
2			1月	2月	3月
3		コーヒー	100	200	300
4		紅茶	150	200	350
5		日本茶	200	230	200

2 3つのシートの各項目のデータのセル位置が異なる場合は、[統合]を使って集計する。[統合]は、[データ]タブの[統合]を選択して実行する

スキルアップ 位置による統合と見出しによる統合

見出しの項目名の並び順が同じで表の左上端のセル位置が違う場合は、集計結果を表示する表の見出しのみを作成し、統合するシートでは見出しを含まずに範囲を指定します。見出しの項目名や並び順が違う場合は、見出しを含めて範囲を指定します。

No.064 複数シートの同じセル位置のデータを集計するには[3D集計]

[3D集計]を使用すると、複数のシートの同じセル位置のデータを集計することができます。シートごとに支店別に入力された売上データを1つのシートに集計する場合などに利用できます。[3D集計]では、連続したシートのデータを集計します。

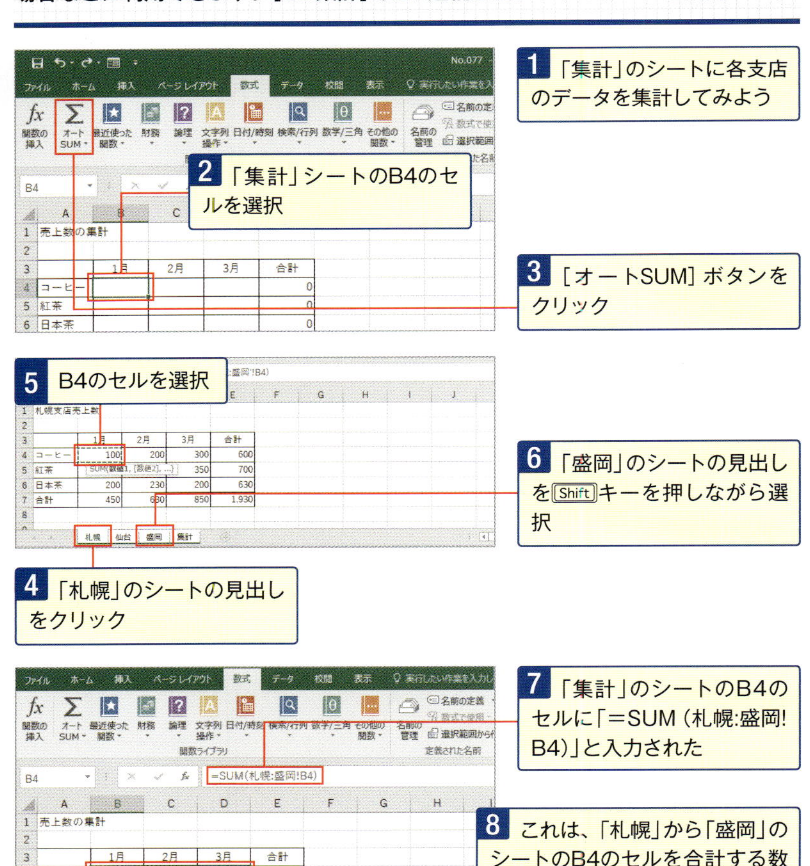

No.065

[3D集計]後にシートを追加すると自動で再計算される

[3D集計]を実行したあとに、他のシートのデータも追加して集計する場合は、集計したシートの並びの中にシートを追加するだけで[3D集計]の集計結果が再計算されます。追加するシートは、集計元のいずれかのシートをコピーして作成すると効率的です。

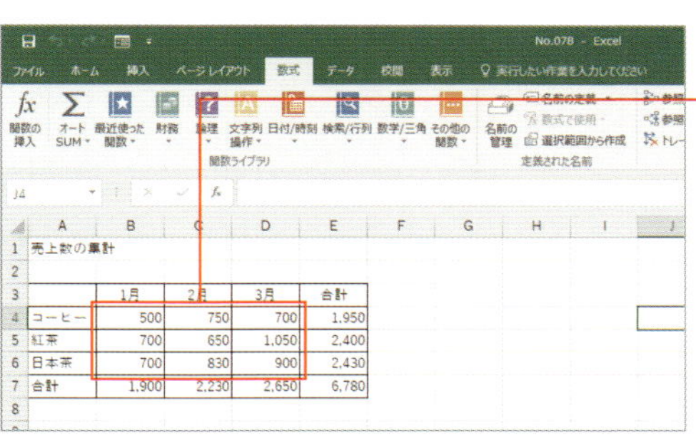

1 「集計」シートには[3D集計]による集計結果が表示されている

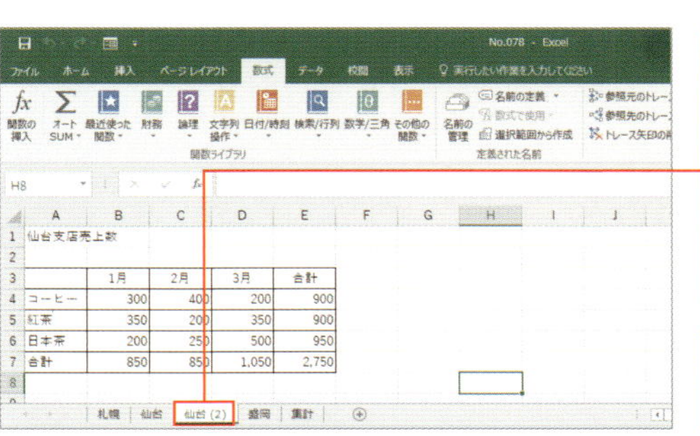

2 新しく「青森」のシートを追加して集計してみよう。「仙台」のシート見出しをCtrlキーを押しながらドラッグして「仙台」のシートの右側にコピー

3 シート見出しを「青森」に変更し、データを修正する

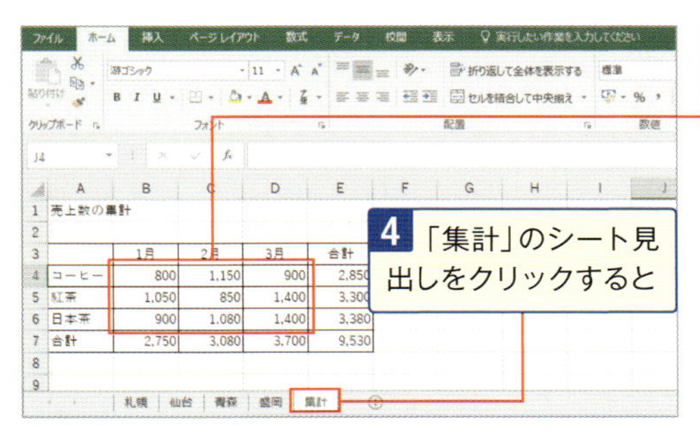

4 「集計」のシート見出しをクリックすると

5 集計結果が更新されているのが確認できる

No.066 複数シートの見出しを元にデータを集計するには[統合]

表の見出しの項目名をもとに集計するには[統合]を使います。統合先のシート上のセルを選択し、統合元のデータ範囲を指定して実行します。見出しの項目名などが違う場合は、元のシートで見出しを含めて範囲を指定し、項目名を基準にして集計します。

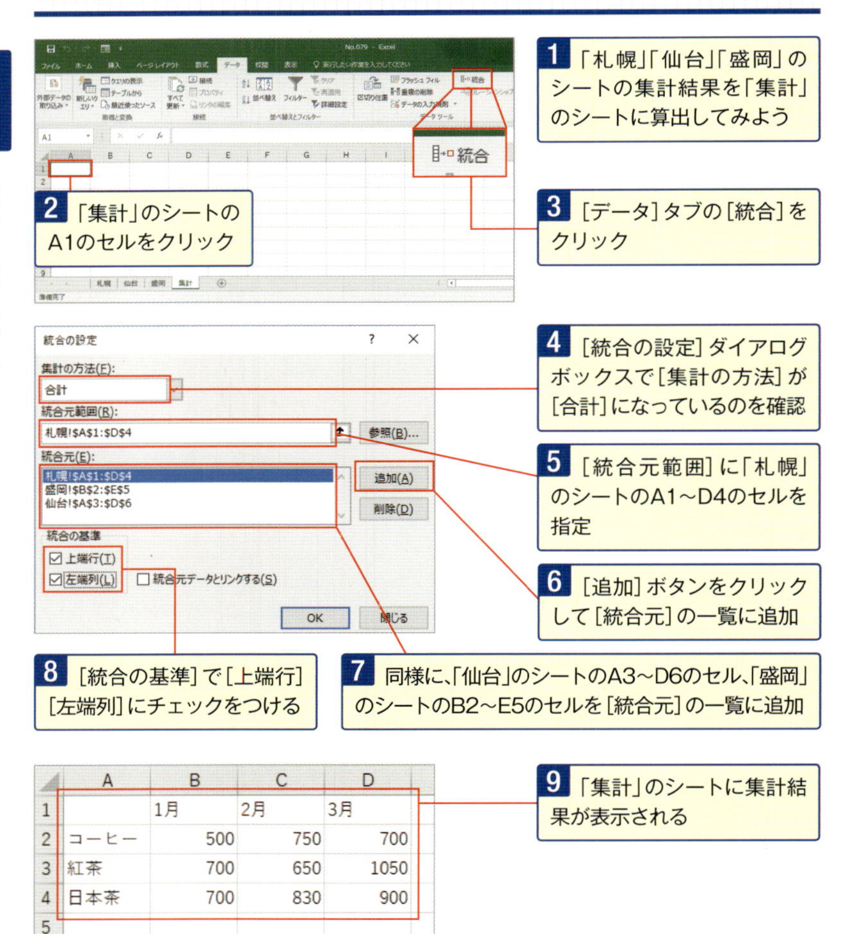

	A	B	C	D
1		1月	2月	3月
2	コーヒー	500	750	700
3	紅茶	700	650	1050
4	日本茶	700	830	900
5				

No.067

[統合]で集計した結果を常に最新状態に保つには

[統合]を実行する前に、[統合元データとリンクする]にチェックを付けると、統合元のデータを変更したときに集計結果を自動的に変更することができます。この設定をすると、集計結果にアウトライン記号が表示されます。

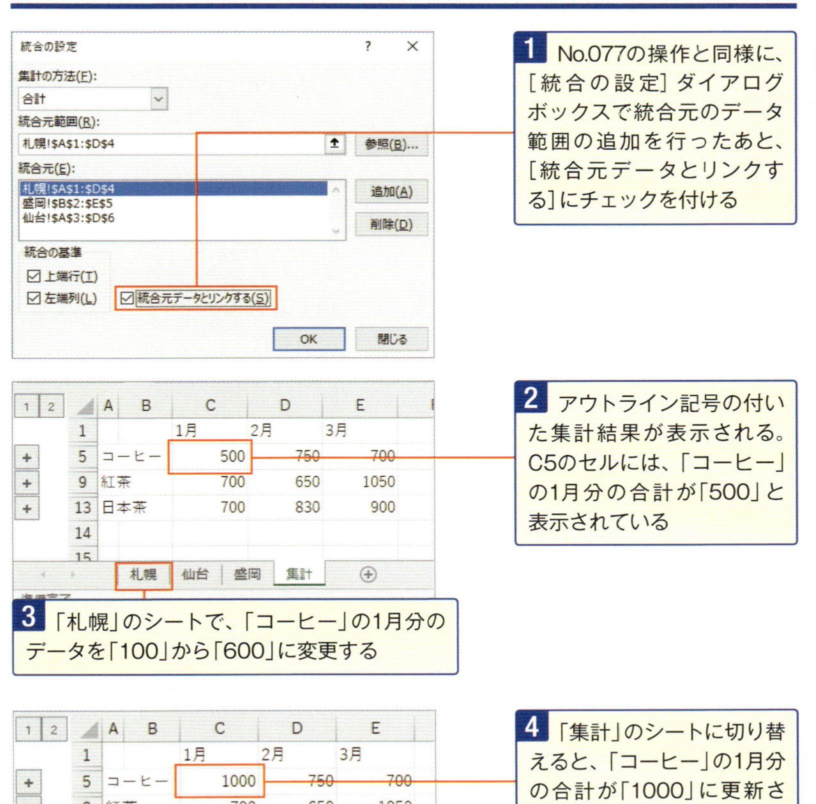

No.068 集計行を一瞬で追加するには テーブルの書式設定が便利

[テーブルの書式設定] 機能を使えば、集計の行を簡単に追加することができます。多少、デザインが変更されてしまいますが、手軽に集計行を追加することができるので便利です。

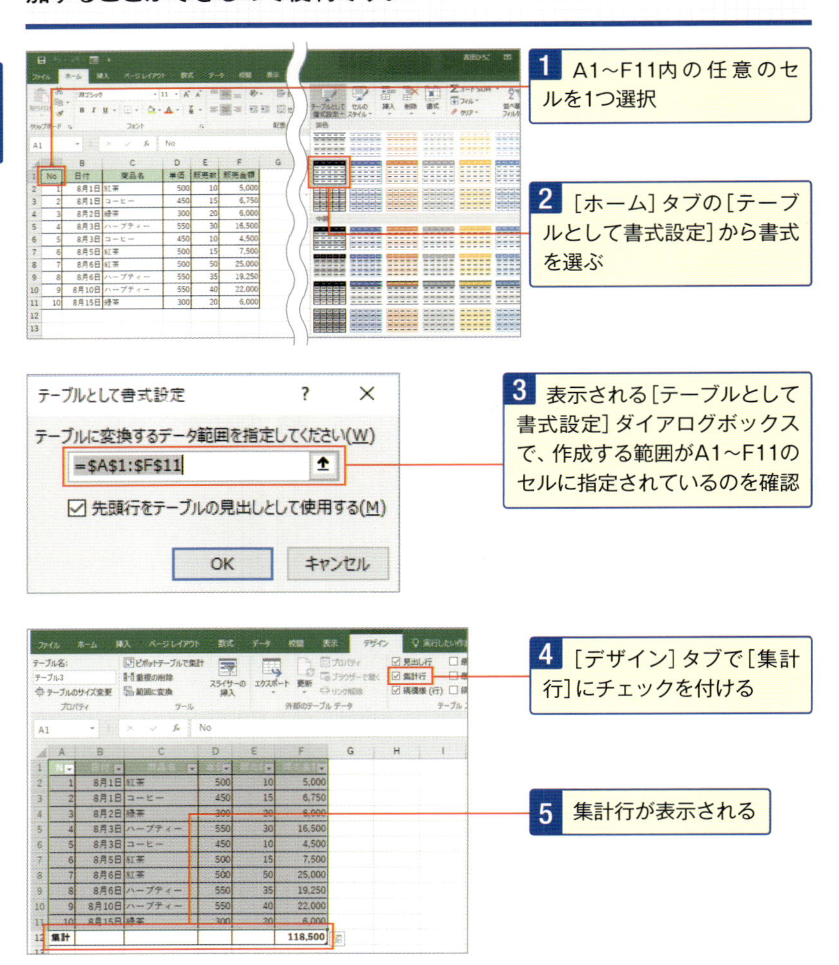

No. 069 「合計」を「平均」に変更するには ドロップダウンリストから選ぶだけ

リストの集計方法を変更するには、集計結果が表示されているセルを選択し、▼をクリックして表示される一覧から集計方法を選択します。既定ではデータの合計が表示されます。

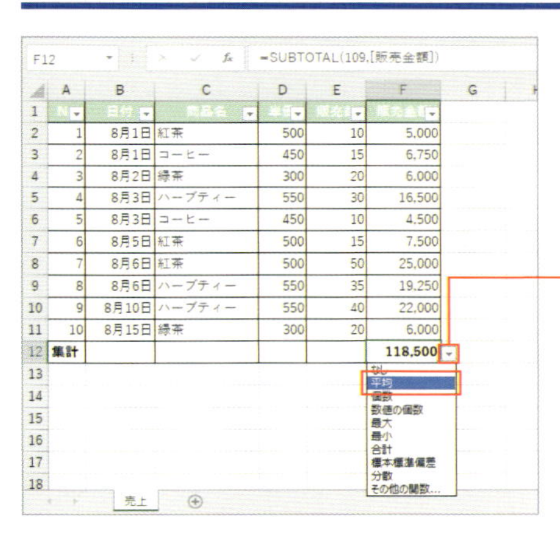

	A	B	C	D	E	F
1	N	日付	商品名	単価	販売数	販売金額
2	1	8月1日	紅茶	500	10	5,000
3	2	8月1日	コーヒー	450	15	6,750
4	3	8月2日	緑茶	300	20	6,000
5	4	8月3日	ハーブティー	550	30	16,500
6	5	8月3日	コーヒー	450	10	4,500
7	6	8月5日	紅茶	500	15	7,500
8	7	8月6日	紅茶	500	50	25,000
9	8	8月6日	ハーブティー	550	35	19,250
10	9	8月10日	ハーブティー	550	40	22,000
11	10	8月15日	緑茶	300	20	6,000
12	集計					118,500

1 F12のセルの集計方法を[合計]から[平均]に変更してみよう

2 F12のセルを選択し、▼をクリックして表示される一覧から[平均]を選択

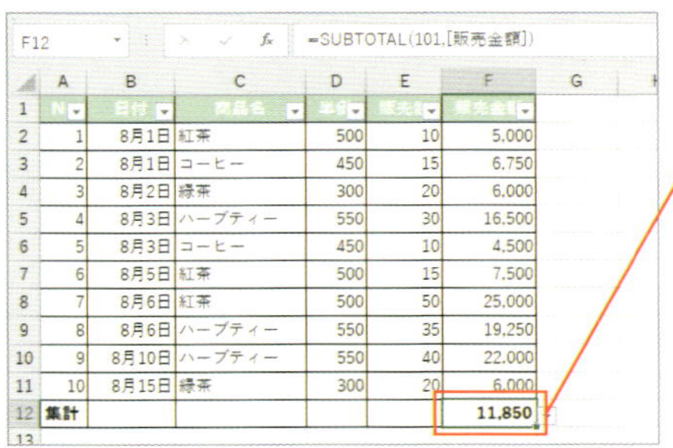

	A	B	C	D	E	F
1	N	日付	商品名	単価	販売数	販売金額
2	1	8月1日	紅茶	500	10	5,000
3	2	8月1日	コーヒー	450	15	6,750
4	3	8月2日	緑茶	300	20	6,000
5	4	8月3日	ハーブティー	550	30	16,500
6	5	8月3日	コーヒー	450	10	4,500
7	6	8月5日	紅茶	500	15	7,500
8	7	8月6日	紅茶	500	50	25,000
9	8	8月6日	ハーブティー	550	35	19,250
10	9	8月10日	ハーブティー	550	40	22,000
11	10	8月15日	緑茶	300	20	6,000
12	集計					11,850

3 F12のセルに「販売金額」の平均が表示される

スキルアップ 集計結果のセルが空欄の場合

集計方法の一覧で[なし]が選択されていると、集計結果のセルは空欄になります。上記の例で、「販売数」や「単価」などの集計結果のセルが空欄になっていますが、選択すると集計方法の一覧が表示されて、集計結果を表示することができます。

No.070 総計だけでなく小計も一瞬で求められる！

[データ] タブの [小計] を使用すると、特定の項目の小計と総計を求めることができます。小計を求めるにはデータの種類ごとに並んでいる必要があるため、項目のデータを昇順、または降順に並び替えておきます。

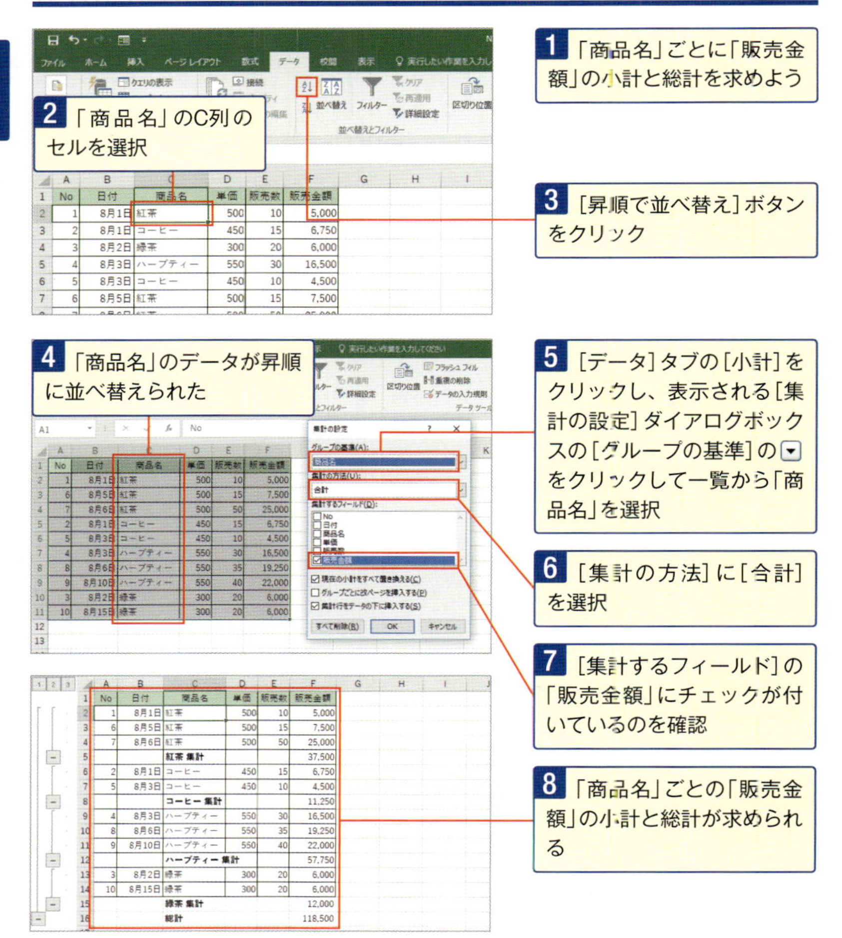

No. 071 [集計]の設定を変更して集計結果を置き換えるには

[小計]を実行すると、現在のリストの内容を一時的に集計結果に置き換えて表示します。[小計]の設定を変更して、新しい集計結果の表示に置き換えるには、[集計の設定]ダイアログボックスで[現在の小計と置き換える]を指定します。

1 「商品名」ごとの「販売金額」の合計による集計結果の表示を、「販売金額」の平均による集計結果の表示に置き換えてみよう

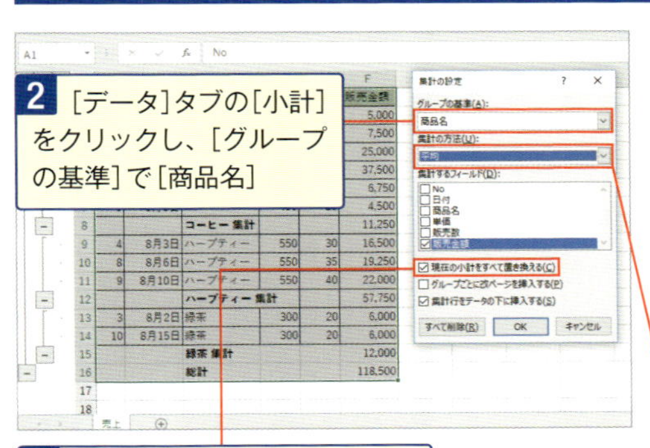

2 [データ]タブの[小計]をクリックし、[グループの基準]で[商品名]

3 [集計の方法]で[平均]を選択

4 [現在の小計と置き換える]にチェックが付いているのを確認

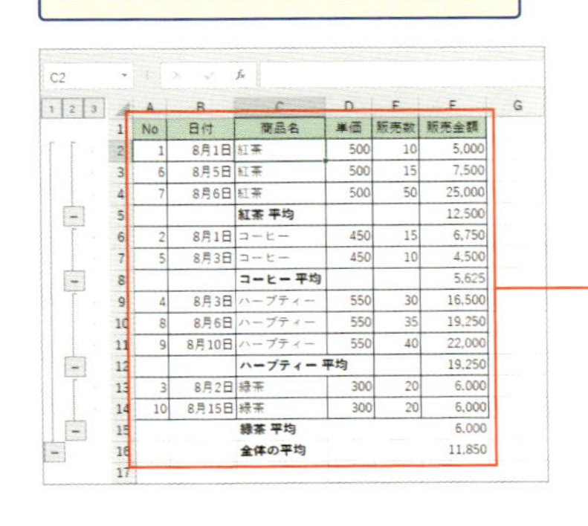

No	日付	商品名	単価	販売数	販売金額
1	8月1日	紅茶	500	10	5,000
6	8月5日	紅茶	500	15	7,500
7	8月6日	紅茶	500	50	25,000
		紅茶 平均			12,500
2	8月1日	コーヒー	450	15	6,750
5	8月3日	コーヒー	450	10	4,500
		コーヒー 平均			5,625
4	8月3日	ハーブティー	550	30	16,500
8	8月6日	ハーブティー	550	35	19,250
9	8月10日	ハーブティー	550	40	22,000
		ハーブティー 平均			19,250
3	8月2日	緑茶	300	20	6,000
10	8月15日	緑茶	300	20	6,000
		緑茶 平均			6,000
		全体の平均			11,850

5 「商品名」ごとの「販売金額」の平均による集計結果の表示に置き換わる

スキルアップ 集計を解除してもとのリストに戻すには

集計結果の表示から、もとのリストの表示に戻すには、集計結果内の任意のセルを1つ選択して、[データ]タブの[小計]をクリックし、表示される[集計の設定]ダイアログボックスで[すべて削除]ボタンをクリックします。

No.072 2つ以上の項目で小計を表示することもできる

2つ以上の項目について集計するには、まず、集計したいすべての項目について並べ替えを行います。その後、優先順位の高い項目順に［集計］を繰り返し実行します。このとき、［現在の小計と置き換える］のチェックをはずします。

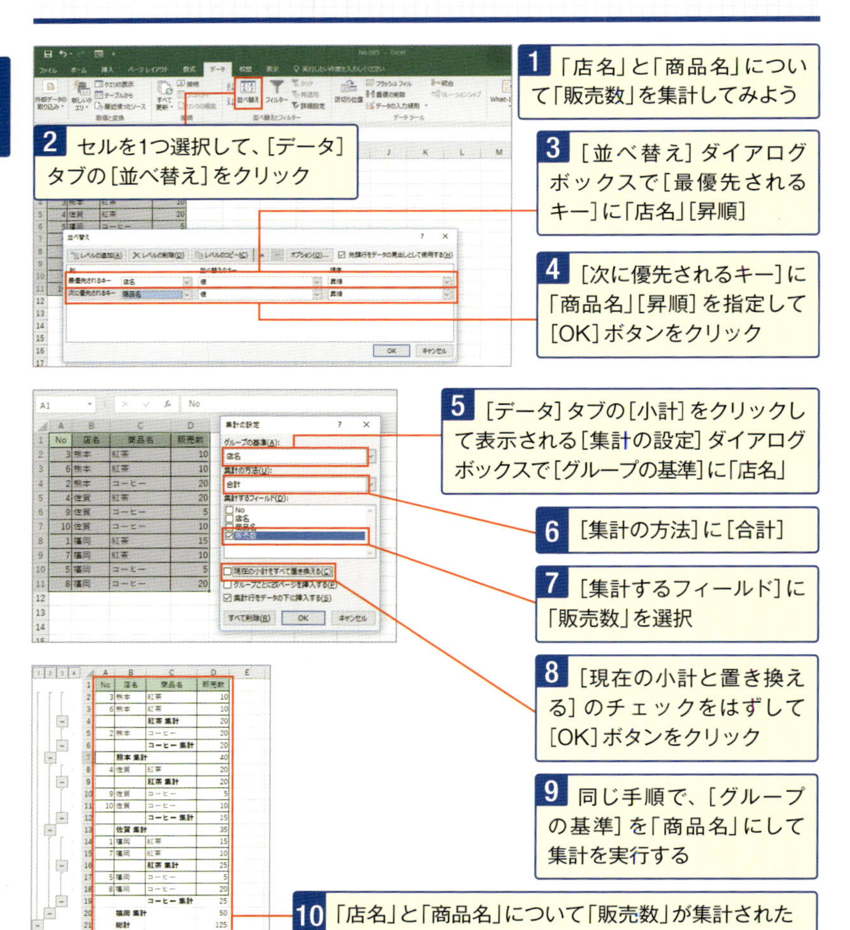

No. 073

折りたたんだ集計結果だけのコピーは「可視セル」にチェック

アウトライン記号を使用して折りたたんで表示された集計結果のデータだけを別の場所にコピーする場合、折りたたまれた詳細なデータも含めてコピーされてしまいます。これを防ぐには、コピー元の範囲で表示されている可視セルのみを選択してからコピーします。

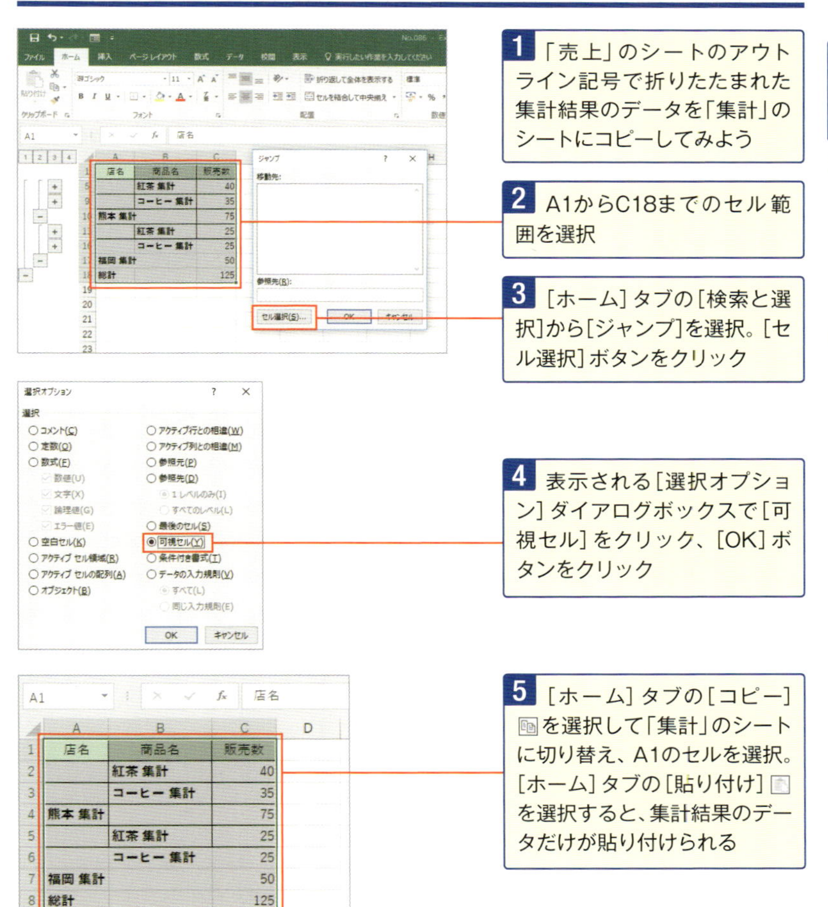

No.074 小計や合計だけをパパッと折りたたんで表示するには

アウトラインを作成すると、小計や合計のみを表示したり、折りたたまれた詳細データを表示したりできます。すでに小計や合計がある表の場合、アウトラインを自動で作成できます。[集計] 機能を使って集計した場合も自動的に作成されます。

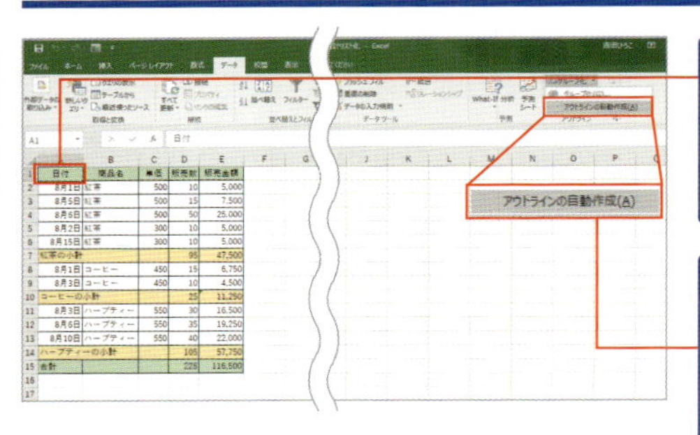

1 小計や合計がある表に自動的にアウトラインを作成しよう。表内の任意のセルを1つ選択

2 [データ] タブの [アウトライン] で、[グループ化] の下の矢印をクリックし、[アウトラインの自動作成] を選択

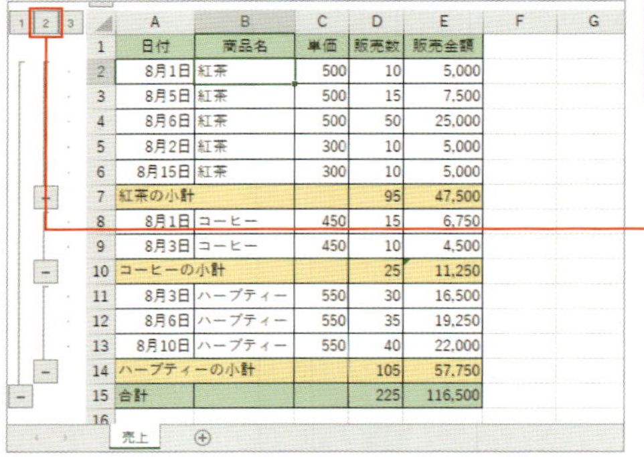

	A	B	C	D	E
1	日付	商品名	単価	販売数	販売金額
2	8月1日	紅茶	500	10	5,000
3	8月5日	紅茶	500	15	7,500
4	8月6日	紅茶	500	50	25,000
5	8月2日	紅茶	300	10	5,000
6	8月15日	紅茶	300	10	5,000
7	紅茶の小計			95	47,500
8	8月1日	コーヒー	450	15	6,750
9	8月3日	コーヒー	450	10	4,500
10	コーヒーの小計			25	11,250
11	8月3日	ハーブティー	550	30	16,500
12	8月6日	ハーブティー	550	35	19,250
13	8月10日	ハーブティー	550	40	22,000
14	ハーブティーの小計			105	57,750
15	合計			225	116,500

3 アウトラインが作成され、アウトライン記号が表示された

4 小計と合計だけを表示するには、2 をクリック

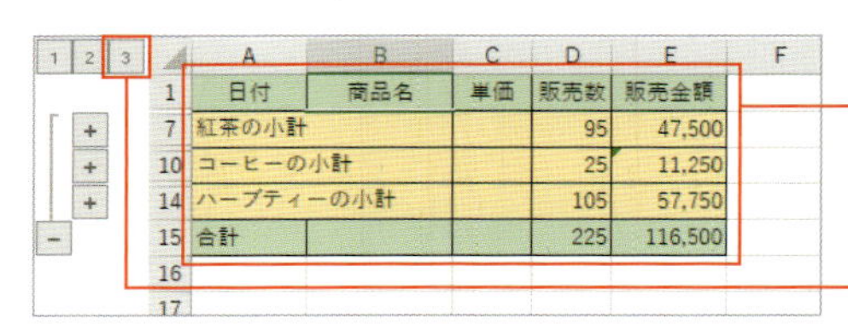

	A	B	C	D	E
1	日付	商品名	単価	販売数	販売金額
7	紅茶の小計			95	47,500
10	コーヒーの小計			25	11,250
14	ハーブティーの小計			105	57,750
15	合計			225	116,500

5 小計と合計だけが表示された

6 折りたたまれた詳細データを表示するには 3 をクリック

No.075

指定した位置で折りたたみ表示・非表示を一発切り替え

小計や合計のない表にはアウトラインを自動生成できません。アウトラインを手動で作成するには、行や列の範囲を指定して[グループ化]を行います。グループ化の設定を解除するには、[グループ解除]を行います。アウトライン記号の使い方はNo.076を参照してください。

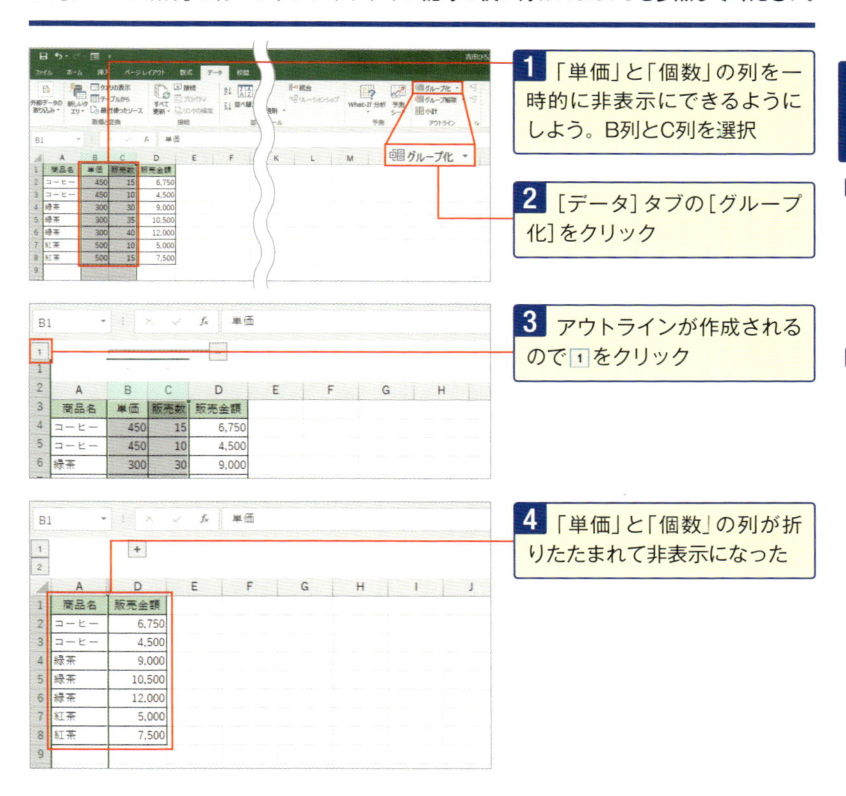

スキルアップ アウトラインの削除

アウトラインを削除するには、削除するグループ化された行や列の範囲を選択し、[データ]タブの[グループ解除]横の▼→[アウトラインのクリア]を選択します。

No.076 折りたたんだ表の表示・非表示のカンタン切り替え法

アウトライン記号の数字のボタンは、大きい数字ほど詳細なデータを表示します。マイナスの記号をクリックすると、詳細データを折りたたんで非表示にします。プラスの記号をクリックすると折りたたまれた詳細データを表示できます。

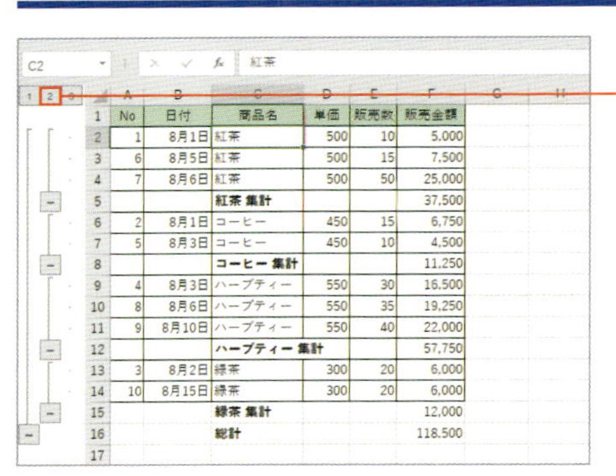

	A	B	C	D	E	F
1	No	日付	商品名	単価	販売数	販売金額
2	1	8月1日	紅茶	500	10	5,000
3	6	8月5日	紅茶	500	15	7,500
4	7	8月6日	紅茶	500	50	25,000
5			紅茶 集計			37,500
6	2	8月1日	コーヒー	450	15	6,750
7	5	8月3日	コーヒー	450	10	4,500
8			コーヒー 集計			11,250
9	4	8月3日	ハーブティー	550	30	16,500
10	8	8月6日	ハーブティー	550	35	19,250
11	9	8月10日	ハーブティー	550	40	22,000
12			ハーブティー 集計			57,750
13	3	8月2日	緑茶	300	20	6,000
14	10	8月15日	緑茶	300	20	6,000
15			緑茶 集計			12,000
16			総計			118,500

1 アウトライン記号を使って、小計と合計のみを表示してみよう。2をクリック

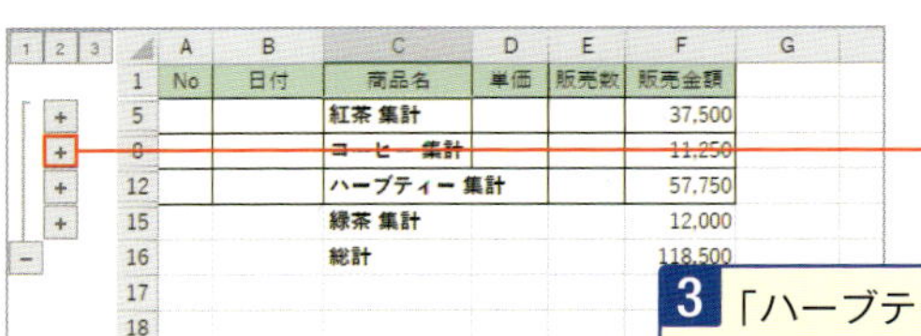

	A	B	C	D	E	F
1	No	日付	商品名	単価	販売数	販売金額
5			紅茶 集計			37,500
8			コーヒー 集計			11,250
12			ハーブティー 集計			57,750
15			緑茶 集計			12,000
16			総計			118,500

2 詳細なデータが折りたたまれて「商品名」ごとの小計と総計のみが表示された

3 「ハーブティー」の詳細なデータを表示するには、「ハーブティー」の横の＋をクリック

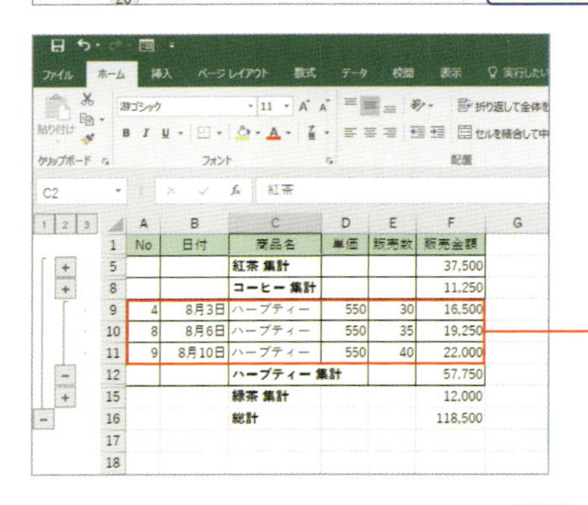

	A	B	C	D	E	F
1	No	日付	商品名	単価	販売数	販売金額
5			紅茶 集計			37,500
8			コーヒー 集計			11,250
9	4	8月3日	ハーブティー	550	30	16,500
10	8	8月6日	ハーブティー	550	35	19,250
11	9	8月10日	ハーブティー	550	40	22,000
12			ハーブティー 集計			57,750
15			緑茶 集計			12,000
16			総計			118,500

4 折りたたまれていた「ハーブティー」の詳細なデータが表示された

No. 077 オートフィルターで抽出したデータだけを対象に集計するワザ

SUBTOTAL関数を使用すると、指定した集計方法で指定した範囲の集計ができます。集計方法には、表示されているデータのみを集計する方法とすべてのデータを集計する方法の2種類があります。

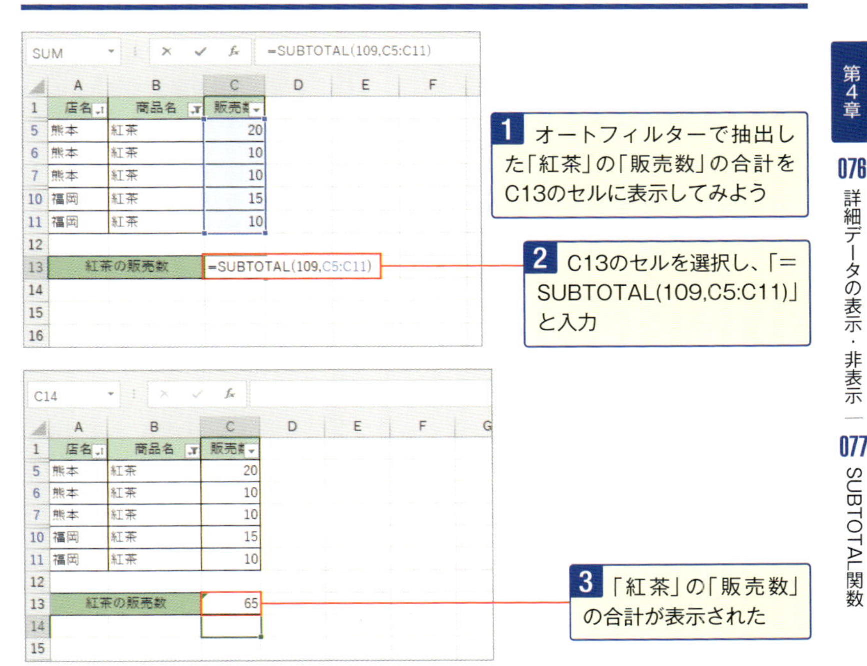

●用語の解説 SUBTOTAL関数（数学／三角）

集計方法についての詳細は、ヘルプを参照してください。

=SUBTOTAL（集計方法,範囲,…） 指定した範囲に対して、指定した集計方法による集計を行う	
集計方法	用意されている集計方法を数値で指定する 非表示のデータを除いた合計・・・109 非表示のデータも含めた合計・・・9
範囲	集計するデータの範囲を指定する（29個まで指定可）

No. 078 構成比は絶対参照を使ってオートフィルすべし

各データが全体の何パーセントを占めるかを確認したいときは、構成比を求めます。構成比は、各データを全体の合計で除算して算出します。なお、数式を入力する際、全体の合計が表示されているセルは絶対参照で入力します。

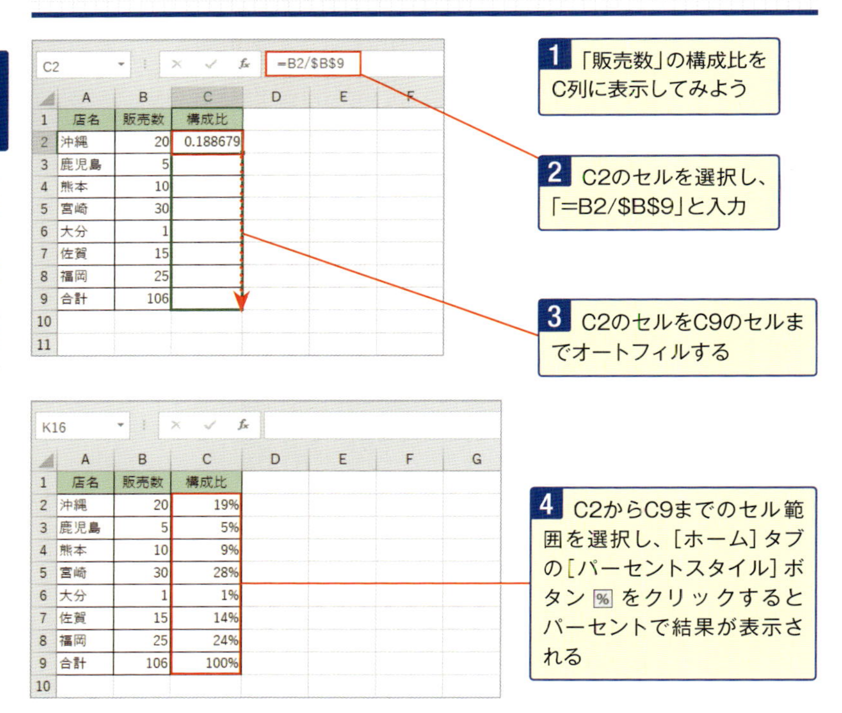

	A	B	C
1	店名	販売数	構成比
2	沖縄	20	0.188679
3	鹿児島	5	
4	熊本	10	
5	宮崎	30	
6	大分	1	
7	佐賀	15	
8	福岡	25	
9	合計	106	

	A	B	C
1	店名	販売数	構成比
2	沖縄	20	19%
3	鹿児島	5	5%
4	熊本	10	9%
5	宮崎	30	28%
6	大分	1	1%
7	佐賀	15	14%
8	福岡	25	24%
9	合計	106	100%

スキルアップ 絶対参照とは

絶対参照とは、「$A$1」のように、セルの行番号と列番号の前に「$」記号が付いている記述を指します。「$」記号はセルをダブルクリックして編集モードにした後、F4キーを押すことで自動的に挿入できます。絶対参照のセルは、コピーやオートフィルをしてもそのセル番地が変わりません。

No. 079

条件に合うデータの個数を求めるCOUNTIF関数

指定した条件に合うデータが入力されているセルの個数を求めるには、COUNTIF関数を使用します。例えば、「性別」のデータが入力されているセル範囲で「男」が入力されているセルの個数を求めることができます。

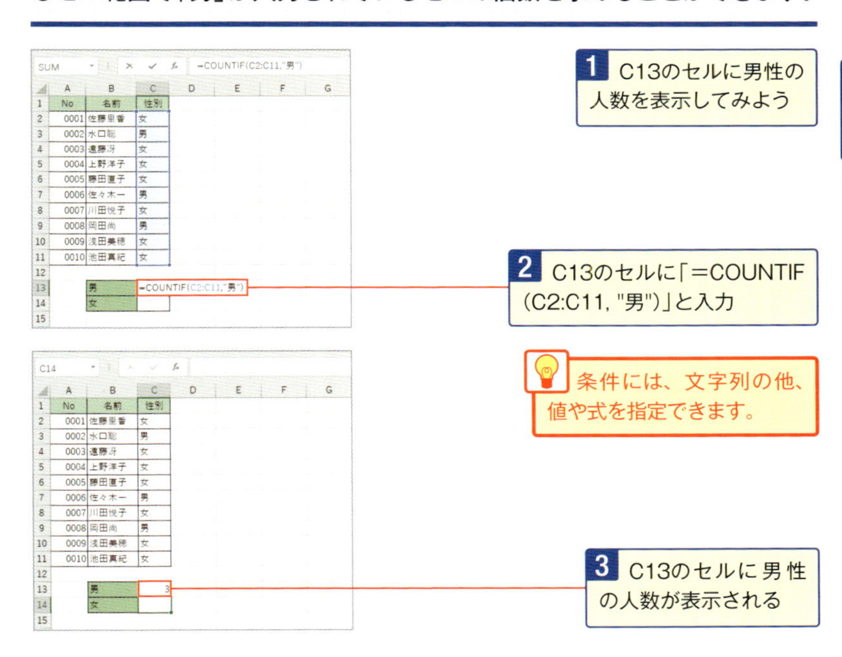

スキルアップ COUNTIF関数（統計）

=COUNTIF（範囲,検索条件）	
指定した範囲の中から、検索条件と一致するセルの個数を求める	
範囲	セルの個数を求めるセル範囲を指定する
検索条件	検索する条件を数値、式、または文字列で指定する 文字列や式を指定する場合は半角の二重引用符「"」で囲む （セル番地を指定するときは不要） <例>　"東京"　">30"

第4章 078 構成比 — 079 COUNTIF関数

No.080 条件に合うデータの合計を求めるSUMIF関数

指定した条件に合うデータの合計を求めるには、SUMIF関数を使用します。指定できる条件は1つです。2つ以上の条件を指定する場合は、条件付合計式ウィザードやDSUM関数などを使用します。

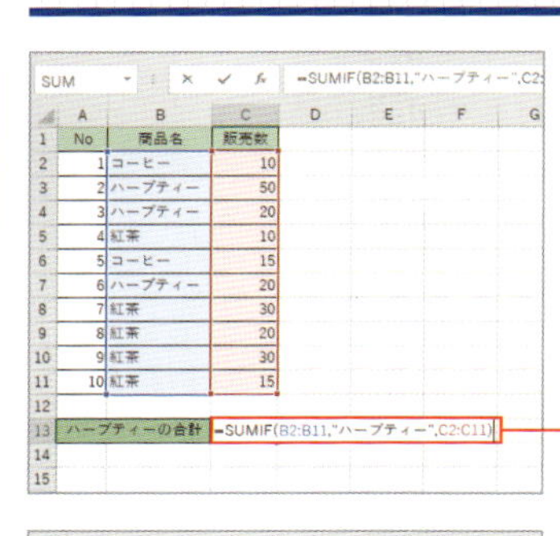

	A	B	C
1	No	商品名	販売数
2	1	コーヒー	10
3	2	ハーブティー	50
4	3	ハーブティー	20
5	4	紅茶	10
6	5	コーヒー	15
7	6	ハーブティー	20
8	7	紅茶	30
9	8	紅茶	20
10	9	紅茶	30
11	10	紅茶	15
12			
13	ハーブティーの合計		=SUMIF(B2:B11,"ハーブティー",C2:C11)

1 C13のセルに「ハーブティー」の「販売個数」の合計を求めてみよう

2 C13のセルを選択し、「=SUMIF(B2:B11,"ハーブティー",C2:C11)」と入力

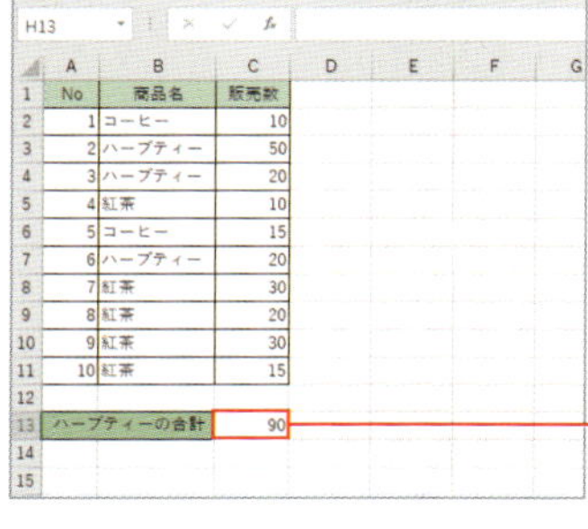

	A	B	C
1	No	商品名	販売数
2	1	コーヒー	10
3	2	ハーブティー	50
4	3	ハーブティー	20
5	4	紅茶	10
6	5	コーヒー	15
7	6	ハーブティー	20
8	7	紅茶	30
9	8	紅茶	20
10	9	紅茶	30
11	10	紅茶	15
12			
13	ハーブティーの合計		90

3 C13のセルに「ハーブティー」の販売個数の合計が表示される

スキルアップ SUMIF関数（数学／三角）

=SUMIF（範囲,検索条件,合計範囲） 範囲内の検索条件に一致するデータについて、合計範囲内の数値を合計する	
範囲	検索の対象となるデータ範囲
検索条件	計算の対象となるセルを検索する条件を、数値、式、または文字列で指定する 文字列や数式を指定する場合は半角の二重引用符「"」で囲む （セル番地を指定するときは不要） <例>　"東京"　">30"
合計範囲	合計したいデータが入力されている範囲

No. 081 空白のセルの個数を求める COUNTBLANK関数

指定したセル範囲内で、何も入力されていないセルの個数を求めるには、COUNTBLANK関数を使用します。「0」や「""」が入力されているセルは空白のセルとして認識されません。アンケートなどで無回答数を求めるのに使用できます。

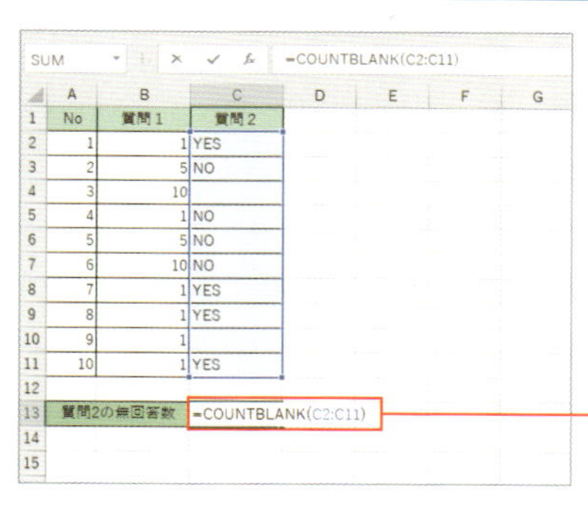

1 C13のセルに「質問2」の列の空白セルの個数を表示してみよう

2 C13のセルを選択し、「=COUNTBLANK(C2:C11)」と入力

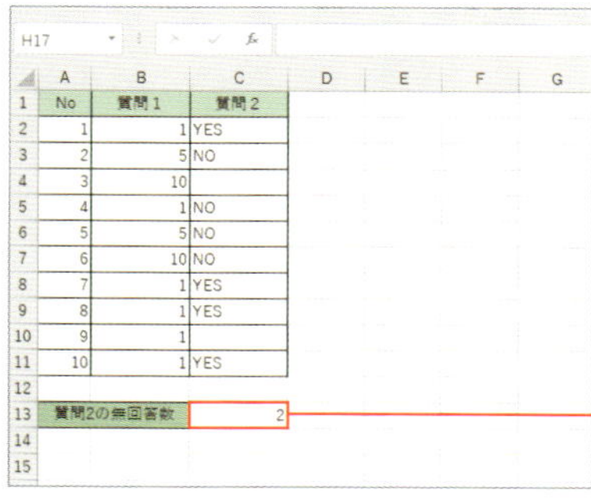

3 C13のセルに「質問2」の列の空白セルの個数が表示される

スキルアップ COUNTBLANK関数(統計)

=COUNTBLANK(範囲)

範囲内の空白のセルの個数を求める

範囲	空白のセルを求めるセル範囲を指定する

No. 082 [集計]の結果を項目ごとに改ページして印刷すると見やすい

[集計]機能で集計した結果を項目ごとに改ページして印刷するには、[集計の設定]ダイアログボックスで[グループごとに改ページを挿入する]にチェックを付けます。また、各ページに見出しを印刷するように[行のタイトル]を設定します。

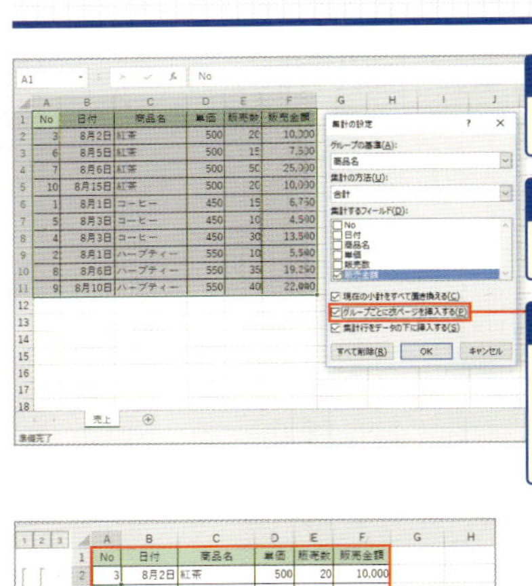

1 「販売金額」の合計を「商品名」ごとに集計し、改ページして印刷してみよう

2 セルを1つ選択し、[データ]タブの[小計]をクリック

3 [グループの基準]に「商品名」、[集計の方法]に[合計]、[集計するフィールド]に[販売金額]を指定し、[グループごとに改ページを挿入する]にチェックを付ける

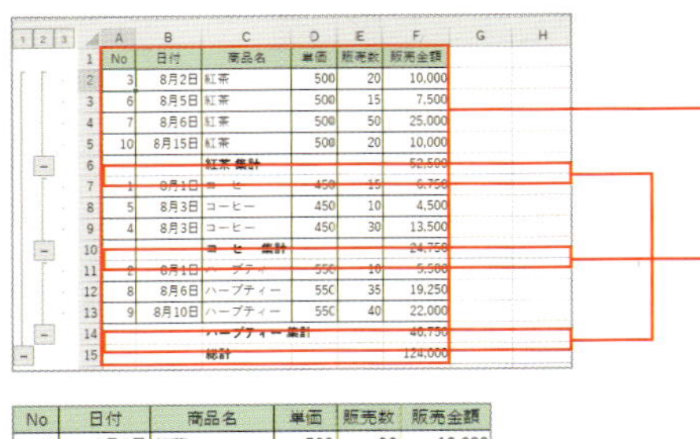

4 [OK]ボタンをクリックすると、集計結果

5 改ページを表すグレーの点線が表示される

No	日付	商品名	単価	販売数	販売金額
3	8月2日	紅茶	500	20	10,000
6	8月5日	紅茶	500	15	7,500
7	8月6日	紅茶	500	50	25,000
10	8月15日	紅茶	500	20	10,000
		紅茶 集計			52,500

No	日付	商品名	単価	販売数	販売金額
1	8月1日	コーヒー	450	15	6,750
5	8月3日	コーヒー	450	10	4,500
4	8月3日	コーヒー	450	30	13,500
		コーヒー 集計			24,750

No	日付	商品名	単価	販売数	販売金額
2	8月1日	ハーブティー	550	10	5,500
8	8月6日	ハーブティー	550	35	19,250
9	8月10日	ハーブティー	550	40	22,000
		ハーブティー 集計			46,750
		総計			124,000

6 ワークシートの1行目を[行のタイトル]に設定して(No.154参照)印刷を実行すると、項目ごとに改ページされ、すべてのページに行見出しが印刷される

No. 083 手動での小計行と総計行の作成は[オートSUM]ボタンを利用

[データ]タブの[小計]を使用すれば簡単に小計や総計のある表を作成できますが、標準ツールバーの[オートSUM]ボタンを利用することもできます。小計や総計の計算範囲が自動的に認識されるので手間をかけずに作成できます。

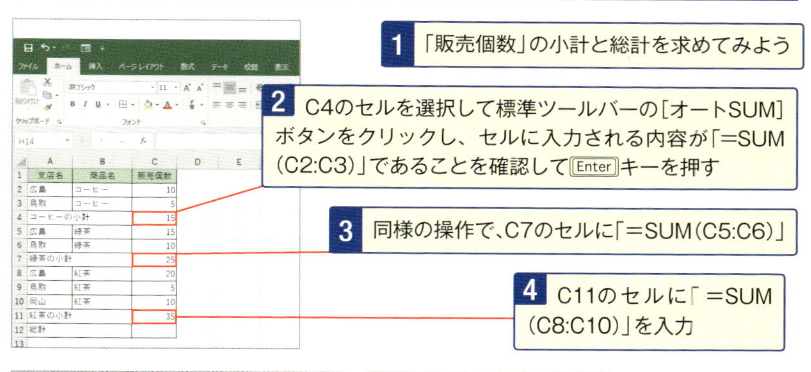

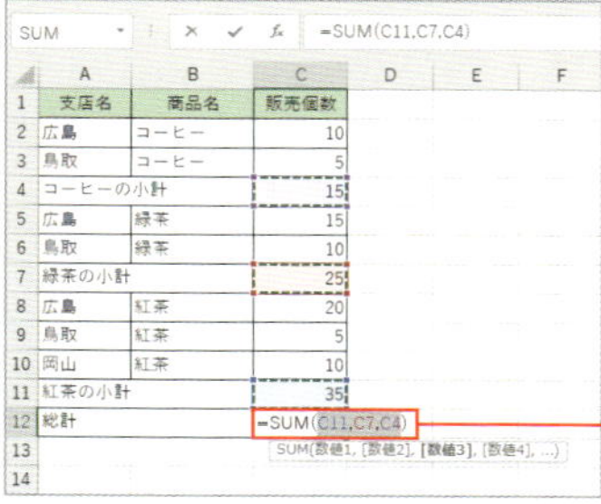

5 「商品名」ごとに小計が表示された

6 C12のセルを選択して標準ツールバーの[オートSUM]ボタンをクリックし、セルに表示される内容が「=SUM (C11,C7,C4)」であることを確認して Enter キーを押す

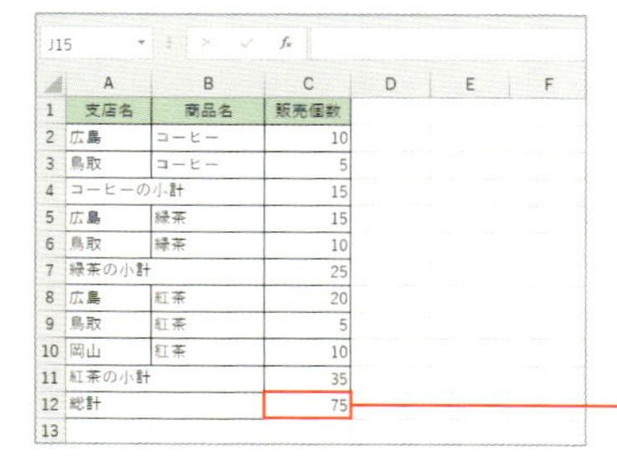

7 C12のセルに総計が表示された

No.084

別のシートに最新の集計結果を表示させる「リンク貼り付け」

参照元のセルをコピーして、別のシートのセルで［貼り付け］ボタンから［リンク貼り付け］を選択すると、常に参照元の最新データを表示できます。または、参照先のセルで「=」を入力し、参照元のセルをクリックしてEnterキーを押してもセルを参照できます。

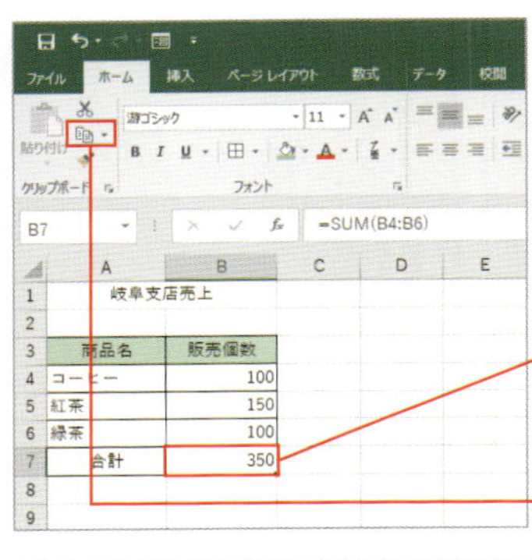

1 各支店の最新の合計が「支店別」のシートに表示されるようにしてみよう

2 「岐阜」のシートのB7のセルを選択

3 ［ホーム］タブの［コピー］ボタンをクリック

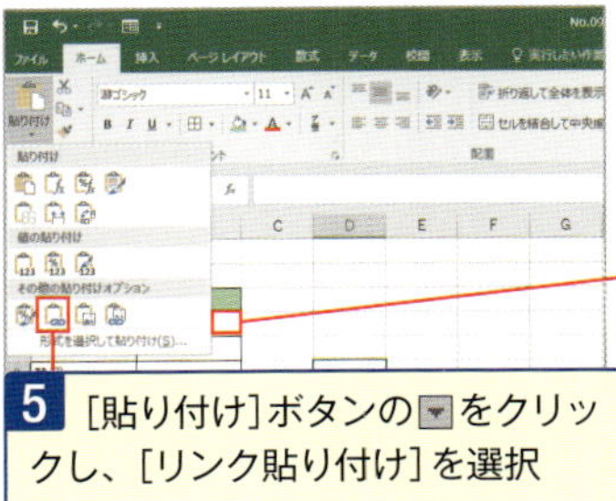

4 「支店別」のシートに切り替え、B4のセルを選択

5 ［貼り付け］ボタンの▼をクリックし、［リンク貼り付け］を選択

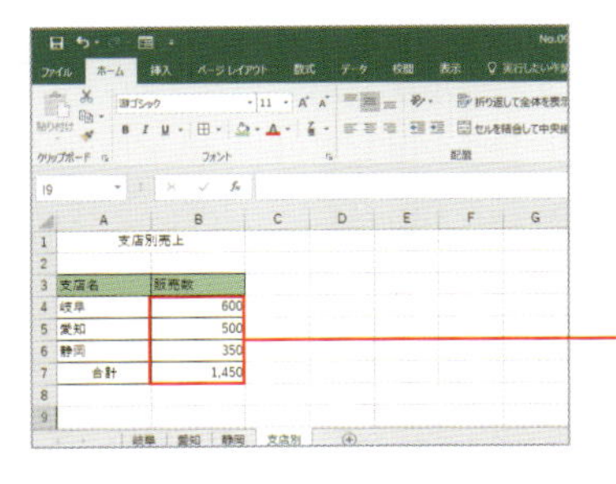

6 他の支店についても同様に操作すると各支店の最新の合計が「支店別」のシートに表示される

第5章

意外とカンタン！ピボットテーブルのキホン

ピボットテーブルは、1データ1行で入力したデータのフィールドを縦横に配置してそれぞれのクロス集計ができる便利な機能です。とっつきにくいですが、一度理解してしまうと、とても便利で柔軟な機能です。ぜひ活用しましょう。

No.085 ピボットテーブルってどんな表なの?

ピボットテーブルは、データベースのフィールドを行と列に配置して、それぞれの項目が交差するセルに集計値を表示する機能です。配置したフィールドの入れ替えや追加、削除が簡単に操作でき、集計方法も合計や平均、比率などを選択できます。

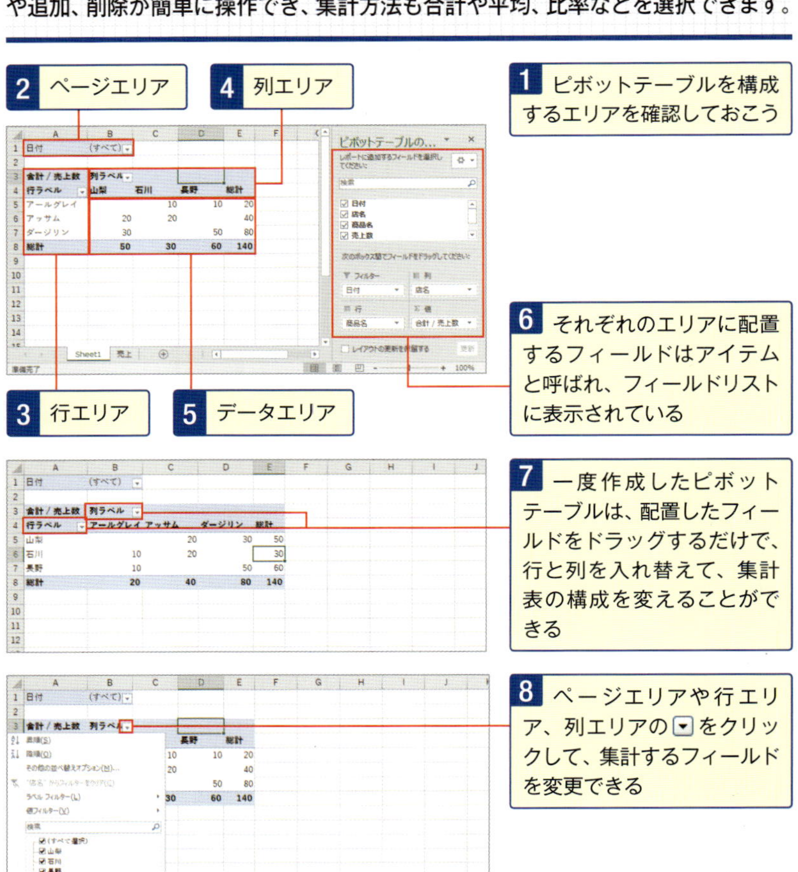

No.
086

ピボットテーブルの作成は各エリアにフィールドを置いていくため

ピボットテーブルは、［ピボットテーブルのフィールド］を使用して簡単に作成できます。データのある場所やデータ範囲、作成場所を指定し、作成されたピボットテーブルの行エリアや列エリア、データエリアに集計したいフィールドをドラッグします。

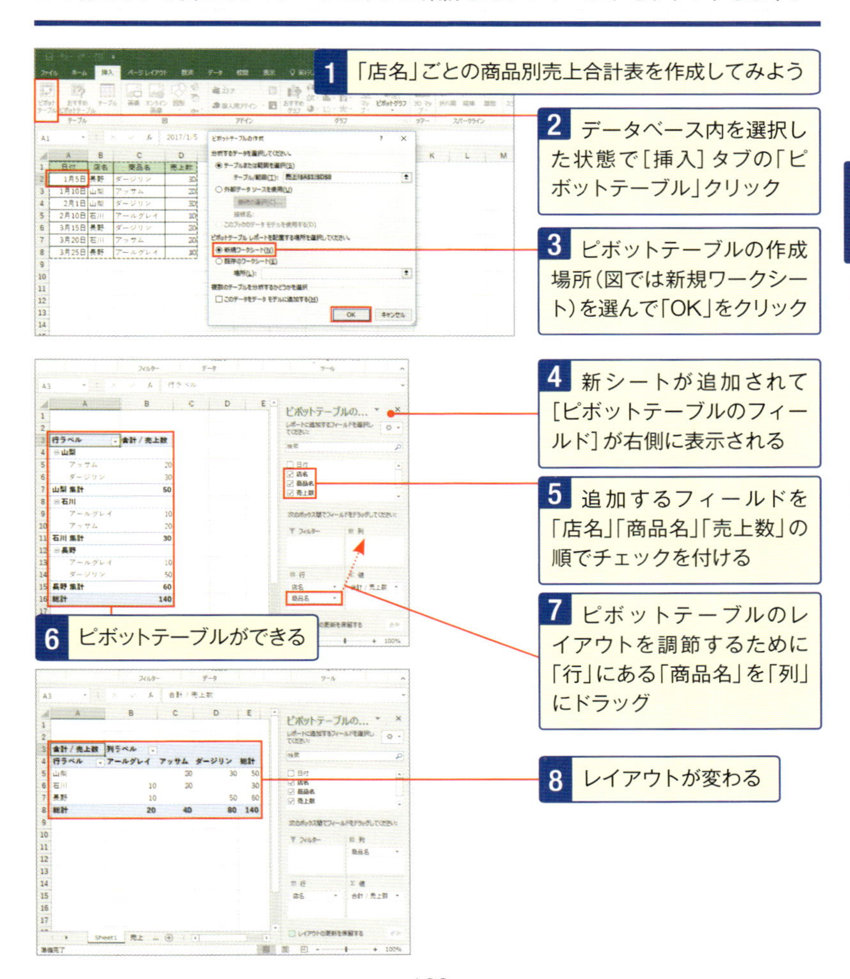

No.087 表を作り終わってからでもOK! 行や列をカンタン入れ変え

ピボットテーブルの便利な点は、行エリアや列エリアに配置したアイテムの入れ替えが何度でもできることです。入れ替えるには、移動したいフィールドボタンを移動先のエリアへドラッグします。

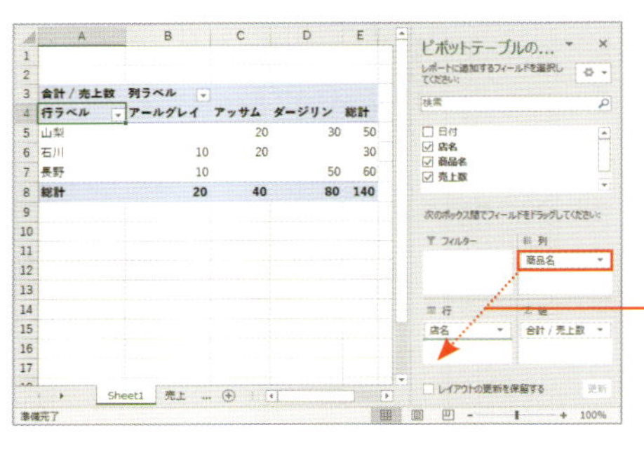

1 「店名」と「商品名」を入れ替えてみよう

2 [商品名]を移動する

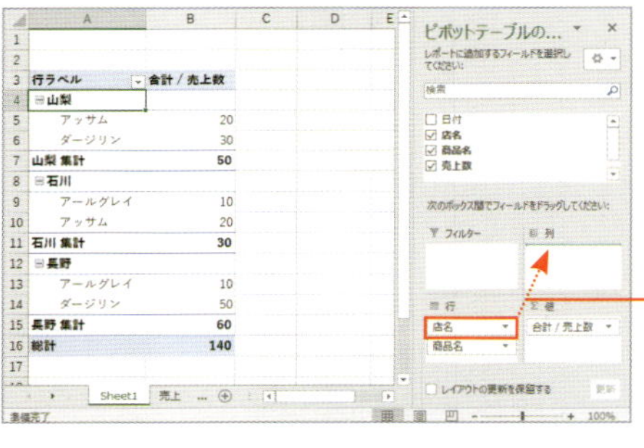

3 [店名]フィールドボタンを列エリアまでドラッグ

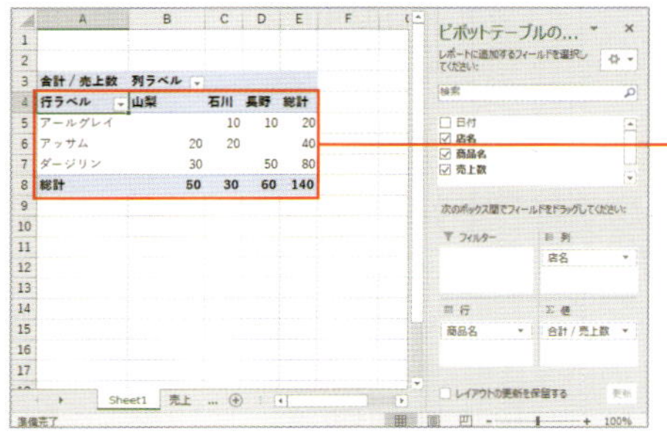

4 「店名」と「商品名」が入れ替えられて、行エリアに「商品名」、列エリアに「店名」が表示されて集計内容が変更された

No.088

ピボットテーブルにフィールドをドラッグ＆ドロップで追加

［ピボットテーブルのフィールドリスト］から、追加するフィールドを目的のエリアまでドラッグすることで、フィールドを追加することができます。間違えて配置してしまっても、簡単に削除できます。

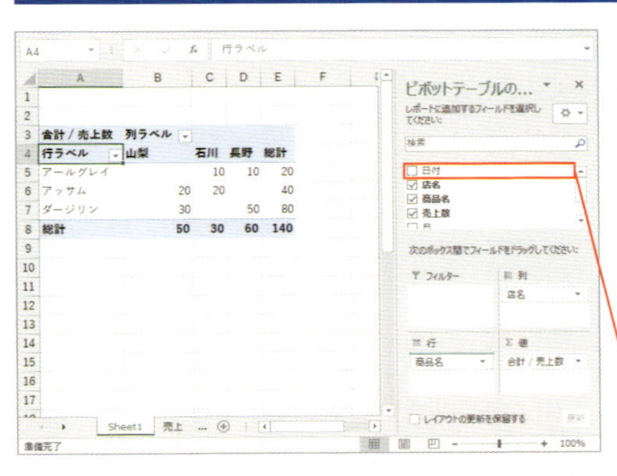

1 行エリアに「日付」を追加して日付ごとに商品明細のある店名別売上合計表を作成しよう

2 ［ピボットテーブルのフィールドリスト］から［日付］を［商品名］の上にドラッグ

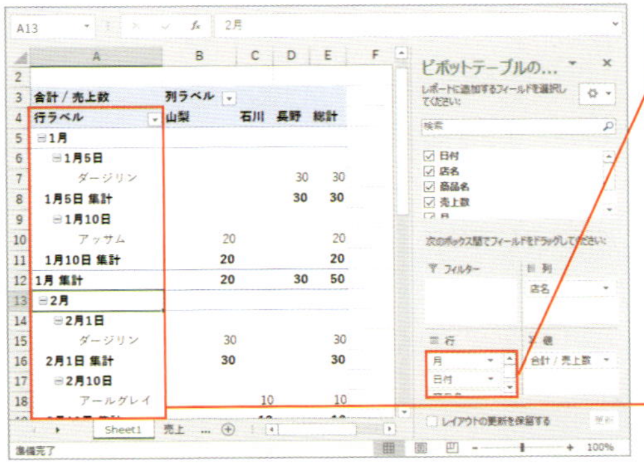

3 ［日付］フィールドを入れると［月］と［日付］のフィールドが追加される

4 行エリアが変化する

スキルアップ　フィールドを削除するには

誤って配置したフィールドや、不要になったフィールドをピボットテーブルから削除するには、削除したいフィールドボタンをピボットテーブルの外側にドラッグします。外側にドラッグするとマウスポインタの形が になります。

No.089 ピボットテーブルのフィールドの順番を変更したい

No.089 ピボットテーブルのフィールドの順番を変更したい

同じエリアにあるフィールドの順番を変更するには、順番を変更したいフィールドボタンを、移動先で線が表示される部分までドラッグします。結果はすぐに反映されます。

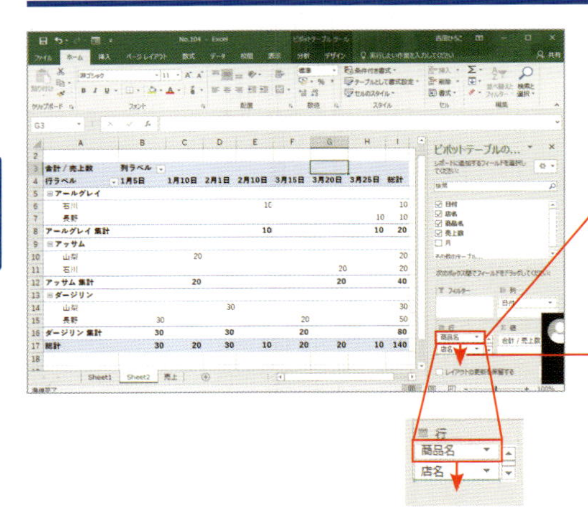

1 行エリアの「店名」と「商品名」の順番を変更してみよう

2 [商品名]フィールドボタンを選択して

3 [店名]フィールドの右側のグレーの線が表示される部分までドラッグ

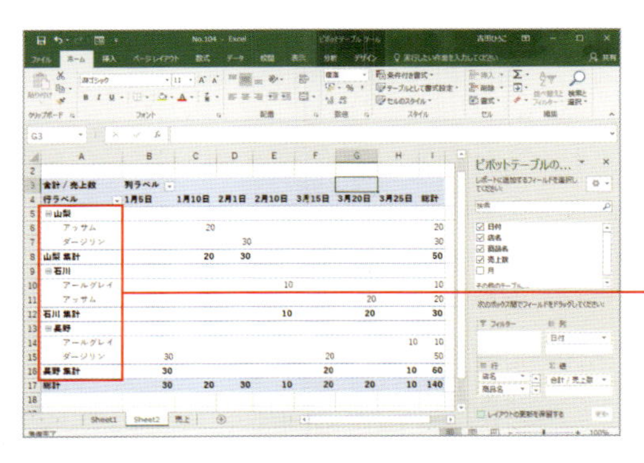

4 [店名]フィールドの下に[商品名]フィールドが表示される

No.090 ピボットテーブルのレイアウトを整えて見やすくしよう

[ピボットテーブルスタイル] で用意されているレイアウトを適用すれば、ピボットテーブルに見やすい書式を設定できます。レイアウト名に「レポート」という名前がついているものは、行方向にフィールドが表示されます。

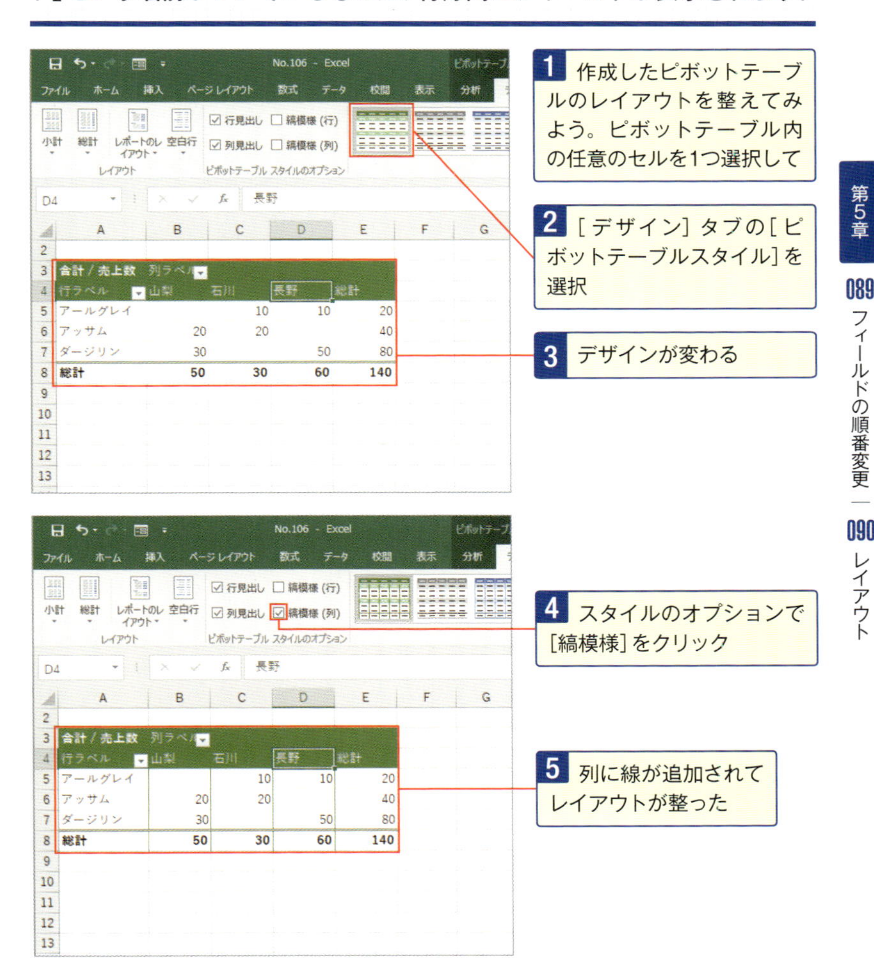

No.091

金額の桁区切りなど数値の表示形式を変更したい

[フィールドの設定]ダイアログボックスの[表示形式]ボタンをクリックするとピボットテーブルの表示形式を変更できます。なお、レイアウトの変更やデータの更新を行っても、設定した表示形式は保持されます。

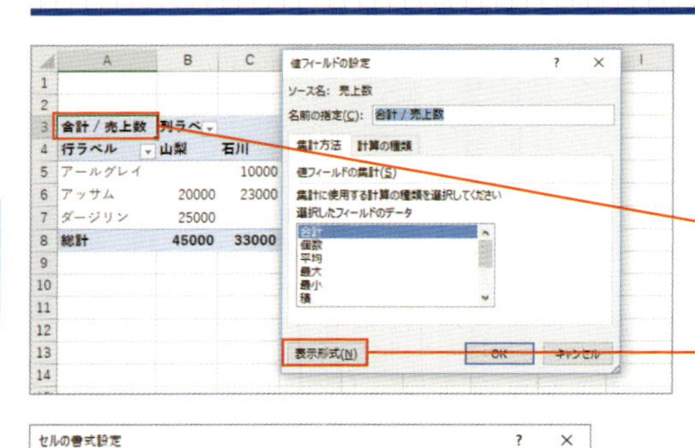

1 「売上高」に桁区切り記号を表示しよう

2 [合計/売上高]フィールドボタンをダブルクリックして

3 表示される[ピボットテーブルフィールドの設定]ダイアログボックスで、[表示形式]ボタンをクリック

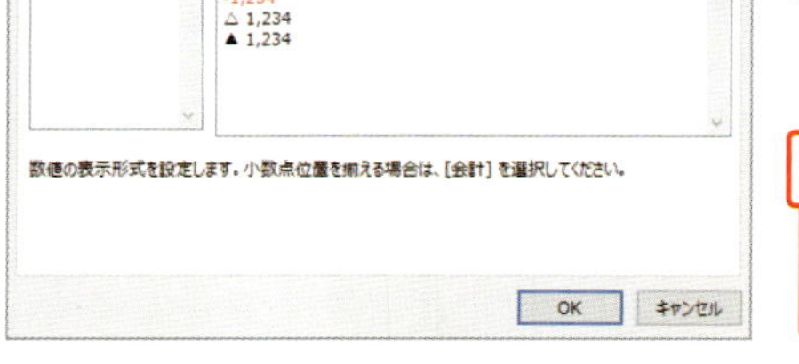

4 表示される[セルの書式設定]ダイアログボックスで、[分類]に[数値]を選択

5 [桁区切り(,)を使用する]にチェックを付けて[OK]ボタンをクリック

ダブルクリックで設定画面が開かない時は分析タブの[フィールドの設定]をクリックしましょう。

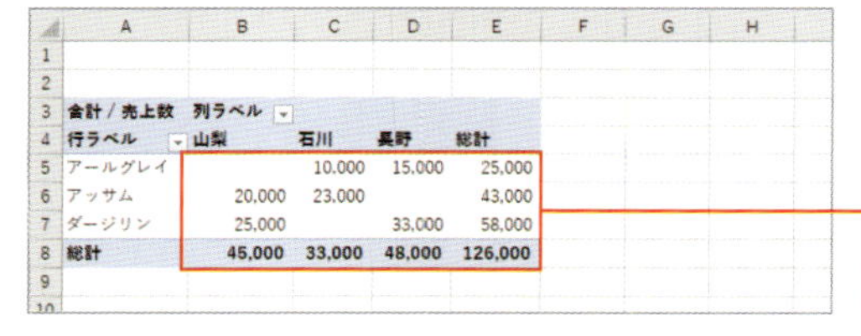

合計 / 売上数	列ラベル			
行ラベル	山梨	石川	長野	総計
アールグレイ		10,000	15,000	25,000
アッサム	20,000	23,000		43,000
ダージリン	25,000		33,000	58,000
総計	45,000	33,000	48,000	126,000

6 [フィールドの設定]で[OK]ボタンをクリックすると、「売上高」の数値に桁区切り記号が表示される

第6章

これだけ！ピボットテーブルのビジネス活用ワザ

ピボットテーブルの基本が理解できたら、それを自由自在に活用してみましょう。フィールドを入れ替えたり、アイテムを並べ替えたり、オリジナルの集計フィールドを追加したり、いろいろな方法があります。それをグラフにすることもあっという間にできてしまいます。

No. 092 月別にまとめて集計したい

日付ごとに集計されたデータは月別にまとめて集計できます。[ピボットテーブルのフィールド]にある[日付]や[月]のチェックを外すだけです。結果はすぐに反映されます。

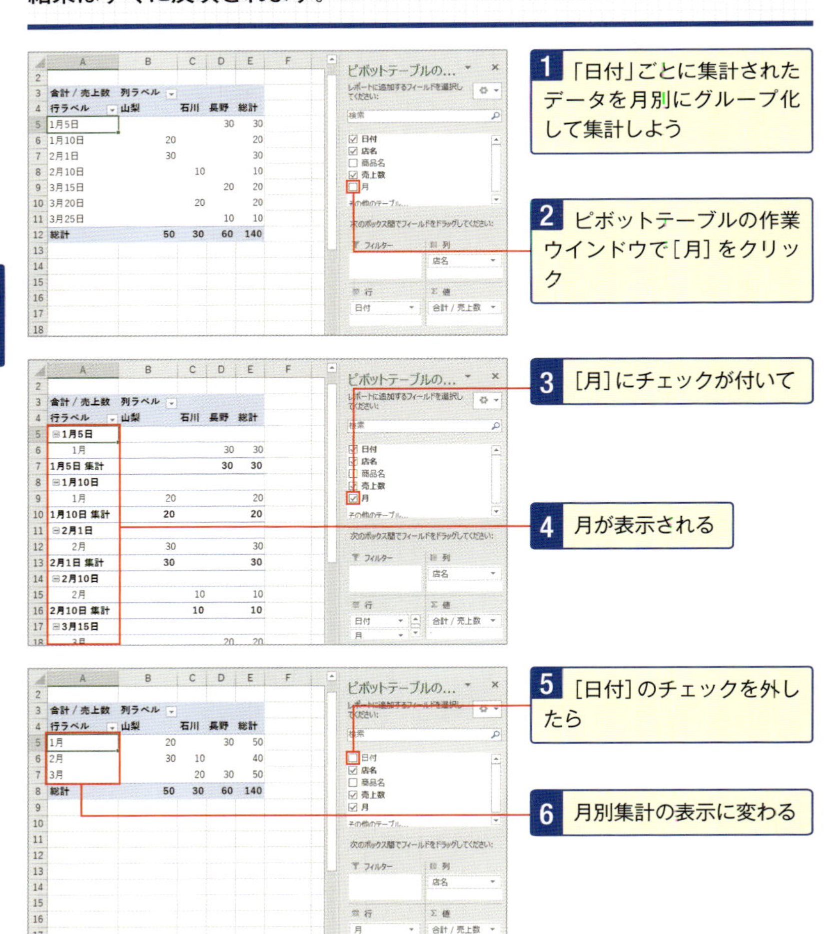

No. 093

全体の構成比も[総計に対する比率]から選択するだけ!

[フィールドの設定]ダイアログボックスには[計算の種類]が用意されています。この一覧から[総計に対する比率]を選択すると、全体に占める各集計値の比率が表示されます。

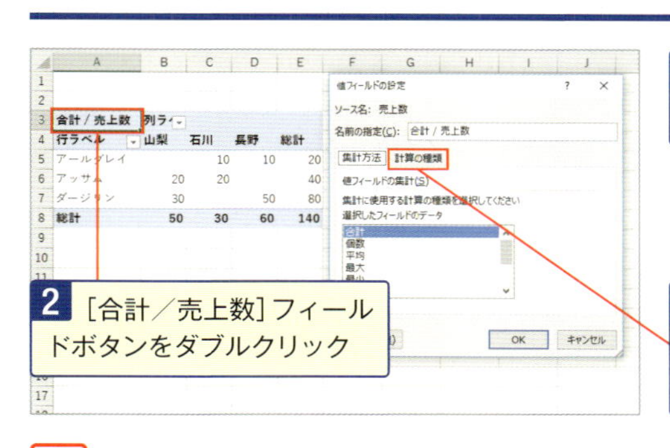

1 ピボットテーブル全体の構成比を表示してみよう

2 [合計/売上数]フィールドボタンをダブルクリック

3 [値フィールドの設定]ダイアログボックスで、[計算の種類]タブをクリック

ダブルクリックで設定画面が開かない時は分析タブの[フィールドの設定]をクリックしましょう。

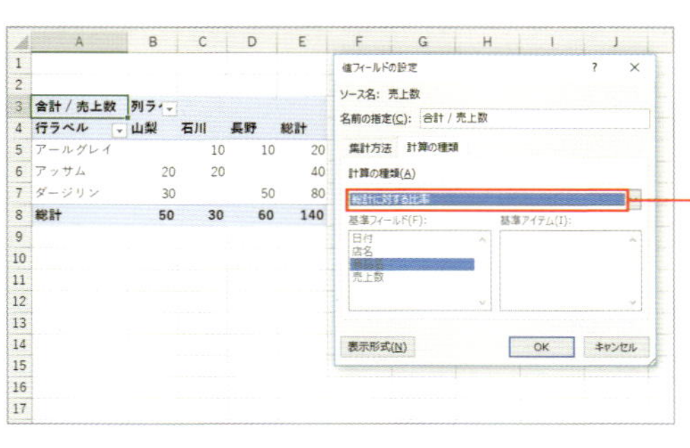

4 表示される[計算の種類]から、[総計に対する比率]を選択し、[OK]ボタンをクリック

合計 / 売上数	列ラベル			
行ラベル	山梨	石川	長野	総計
アールグレイ	0.00%	7.14%	7.14%	14.29%
アッサム	14.29%	14.29%	0.00%	28.57%
ダージリン	21.43%	0.00%	35.71%	57.14%
総計	35.71%	21.43%	42.86%	100.00%

5 ピボットテーブル全体の構成比が表示される

No.094 フィールドボタンの表示名は自分で簡単に変更できる

フィールドボタンに表示されている名前は、既定では「(計算方法)／(フィールド名)」となっています。フィールドボタンをダブルクリックして、セル内にカーソルが移動するので［名前］で変更できます。

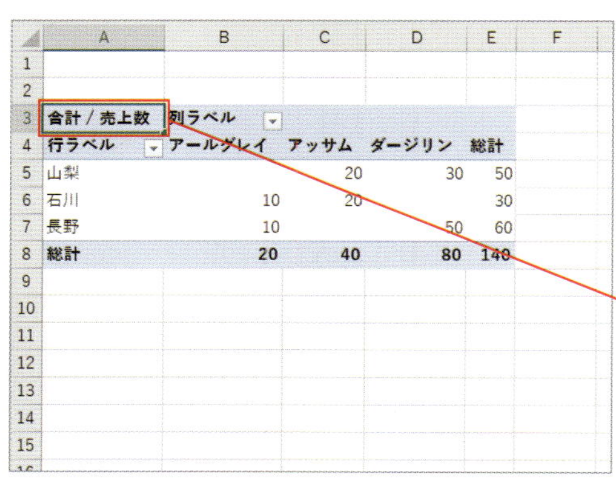

	A	B	C	D	E	F
1						
2						
3	合計 / 売上数	列ラベル				
4	行ラベル	アールグレイ	アッサム	ダージリン	総計	
5	山梨		20	30	50	
6	石川	10	20		30	
7	長野	10		50	60	
8	総計	20	40	80	140	

1 ［合計／売上数］フィールドボタンの表示名を変更してみよう

2 ［合計／売上数］フィールドボタンをダブルクリックすると、カーソルが表示されるので「売上数の合計」と入力し、［OK］ボタンをクリック

	A	B	C	D	E	F
1						
2						
3	売上数の合計					
4	行ラベル	アールグレイ	アッサム	ダージリン	総計	
5	山梨		20	30	50	
6	石川	10	20		30	
7	長野	10		50	60	
8	総計	20	40	80	140	

3 ［合計／売上数］フィールドボタンの表示名が「売上数の合計」に変更された

スキルアップ 行と列も名前を変更できる

「行ラベル」「列ラベル」も上と同じ要領で変更できます。また、2016バージョンでは列ラベルには列見出しの内容は自動反映されません。

No. 095

数値データをオリジナルの区間ごとに集計するには

ピボットテーブル内の数値をグループ化すると自身で決めたまとまりごとに数値を集計できます。地域ごと、四半期ごとなどの集計に役立ちます。行ラベルまたは列ラベルが日付以外のときは、対象を選んでからグループ化します。

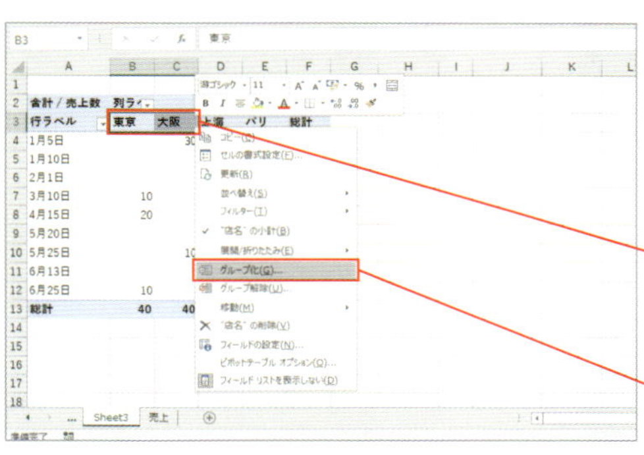

1 「東京」と「大阪」を「国内支店」、「上海」と「パリ」を「海外支店」にグループ化しよう

2 グループにまとめたいデータのラベルを選択して右クリック

3 [グループ化]を選択

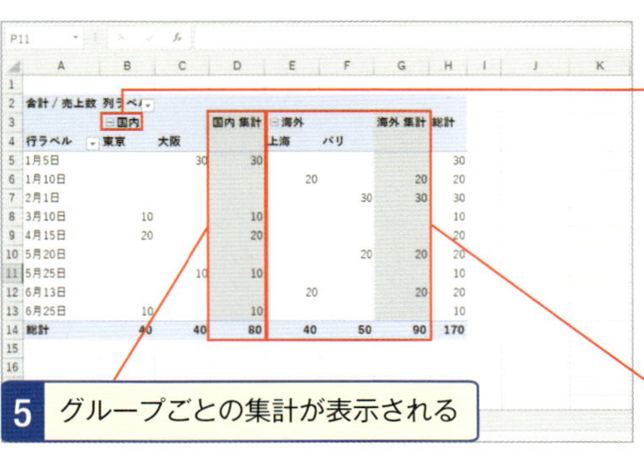

4 [グループ1]という名前でグループ化されるので任意のグループ名に修正する

5 グループごとの集計が表示される

6 同じように別のグループを作る

スキルアップ　ラベルが日付の場合はダイアログボックスで指定する

例えば上図の[行ラベル]のような日付を使ってグループ化するときは、日付の入ったセル(上図ではA5~A13のどれか)を右クリックして[グループ化]を選択します。表示される[グループ化]ダイアログボックスの[開始日]と[最終日]で対象とする期間を指定して、[単位]欄で利用したい単位にチェックを付けましょう。[四半期]や[年]を単位に選べば、それぞれごとの集計が表示されます。

No. 096

ピボットテーブルで集計するアイテムを絞り込むには

ページエリアの▼をクリックして表示される一覧で、集計するアイテムを絞り込むことができます。また、[フィールドの設定]で、非表示にするアイテムを選択できます。

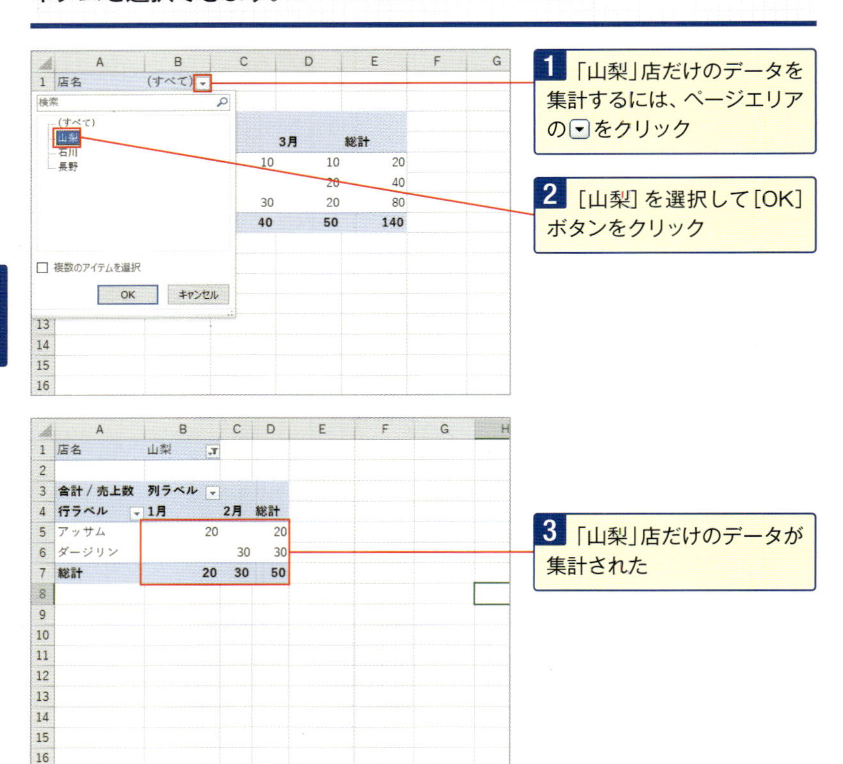

スキルアップ 行エリアや列エリアのアイテムを切り替えるには

行エリアや列エリアのアイテムを切り替えるには、フィールド名の▼をクリックして、表示される一覧から非表示にするアイテムのチェックをはずし、表示するアイテムだけにチェックを付けます。

No. 097

アイテムごとにシートを分けて集計結果を表示したい

[レポートフィルターページの表示] ダイアログボックスでは、ページエリアのフィールドのアイテムごとに集計結果を表示するシートを作成できます。なお、実行する前に[(すべて)]が表示されていることを確認します。

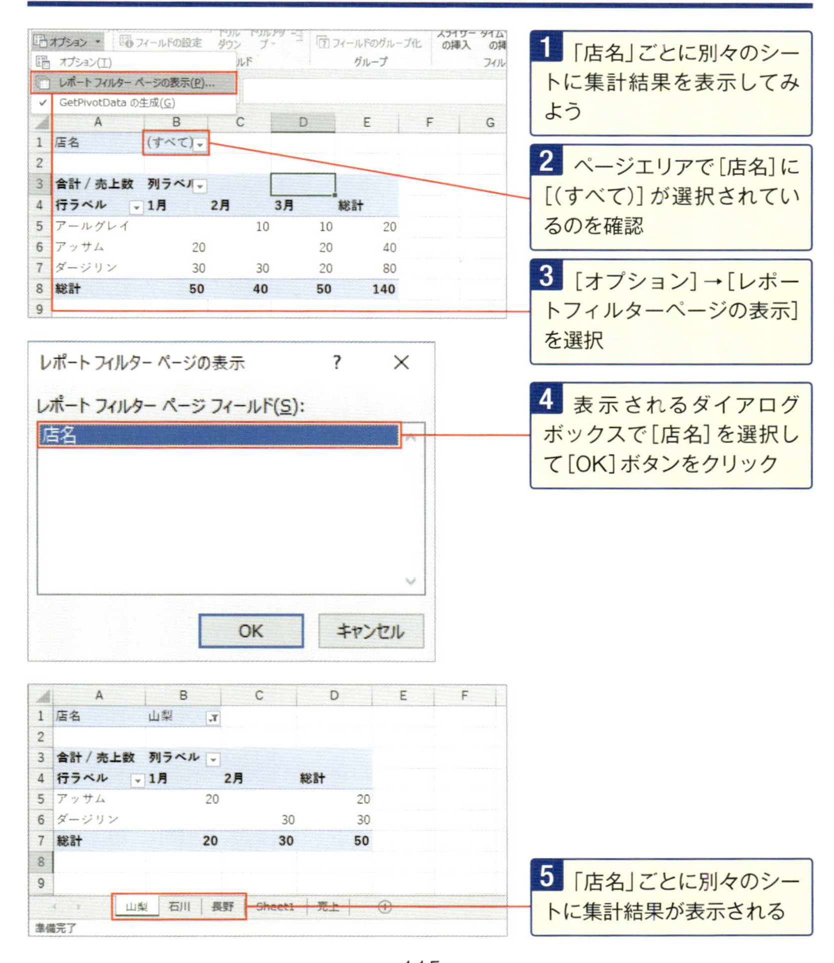

1 「店名」ごとに別々のシートに集計結果を表示してみよう

2 ページエリアで[店名]に[(すべて)]が選択されているのを確認

3 [オプション]→[レポートフィルターページの表示]を選択

4 表示されるダイアログボックスで[店名]を選択して[OK]ボタンをクリック

5 「店名」ごとに別々のシートに集計結果が表示される

	A	B	C	D	E
1	店名	(すべて)			
2					
3	合計 / 売上数	列ラベル			
4	行ラベル	1月	2月	3月	総計
5	アールグレイ		10	10	20
6	アッサム	20		20	40
7	ダージリン	30	30	20	80
8	総計	50	40	50	140

	A	B	C	D
1	店名	山梨		
2				
3	合計 / 売上数	列ラベル		
4	行ラベル	1月	2月	総計
5	アッサム	20		20
6	ダージリン		30	30
7	総計	20	30	50

No.098 集計結果をダブルクリックで元になる詳細データを表示

集計結果が表示されているセルをダブルクリックすると、集計結果の元になる詳細データを表示した新しいシートが追加されます。なお、この詳細データを修正しても、ピボットテーブル上の集計結果は更新されません。

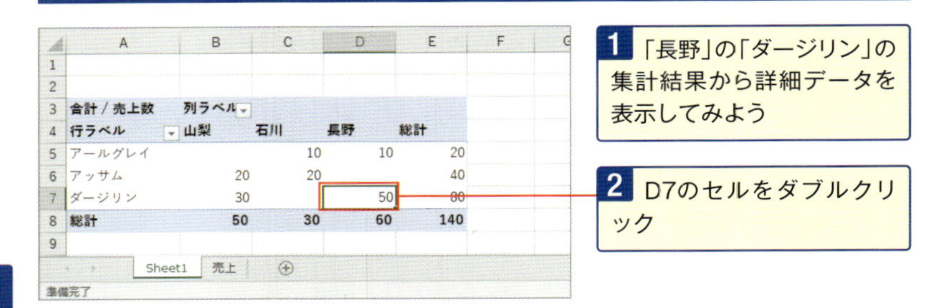

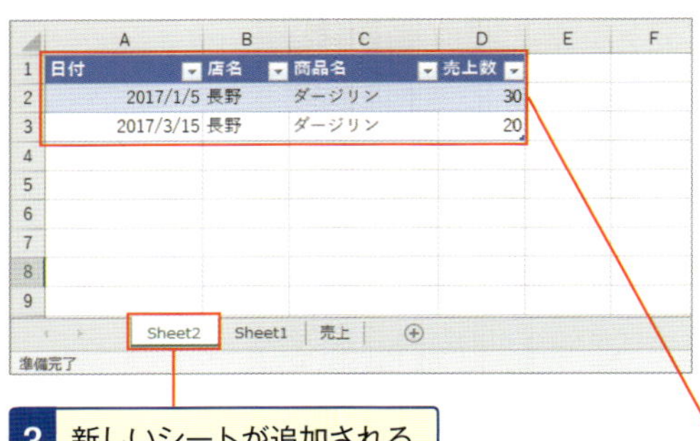

3 新しいシートが追加される

4 「長野」の「ダージリン」の詳細データが表示された

スキルアップ　必要なくなった詳細データのシートを削除する

集計結果が表示されているセルをダブルクリックして追加した詳細データのシートは、削除してもピボットテーブルに影響しません。シートを削除するには、シート見出しを右クリックして、表示されるメニューから[削除]を選択し、次に表示されるメッセージで[削除]ボタンをクリックします。

No. 099

下位フィールドの項目を一時的に非表示にしたい

ピボットテーブルの行や列のフィールドが2つ以上になる場合、上位フィールドのアイテムが表示されているセルの⊟をクリックすることで、下位フィールドのアイテムの表示と非表示を切り替えることができます。

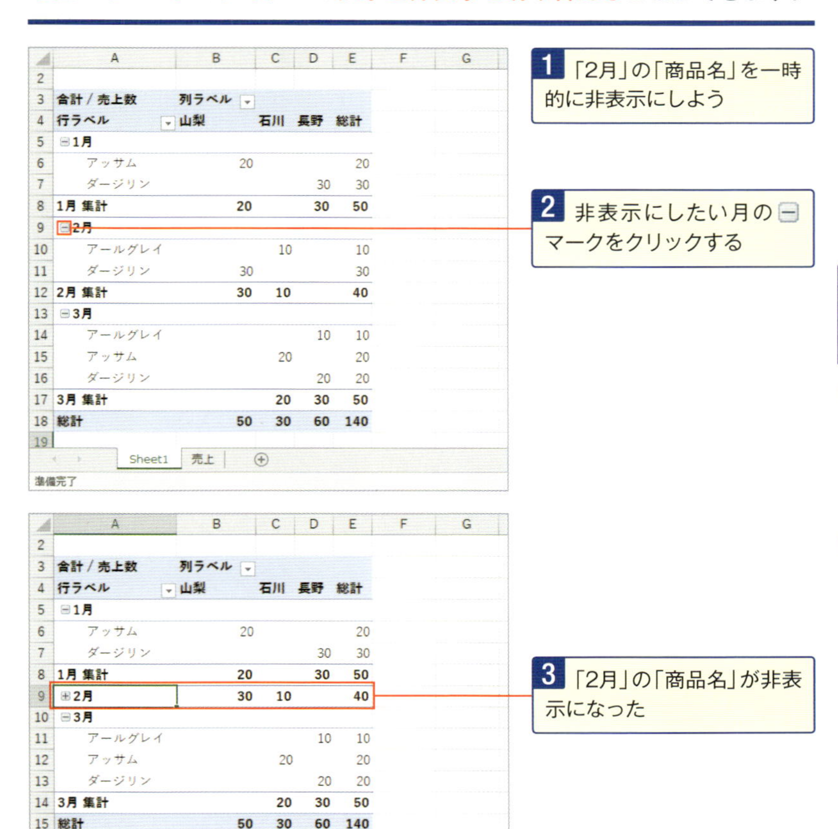

No. 100

ピボットテーブルの集計結果は手動で更新すべし

元のデータを変更した場合、ピボットテーブルの集計結果は自動的に更新されません。更新をするには、ピボットテーブルの任意のセルを1つ選択し、[分析] タブの [更新] を選択します。

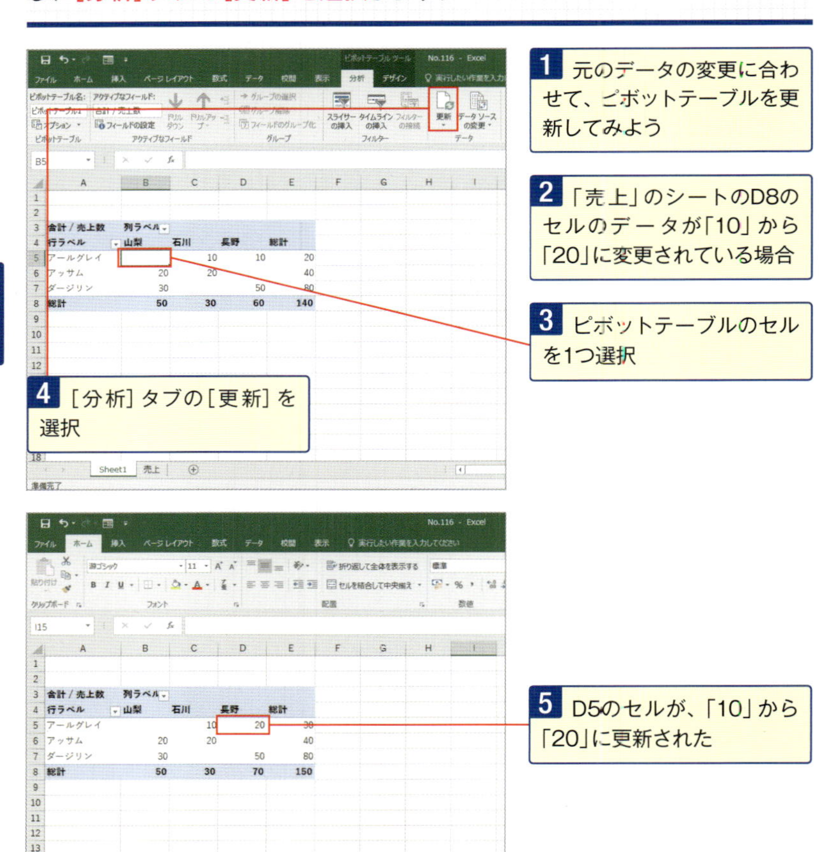

No. 101 空白セルに「0」を表示させるワザ

既定の設定では、集計結果が「0」となるセルは空白セルになります。この空白セルに「0」を表示させるには、[ピボットテーブルオプション]ダイアログボックスで[空白セルに表示する値]に「0」を指定します。

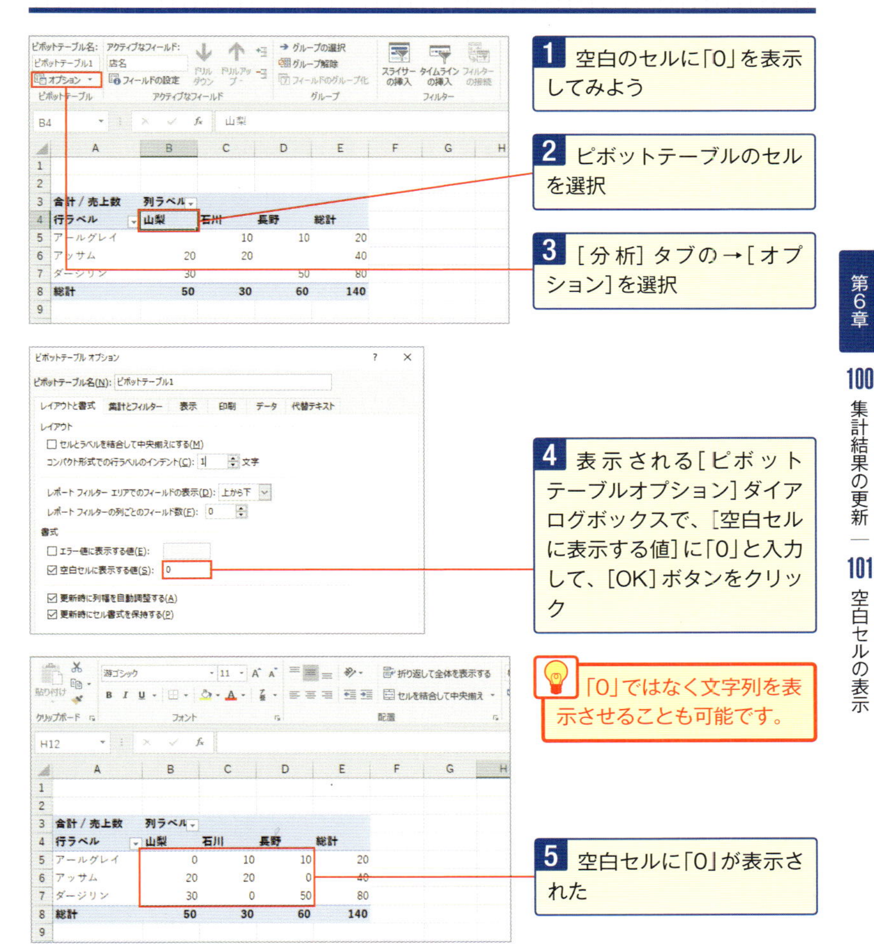

第6章 100 集計結果の更新 — 101 空白セルの表示

No.102 ピボットテーブルのアイテム並べ替えはドラッグだけ!

アイテムを並べ替えるには、移動したいアイテムをドラッグします。その他、[ピボットテーブルのフィールド]の各項目の右にある▼から[その他の並べ替えオプション]でも変更できます。

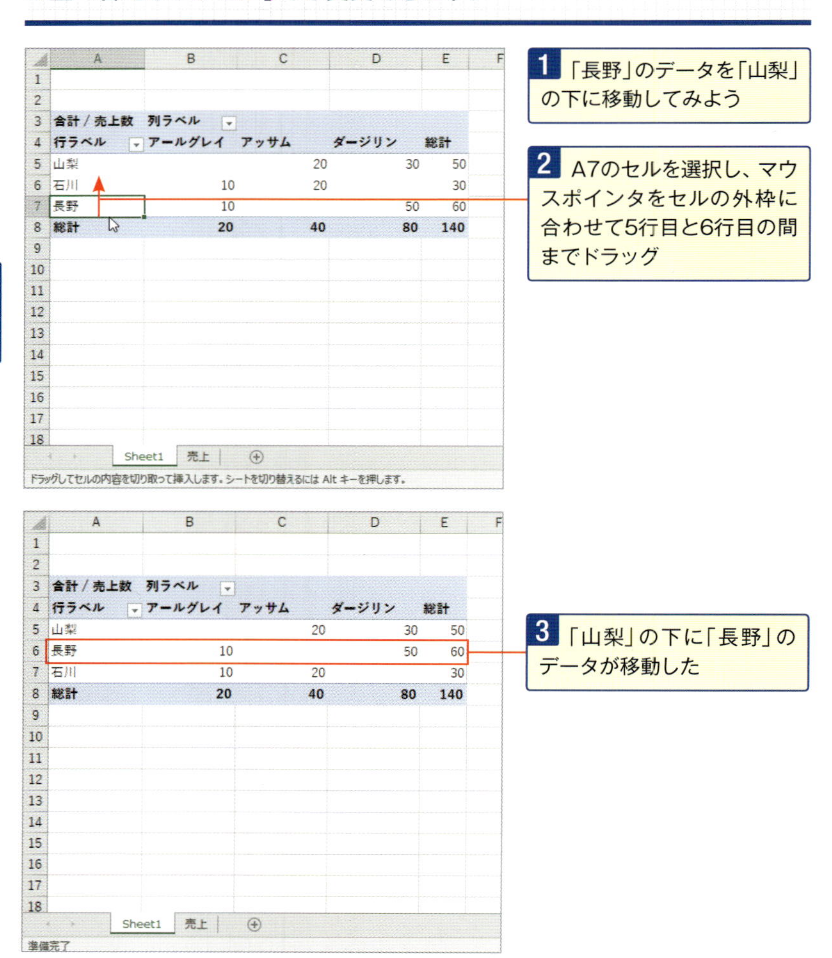

合計 / 売上数	列ラベル			
行ラベル	アールグレイ	アッサム	ダージリン	総計
山梨		20	30	50
石川	10	20		30
長野	10		50	60
総計	20	40	80	140

1 「長野」のデータを「山梨」の下に移動してみよう

2 A7のセルを選択し、マウスポインタをセルの外枠に合わせて5行目と6行目の間までドラッグ

合計 / 売上数	列ラベル			
行ラベル	アールグレイ	アッサム	ダージリン	総計
山梨		20	30	50
長野	10		50	60
石川	10	20		30
総計	20	40	80	140

3 「山梨」の下に「長野」のデータが移動した

No.103

「トップ5までのデータ」など指定した順位まで表示したい

[値フィルター] を使用すると、指定した順位までのデータが指定した並べ替え順で表示することができます。

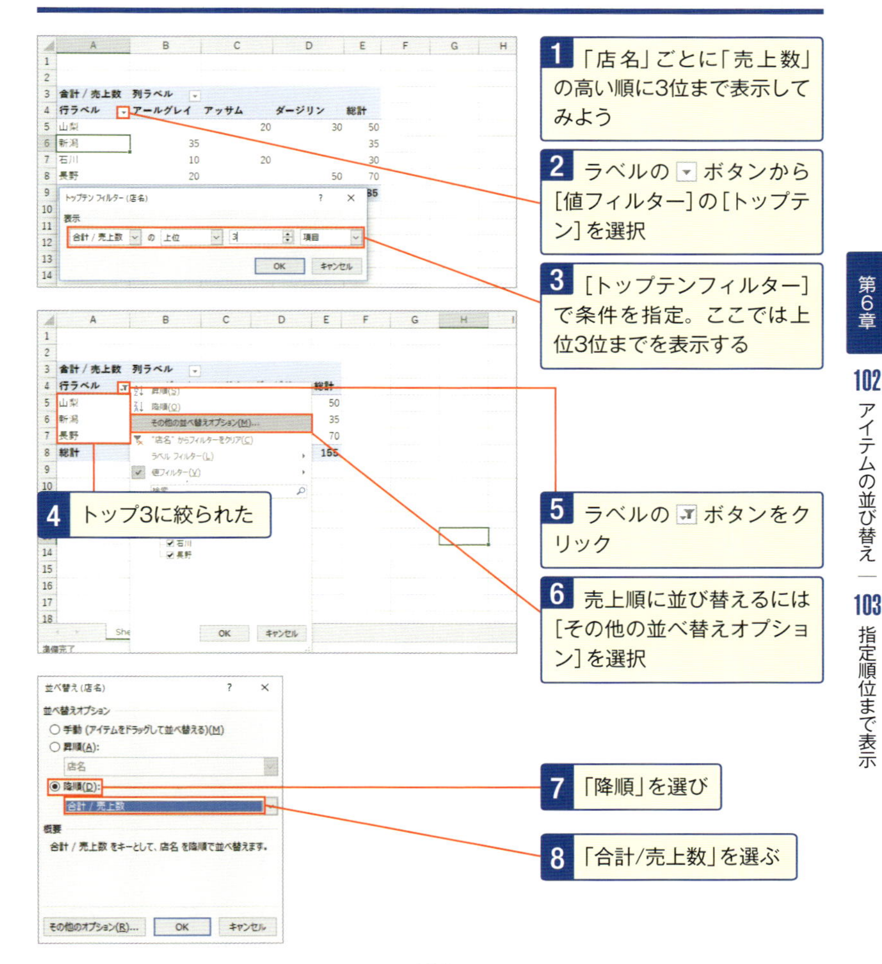

No. 104

フィールドの集計方法は[指定]で別々に指定OK

行エリアや列エリアに2つ以上のフィールドがある場合、小計が表示されます。既定では、[自動]が設定されていて、データエリアの集計方法と同じ集計方法による結果が表示されます。[指定]を選択すると集計方法を選択できます。

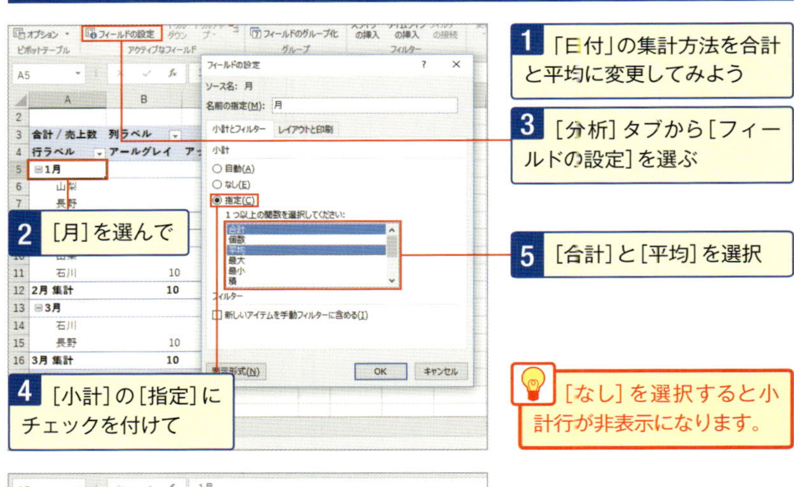

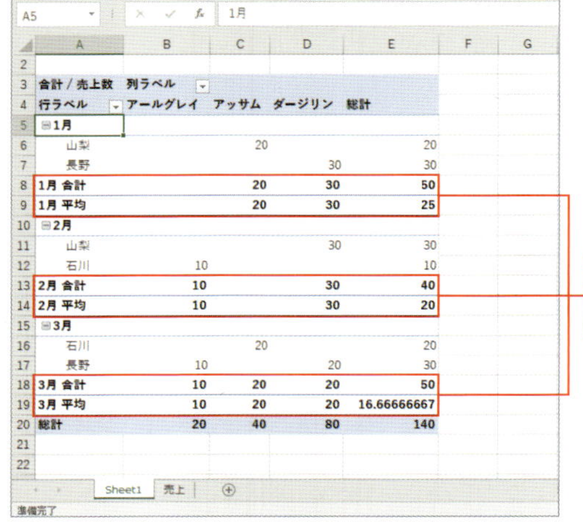

	A	B	C	D	E
3	合計 / 売上数	列ラベル			
4	行ラベル	アールグレイ	アッサム	ダージリン	総計
5	⊟1月				
6	山梨		20		20
7	長野			30	30
8	1月 合計		20	30	50
9	1月 平均		20	30	25
10	⊟2月				
11	山梨			30	30
12	石川	10			10
13	2月 合計	10		30	40
14	2月 平均	10		30	20
15	⊟3月				
16	石川		20		20
17	長野	10		20	30
18	3月 合計	10	20	20	50
19	3月 平均	10	20	20	16.66666667
20	総計	20	40	80	140

No. 105

ピボットテーブルから必要な集計結果を取り出すワザ

GETPIVOTDATA関数を使うと、ピボットテーブルの集計データを同一ブック内や別ブックに取り出すことができます。この関数は、「=」を入力したあとに、取り出したいピボットテーブル内のセルを選択するだけで使用できます。

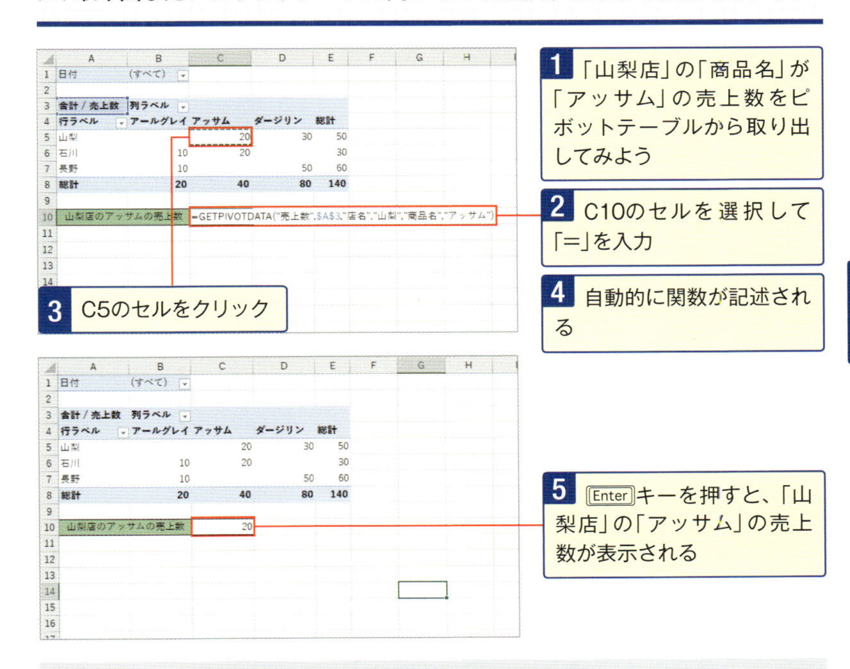

スキルアップ GETPIVOTDATA関数（検索／行列）

=GETPIVOTDATA(データフィールド,ピボットテーブル,フィールド1,アイテム1,フィールド2,アイテム2,･･･)

ピボットテーブルに格納されたデータを取り出す

引数	説明
データフィールド	データを取り出すフィールド名を指定する
ピボットテーブル	データを取り出すピボットテーブルの任意のセルを指定する
フィールド	データを取り出すために参照するフィールド名を指定する
アイテム	データを取り出すために参照するアイテム名を指定する

※フィールドとアイテムは14組まで指定可能

No. 106

「手数料」などオリジナルの集計フィールドを追加したい

オリジナルの集計フィールドを追加するには、[集計フィールドの挿入]ダイアログボックスを使用します。追加した集計フィールドを非表示にするには、[データ]フィールドボタンの▼をクリックして、そのフィールドのチェックをはずします。

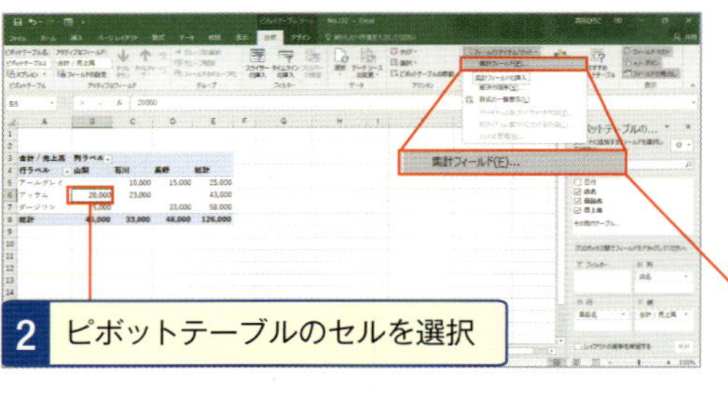

1 「商品名」の「店名」ごとの「手数料」を「売上高」の0.5%として表示しよう

2 ピボットテーブルのセルを選択

3 [分析]タブの[フィールドアイテムセット]→[集計フィールド]をクリック

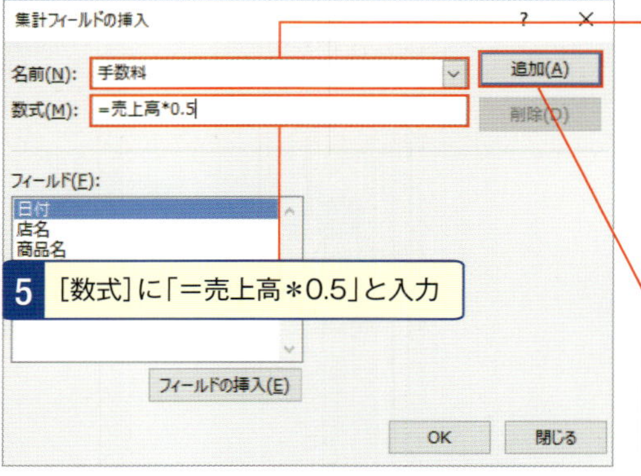

4 表示される[集計フィールドの挿入]ダイアログボックスで、[名前]に「手数料」

5 [数式]に「=売上高*0.5」と入力

6 [追加]ボタンをクリック

7 [フィールド]の一覧に[手数料]を追加して、[OK]ボタンをクリック

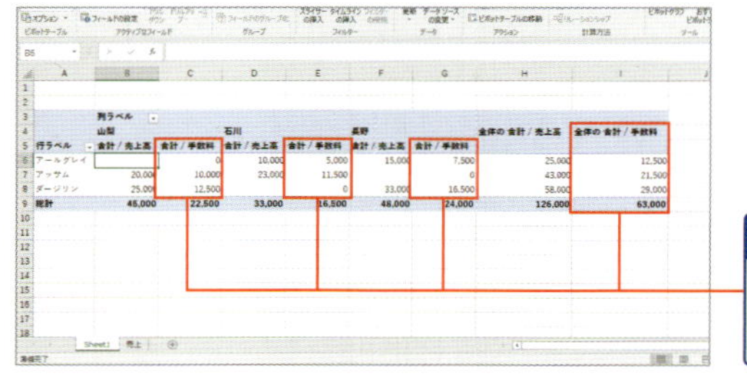

8 「商品名」の「店名」ごとの「手数料」と全体の「手数料」が表示される

No.107 ピボットテーブルを元にグラフを作成するには

ピボットテーブルの結果を元に作成したグラフを[ピボットグラフ]といいます。ピボットグラフを作成するには、通常のグラフと同じ[グラフウィザード]を使用します。

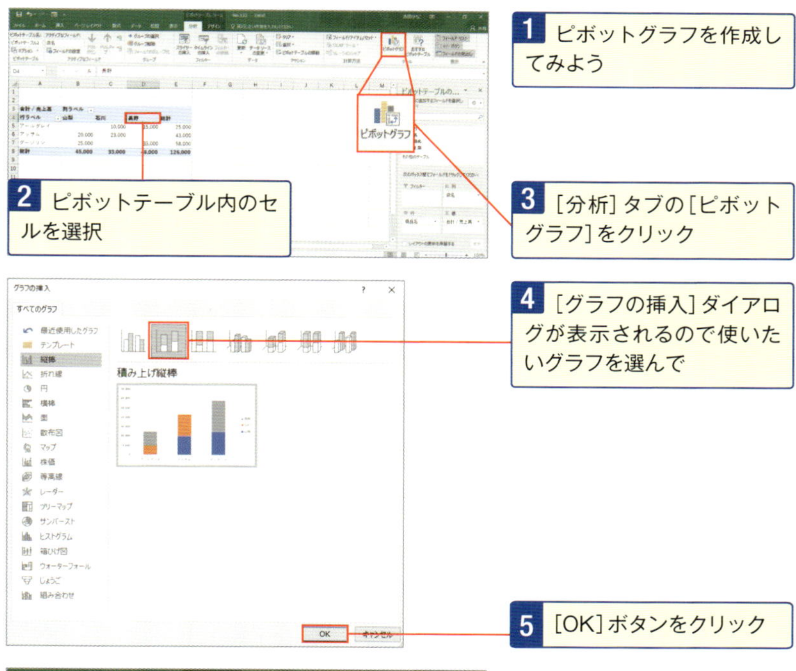

No. 108 ピボットグラフのレイアウトを変更してもっと見やすく！

ピボットグラフ内のフィールドの入れ替えは［ピボットグラフのフィールド］を使用して変更できます。フィールドの移動、追加、削除やアイテムの表示／非表示の切り替えは、ピボットテーブルと同様の操作で行います。

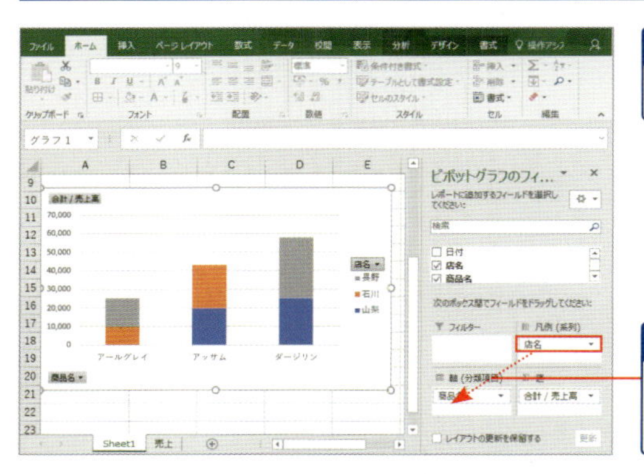

1 「商品名」と「店名」を入れ替えよう

2 ［ピボットグラフのフィールド］の［店名］を［商品名］の位置にドラッグ

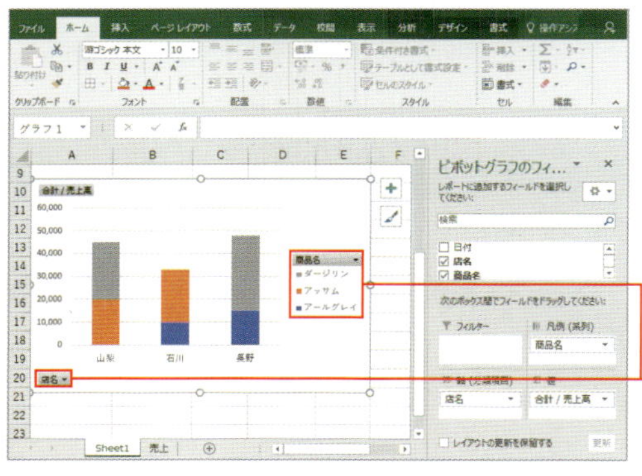

3 「商品名」と「店名」が入れ替わり、グラフが変更された

スキルアップ　ピボットグラフのレイアウトを変更すると、ピボットテーブルも変更される

ピボットグラフは、ピボットテーブルと連動しています。どちらかのレイアウトを変更するともう一方のレイアウトも変更されます。また、ピボットテーブルと同様に、元になるデータに変更がある場合は、［データの更新］ボタンをクリックして更新します。

第7章

避けては通れない関数のキホン

関数は複雑な計算を簡単にするための公式のようなものです。Excelには300種類以上の関数が用意され、単独で利用したり、組み合わせて利用したりすることができます。まずは関数を使う上でのしくみやメリットについて学んでいきましょう。

No.109 再確認！関数のしくみやメリットを理解すればもっとワカル

関数を利用すると、通常の計算式に比べてどんなメリットがあるのか最初の理解しておくとスムーズです。

関数のしくみ

=AVERAGE (B4:D4)

1 関数は頭に「=」を付けて「=関数名(○○)」と入力する

2 関数の後ろにつく(○○)のことを「引数」と呼び、この範囲を関数計算する。「：」はセルの範囲を表す

・関数を使わない場合

G4 =(B4+C4+D4+E4+F4)/5

	A	B	C	D	E	F	G
1	期末テスト成績						
2							
3	名前	国語	数学	英語	理科	社会	平均
4	木村	80	80	86	90	56	78.4
5	松田	75	90	59	70	77	74.2
6	山田	62	95	100	99	80	87.2
7	合計	217	265	245	259	213	239.8
8							
9							
10							
11							

例えば、木村さんの教科の平均点を出す場合。B4~F4までのセルの数値を足して、教科数（5）で割るため、このような長い数式を手で入力する必要がある

・関数を使った場合

G4 =AVERAGE(B4:F4)

	A	B	C	D	E	F	G
1	期末テスト成績						
2							
3	名前	国語	数学	英語	理科	社会	平均
4	木村	80	80	86	90	56	78.4
5	松田	75	90	59	70	77	74.2
6	山田	62	95	100	99	80	87.2
7	合計	217	265	245	259	213	239.8
8							
9							
10							
11							

平均を出すための「AVERAGE」関数を使えば、セルの範囲を指定するだけで平均点を表示してくれる。スッキリと明確に計算を補助してくれるのが「関数」の利点だ

No.110 関数の入力方法① 引数を確認しながら[関数の引数]ダイアログで

関数名と「(」をキーボードから手入力してから、[関数の挿入]ボタンをクリックすると[関数の引数]ダイアログボックスを表示できます。

1 ローン計算に使うPMT関数の引数がわからない場合、関数を設定するセルを選択して「=PMT (」と、関数名と「(」を入力

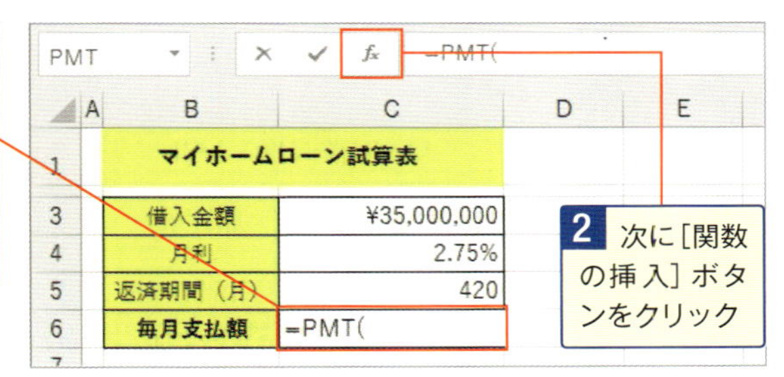

2 次に[関数の挿入]ボタンをクリック

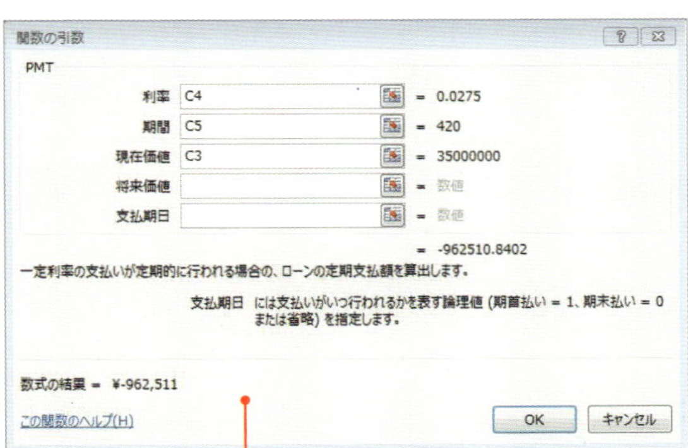

3 PMT関数の[関数の引数]ダイアログボックスが表示される。関数を呼び出すときに関数名の後の「(」から「)」の間に「引数」を記述する。引数には値や値が格納された変数、または式などを入れる

スキルアップ

さらに詳しい情報を調べるには

設定する関数についてさらに詳しい情報を調べたいときには、[関数の引数]ダイアログボックスの[この関数のヘルプ]をクリックします。すると、選択している関数のヘルプ画面が表示されるので、引数の内容や指定方法などを確認することができます。

No.111 関数の入力方法② 手動で入力すると大幅スピードアップ

引数に入力する内容が大まかにわかっていれば、関数を直接手入力することもできます。

1 関数を入力したいセルを選択して「=PMT（」のように関数名と「（」を入力

2 入力した関数の引数がヒントで表示され、入力中の引数が太字で表示される

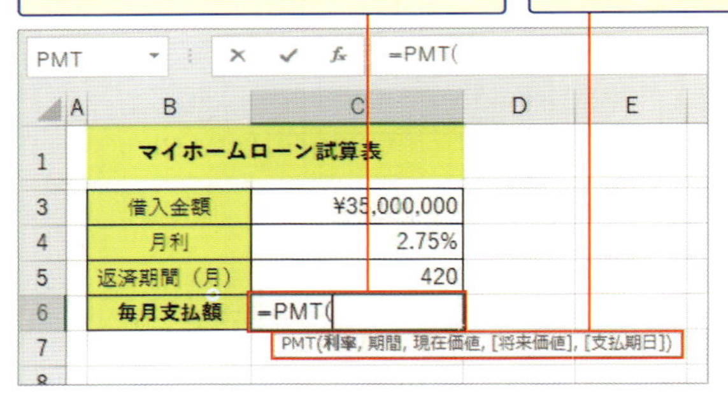

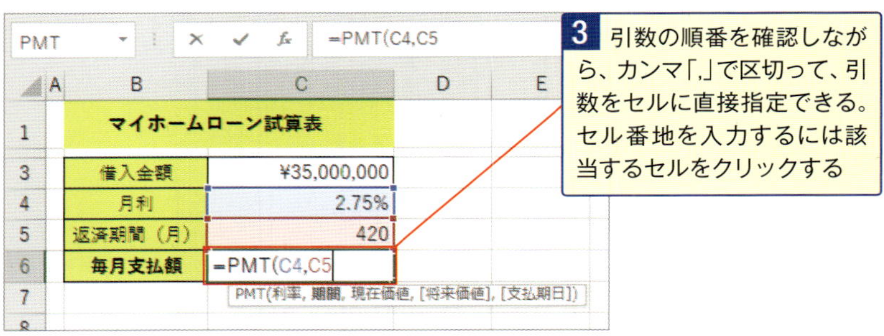

3 引数の順番を確認しながら、カンマ「,」で区切って、引数をセルに直接指定できる。セル番地を入力するには該当するセルをクリックする

スキルアップ

関数のヘルプを参照するには

ヒントの左端に表示された関数名をクリックすると❶、その関数のヘルプ画面が表示されます。引数についてのより詳しい情報や関数の使い方をその場で調べたいときに役立ちます。

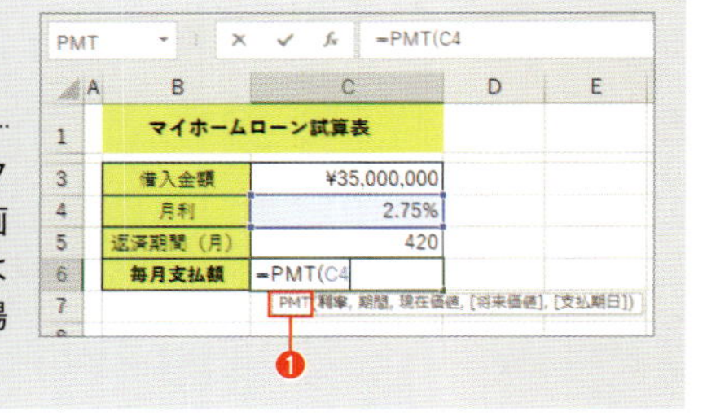

No.112 関数の探し方は[関数の挿入]ダイアログでササッと検索

どの関数を利用するかわからない場合には、[関数の挿入]ダイアログボックスで関数を検索します。キーワードを指定すれば関数を検索できます。

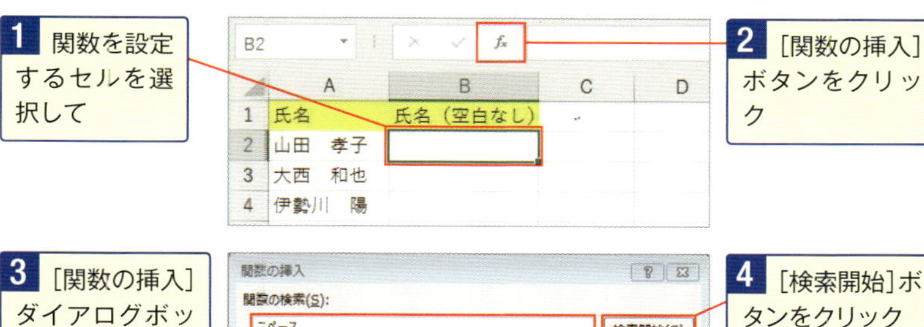

1 関数を設定するセルを選択して

2 [関数の挿入]ボタンをクリック

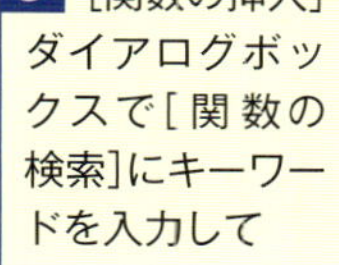

3 [関数の挿入]ダイアログボックスで[関数の検索]にキーワードを入力して

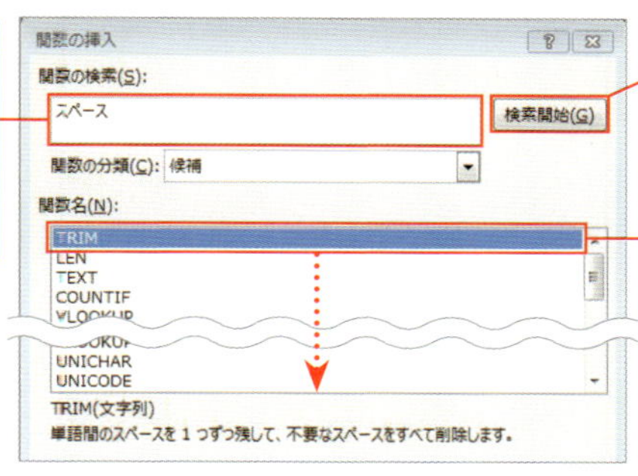

4 [検索開始]ボタンをクリック

5 表示された関数名をクリックすると、下に説明が表示されるので、これを参考に関数を選択

6 [OK]ボタンをクリックすると、選択した関数の[関数の引数]ダイアログボックスが表示される

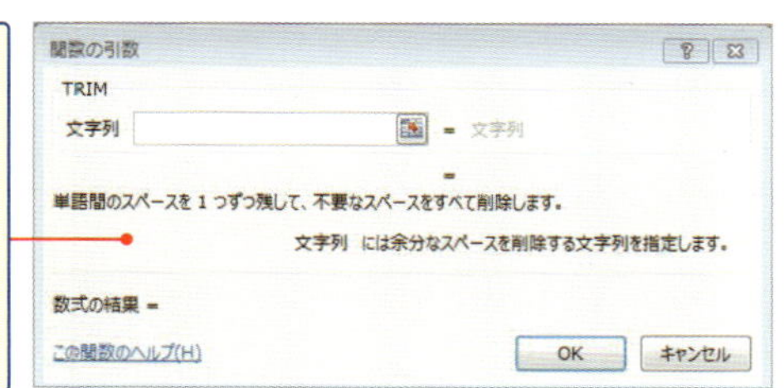

トラブル解決

検索結果が表示されないときは

関数を検索するときに、[関数の検索]に入力したキーワードに合致する関数がない場合、検索結果が表示されません。このような場合は、別のキーワードを入力して、もう一度検索します。

No.113 関数のコピーも普通のコピーと同じくドラッグでOK

複数のセルに同じ関数を入力する場合、**最初のセルに関数を入力**しておき、**設定した数式を別のセルにコピー**します。

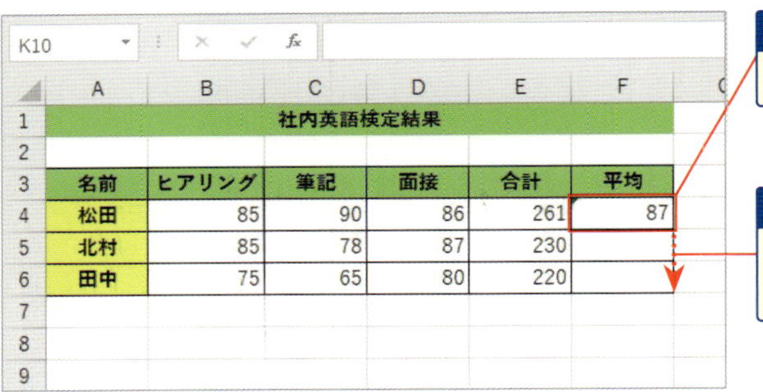

	A	B	C	D	E	F
1	社内英語検定結果					
2						
3	名前	ヒアリング	筆記	面接	合計	平均
4	松田	85	90	86	261	87
5	北村	85	78	87	230	
6	田中	75	65	80	220	

1 F4のセルをクリックして

2 右下のフィルハンドルをF6のセルまでドラッグ

F4 =AVERAGE(B4:D4)

	A	B	C	D	E	F
1	社内英語検定結果					
2						
3	名前	ヒアリング	筆記	面接	合計	平均
4	松田	85	90	86	1	87
5	北村	85	78	87	230	83.33333
6	田中	75	65	80	220	73.33333

3 F4のセルに入力した関数がF5からF6までのセル範囲にコピーされる

トラブル解決

書式が消えてしまったら

関数をコピーすると、コピー先のセルに設定していた書式が変更されてしまいます。罫線やセルの背景色などを元のまま残しておきたい場合には、オートフィルしたあとに表示される［オートフィルオプション］スマートタグをクリックして❶、表示される選択肢から［書式なしコピー（フィル）］を選択します❷。

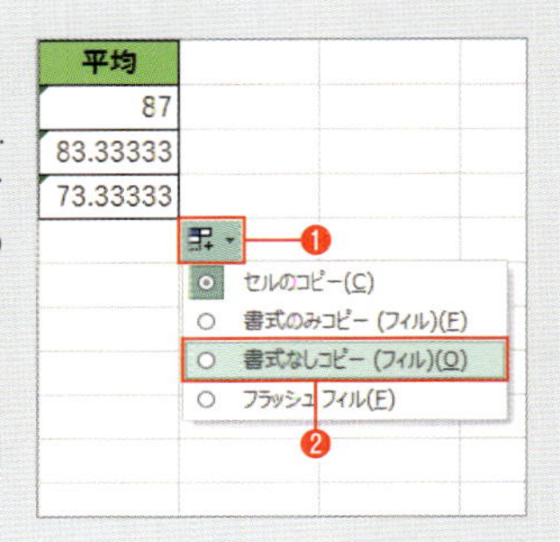

No.114 複数セルに関数を一気に入力！[関数の挿入]で Ctrl ＋[OK]

複数のセルに同じ関数を入力する場合、[関数の引数]で Ctrl キーを押しながら[OK]して、セル番地を相対的にずらします。

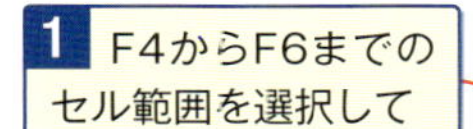

1 F4からF6までのセル範囲を選択して

2 [関数の挿入]ボタンをクリック

F4 fx

	A	B	C	D	E	F
1	社内英語検定結果					
2						
3	名前	ヒアリング	筆記	面接	合計	平均
4	松田	85	90	86	261	
5	北村	85	78	87	230	
6	田中	75	65	80	220	
7						
8						

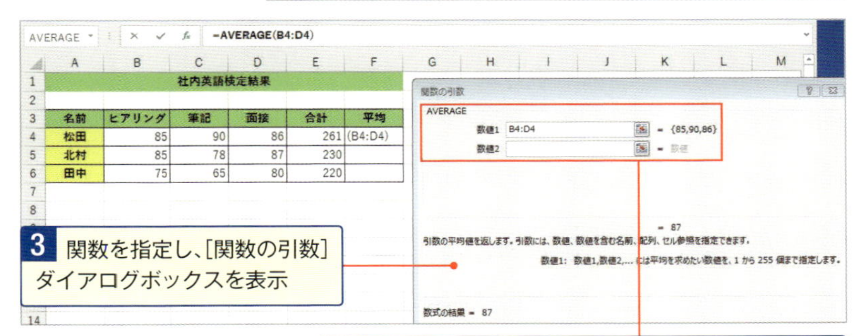

3 関数を指定し、[関数の引数]ダイアログボックスを表示

4 F4のセルに関数を入力する場合の引数を指定し、Ctrl キーを押しながら[OK]ボタンをクリック

5 F4からF6までのセル範囲に、一括して関数が入力された

I9 fx

	A	B	C	D	E	F
1	社内英語検定結果					
2						
3	名前	ヒアリング	筆記	面接	合計	平均
4	松田	85	90	86	261	87
5	北村	85	78	87	230	83.33333
6	田中	75	65	80	220	73.33333
7						
8						

No.115 引数のセル範囲は色で囲まれた部分をドラッグしなおすだけ!

数式バーで変更したいセル範囲をクリックし、表示されるカラーリファレンスをドラッグすると、簡単にセル範囲を拡大・縮小、移動ができます。

1 関数を入力したセルを選択して

2 数式バーのセル番地の部分をクリック

F4 =AVERAGE(B4:D4)

	A	B	C	D	E	F
1	社内英語検定結果					
2						
3	名前	ヒアリング	筆記	面接	速読	平均
4	松田	85	90	86	5	87
5	北村	65	78	87	58	76.66667
6	田中	75	65	80	87	73.33333

3 セル範囲がカラーリファレンスで囲まれるので、角にマウスポインタを合わせてドラッグ。これでセル範囲を拡大・縮小できる

マウスポインタが の状態でドラッグするとセル範囲を移動できます。

=AVERAGE(

	A	B	C	D	E	F
1	社内英語検定結果					
3	名前	ヒアリング	筆記	面接	速読	平均
4	松田	85	90	86	65	=AVERAGE(B4:E4)
5	北村	65	78	87	58	AVERAGE(数値1, [数値2]
6	田中	75	65	80	87	73.33333

スキルアップ

スマートタグからでも変更できる

データを追加すると、関数が入力されたセルの左上に緑の三角が表示されることがあります。これをクリックして表示される[エラーチェックオプション]スマートタグでもセル範囲を修正できます。[エラーチェックオプション]スマートタグをクリックして❶、表示されるメニューから[数式を更新してセルを含める]を選択します❷。

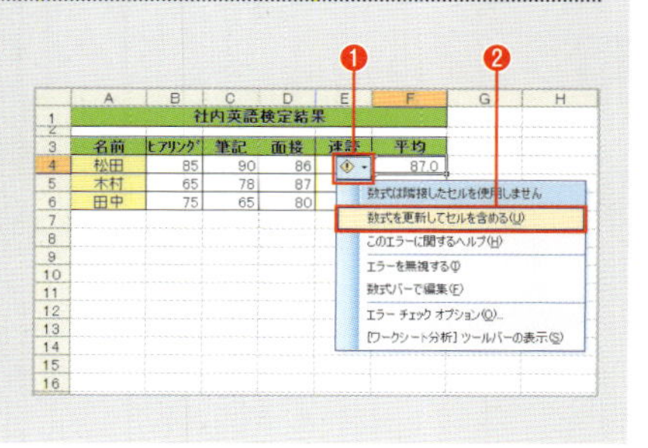

No. 116 関数をコピーしたらエラーになった！ 参照がズレている？

参照先セルがずれないようにするには、セルを絶対参照にします。セル番地を指定したあとでF4キーを押します。セル番地には「$」が表示されます。

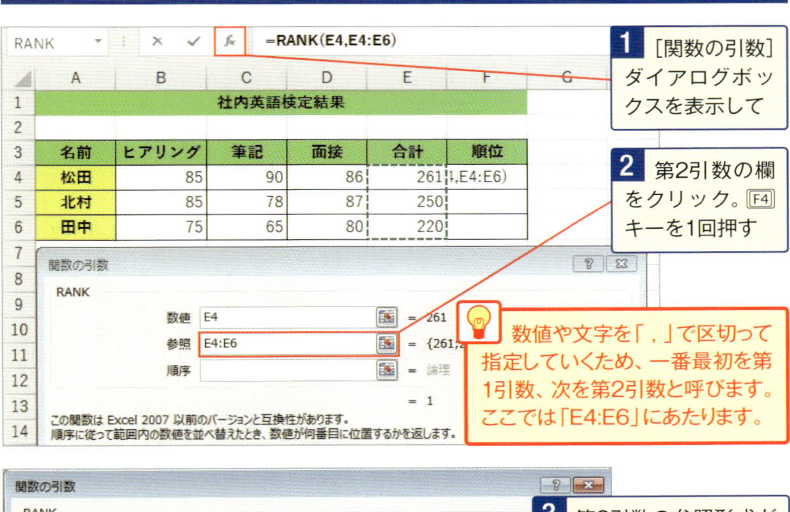

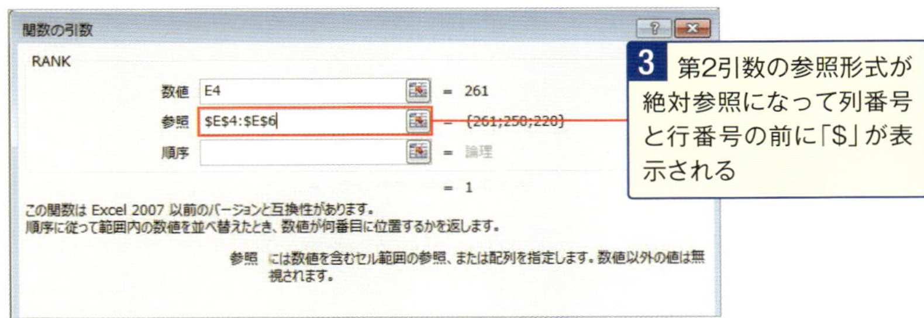

スキルアップ

列番号、行番号だけを絶対参照にするには

関数をコピーしたときにセル番地の行番号、列番号だけを固定にすることもできます。F4キーを2回押すと「E$4」のように行番号だけが固定になり、3回押すと「$E4」のように列番号だけが固定になります。F4キーを4回押すと、「E4」のように相対参照に戻ります。

No.117 引数の範囲がわかりにくい！名前を付ければひと目でわかる

セル範囲に名前を付けておけば、引数に直接名前を指定できるので、関数の入力が楽になります。内容が類推できる名前にしましょう。

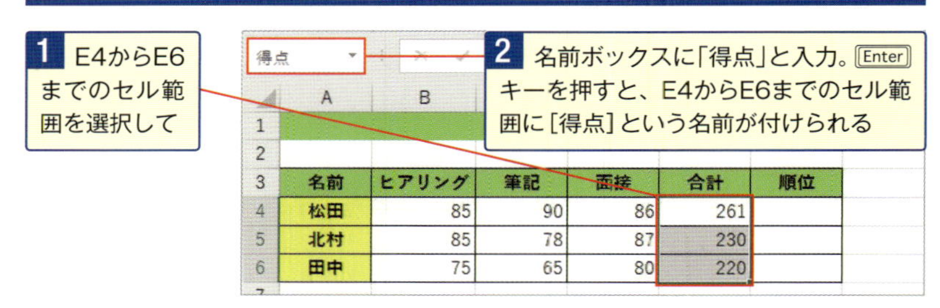

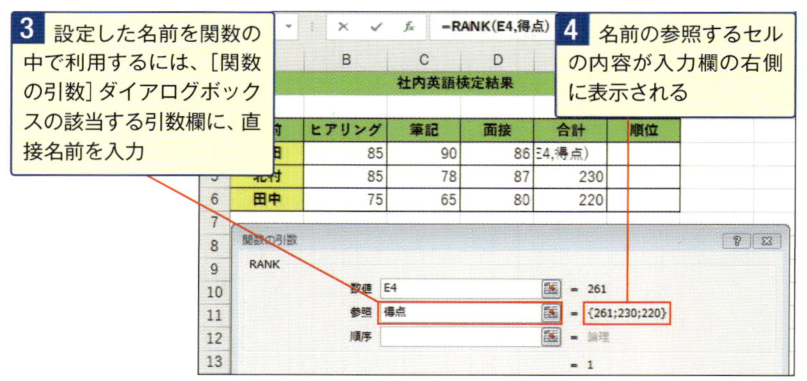

スキルアップ 設定した名前を削除するには

[数式]タブから[名前の管理]ダイアログボックスを表示します。セル範囲に付けた名前が一覧表示されるので、削除したい名前を選択して❶、[削除]ボタンをクリックします❷。済んだら、[閉じる]ボタンをクリックします。

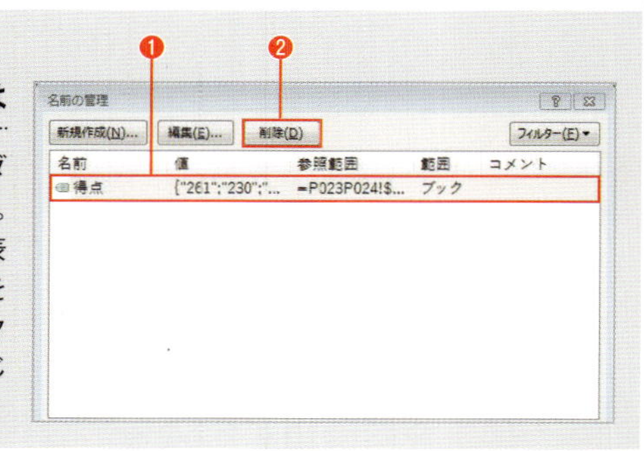

No. 118 引数に別に関数を入れたい！関数をネストすればOK

引数に別の関数を指定するには、［関数の引数］ダイアログボックスを表示して名前ボックスから組み合わせ（ネスト）したい関数を選択します。

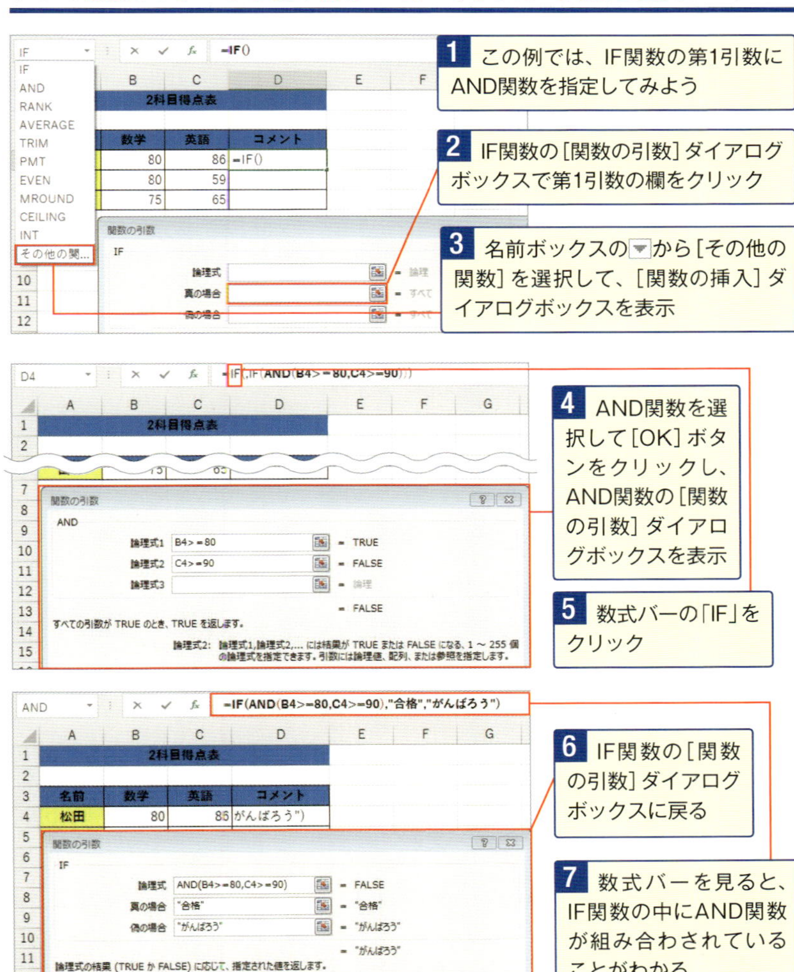

No.119 参照する表をシートに入れたくない! 関数に配列を入力しよう

「配列」とは表形式のデータを、列をカンマ「,」で、行をセミコロン「;」で区切って表したもので、表全体を中カッコ「{ }」で囲みます。

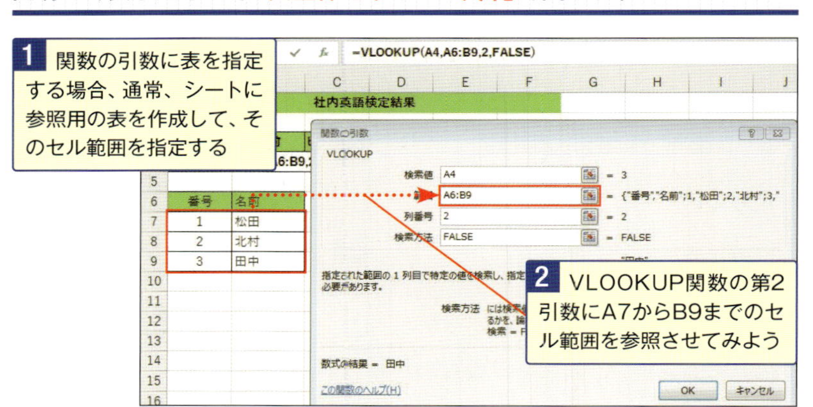

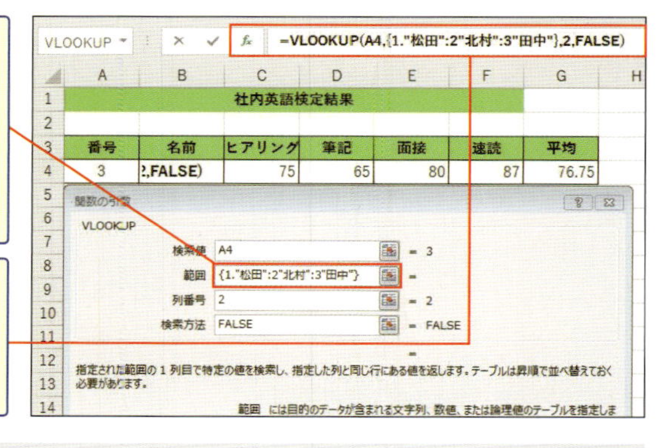

スキルアップ

列は「,」で、行は「;」で区切る

配列定数を入力する場合、列の区切りはカンマ「,」で、行の区切りはセミコロン「;」で置き換えてデータを入力します。なお、データに文字列を指定するときには、二重引用符「"」で囲みます。記号はいずれも半角で入力する点に注意が必要です。

No. 120 複数のセルに入ったデータを一度に計算したい

「配列数式」とは、1つの数式の中で、対応する複数のセル範囲同士を計算するもので、数式全体が中カッコ「{ }」で囲まれます。

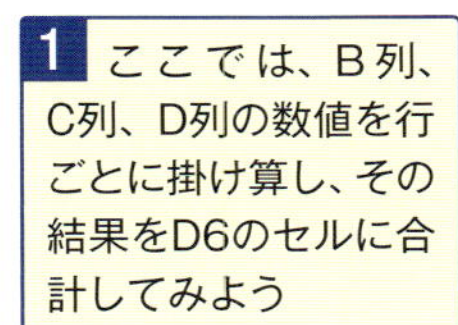

1 ここでは、B列、C列、D列の数値を行ごとに掛け算し、その結果をD6のセルに合計してみよう

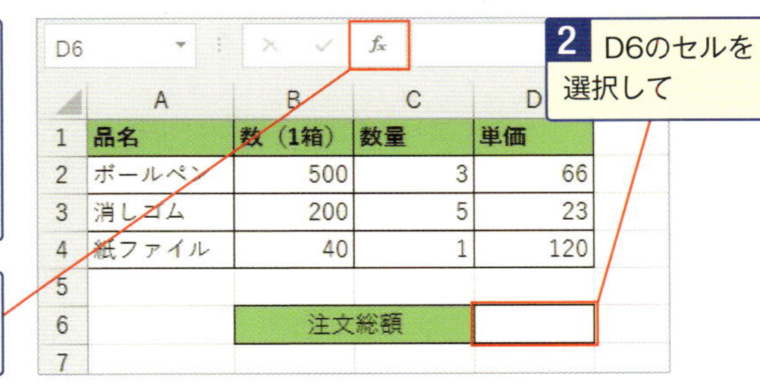

2 D6のセルを選択して

3 ［関数の挿入］ボタンをクリック

4 ［関数の挿入］ダイアログボックスで、［関数の分類］に［数学／三角］を選択。［関数名］で［SUM］を選択して［OK］ボタンをクリック

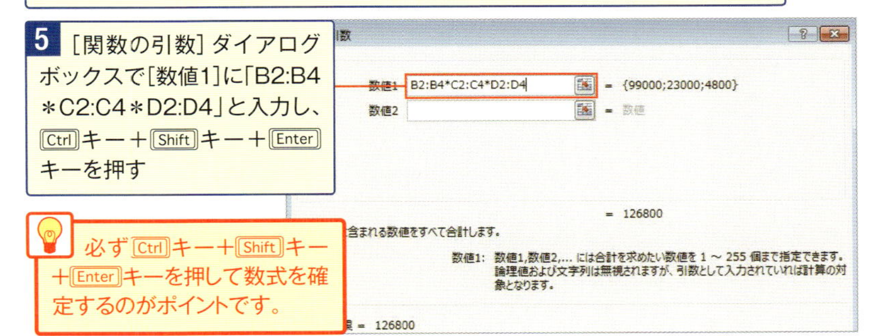

5 ［関数の引数］ダイアログボックスで［数値1］に「B2:B4＊C2:C4＊D2:D4」と入力し、Ctrlキー＋Shiftキー＋Enterキーを押す

必ずCtrlキー＋Shiftキー＋Enterキーを押して数式を確定するのがポイントです。

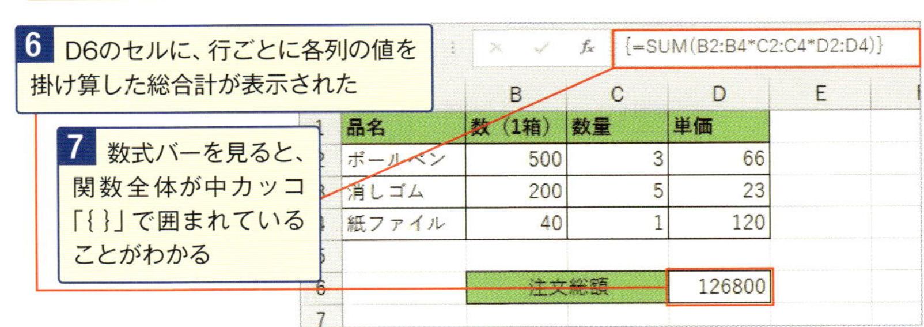

6 D6のセルに、行ごとに各列の値を掛け算した総合計が表示された

7 数式バーを見ると、関数全体が中カッコ「{ }」で囲まれていることがわかる

No. 121 もっと高度な関数を利用するには

関数の中には、アドインという追加プログラムに含まれているものもあります。これらの関数を利用するには、あらかじめアドインを組み込みます。

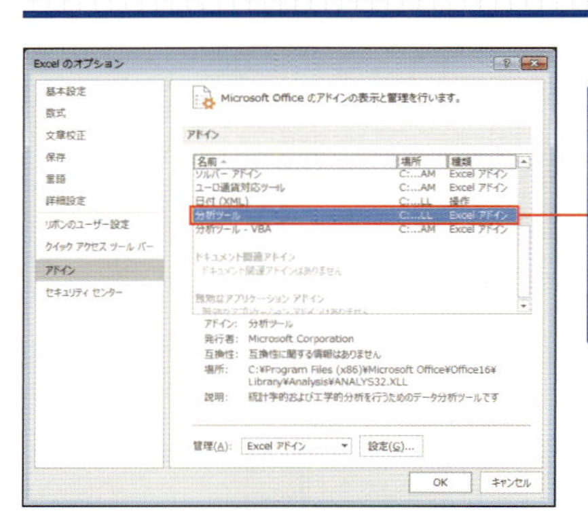

1 ［分析ツール］アドインを組み込むには、［挿入］タブから［マイアドイン］の［他のアドインの管理］を選択してダイアログボックスを表示する。［分析ツール］を選択して、［OK］ボタンをクリック

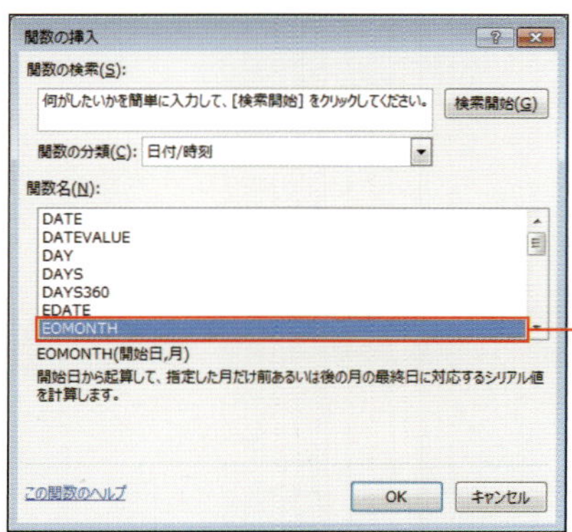

2 これで専門的な関数を［関数の挿入］ダイアログボックスから挿入できるようになる（ただし、一部の関数を除く）

第8章

これだけ！ビジネスで必須の関数

ビジネスでExcelを使ううえで欠かせない関数をピックアップして紹介します。日付や時刻に関する関数や、別の表を検索する関数、文字列を結合する関数など、一度覚えてしまえば欠かせない関数ばかりです。

No.122 その日から何カ月後は何日？を知りたい！

EDATE関数は［開始日］に指定した日付から［月］に指定した月数後の日付を求めます。

これを使おう　=EDATE（開始日，月）

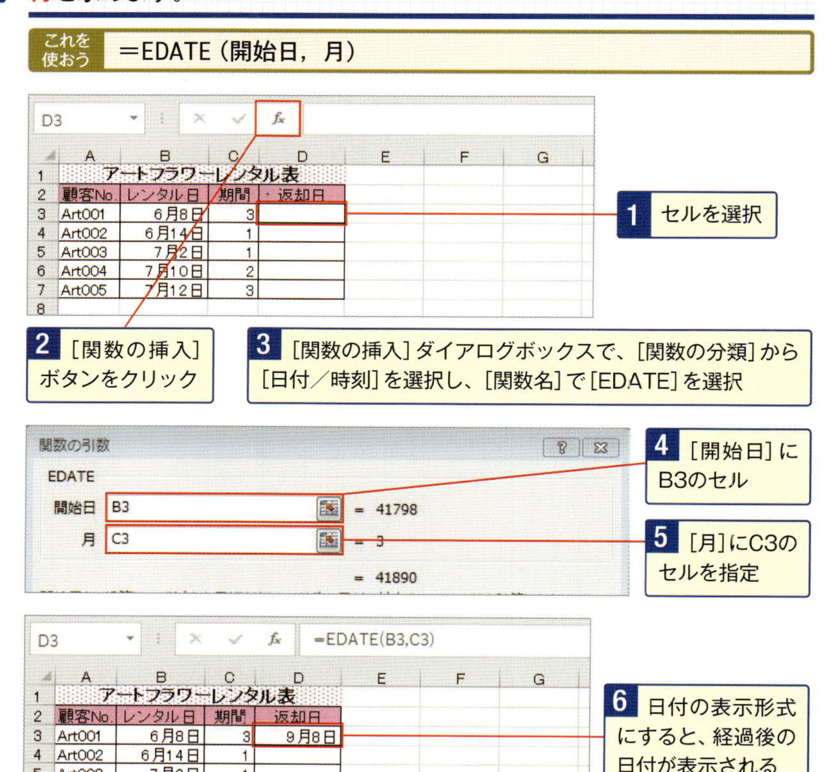

スキルアップ

「何ヵ月前は何日？」を求めるには

［月］に負の数値を指定すると、指定した月数前の日付のシリアル値が求められます。

No. 123 締めで使うと便利！特定日の「月末日」を求める

EOMONTH関数は［開始日］に指定した日付から［月］に指定した月数後の月末日を求めます。

これを使おう ＝EOMONTH（開始日，月）

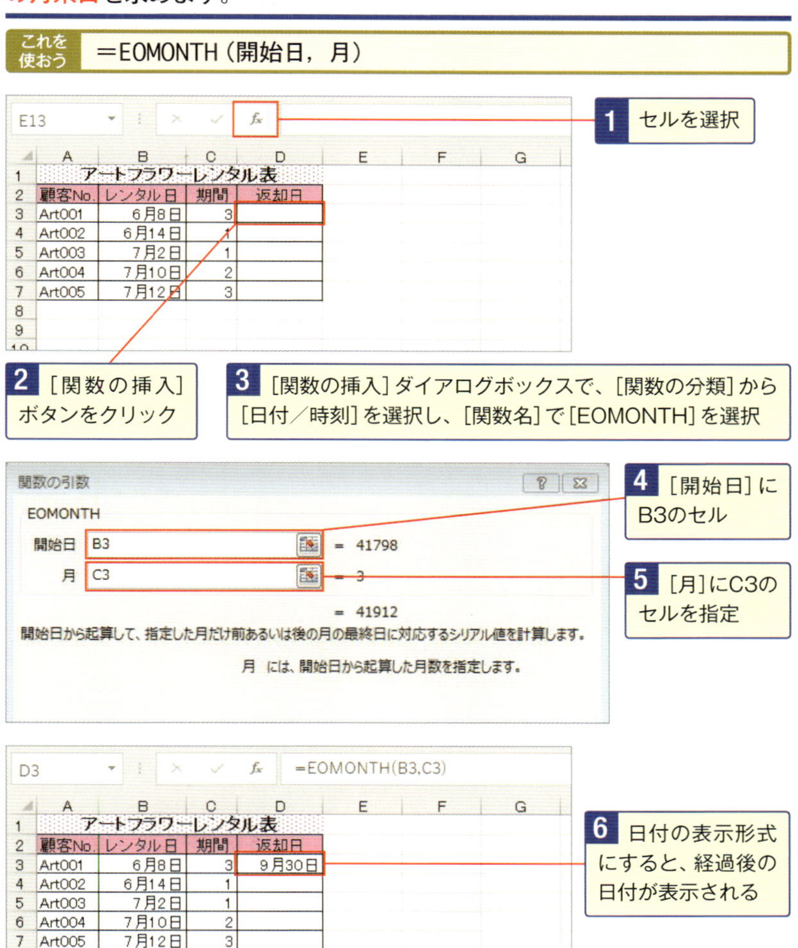

No. 124 開始日から終了日までの土日祝日を除く営業日を知りたい

DATEDIF関数は［開始日］に指定した日付から［終了日］に指定した日付までの期間を［単位］に指定した形式で求めます。

これを使おう　＝DATEDIF（開始日，終了日，単位）

［単位］の指定と求められる期間

単位	内容
"Y"	0以上の整数で満年数を求める
"M"	0以上の整数で満月数を求める
"D"	0以上の整数で満日数を求める
"YM"	0～11までの整数で1年未満の月数を求める
"YD"	0～365までの整数で1年未満の日数を求める
"MD"	0～30までの整数で1ヵ月未満の日数を求める

［単位］は二重引用符［""］で必ず囲んで指定します。

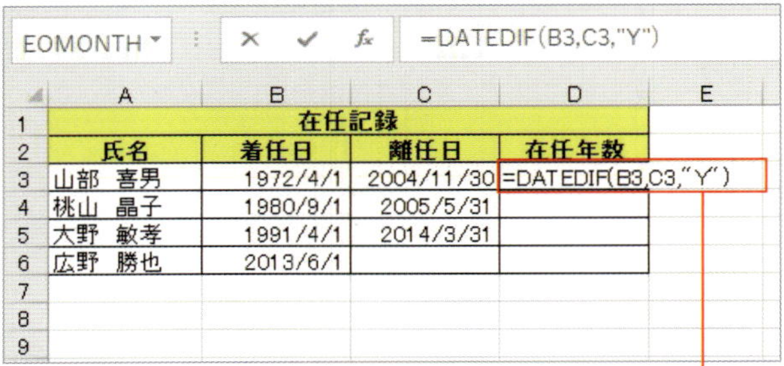

EOMONTH　=DATEDIF(B3,C3,"Y")

	A	B	C	D	E
1	在任記録				
2	氏名	着任日	離任日	在任年数	
3	山部　喜男	1972/4/1	2004/11/30	=DATEDIF(B3,C3,"Y")	
4	桃山　晶子	1980/9/1	2005/5/31		
5	大野　敏孝	1991/4/1	2014/3/31		
6	広野　勝也	2013/6/1			
7					
8					
9					

1 ［関数の挿入］ダイアログボックスには用意されていないため、セルに直接入力して使用する

2 セルを選択して、「=DATEDIF(B3, C3, "Y")」と入力

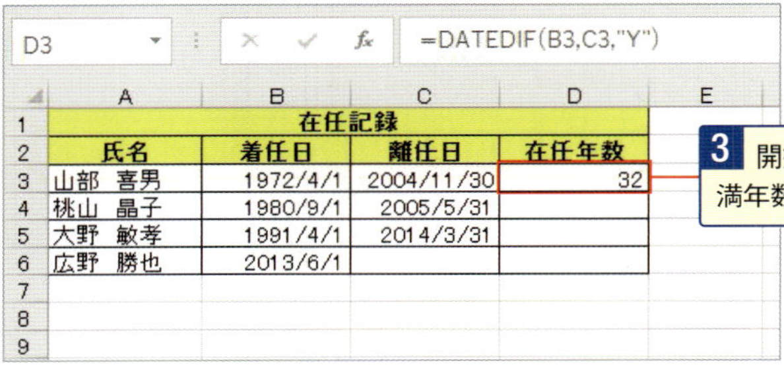

D3　=DATEDIF(B3,C3,"Y")

	A	B	C	D	E
1	在任記録				
2	氏名	着任日	離任日	在任年数	
3	山部　喜男	1972/4/1	2004/11/30	32	
4	桃山　晶子	1980/9/1	2005/5/31		
5	大野　敏孝	1991/4/1	2014/3/31		
6	広野　勝也	2013/6/1			
7					
8					
9					

3 開始日と終了日の間の満年数が求められた

No. 125

「土日祝を除いた営業日＋7日後」などの期限日を設けるには

NETWORKDAYS関数は［開始日］に指定した日付から［終了日］の日付までの期間から、土日と［祭日］に指定した日付を除いた日数を求めます。

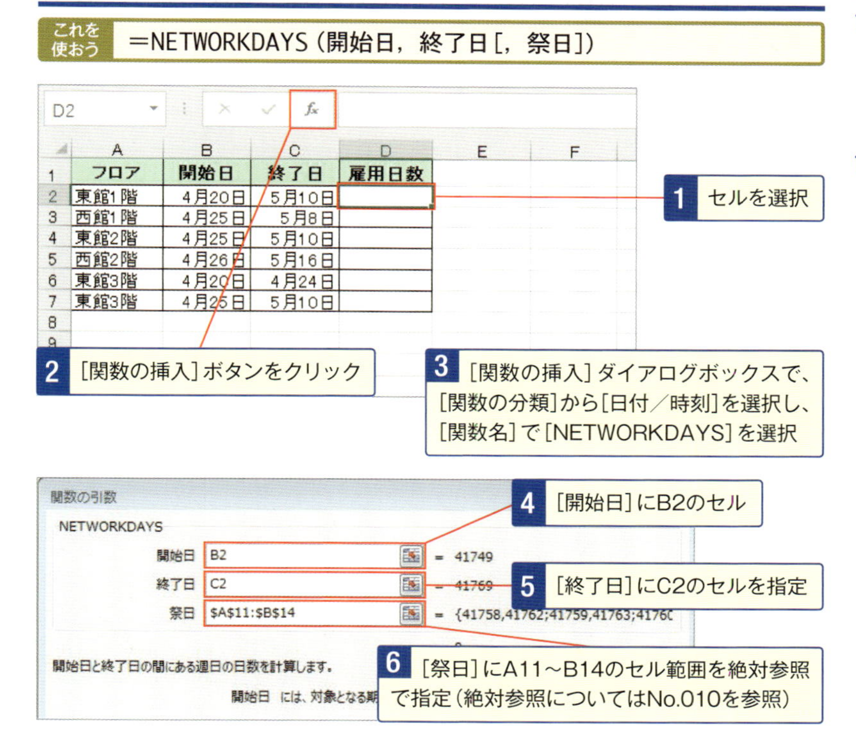

D2 =NETWORKDAYS(B2,C2,$A$11:$B$14)

	A	B	C	D
1	フロア	開始日	終了日	雇用日数
2	東館1階	4月20日	5月10日	9
3	西館1階	4月25日	5月8日	
4	東館2階	4月25日	5月10日	
5	西館2階	4月26日	5月16日	
6	東館3階	4月20日	4月24日	
7	東館3階	4月25日	5月10日	
8				

7 土日祝日を除く日数が求められる

No.126 検索したセルと同じ行または列にある数値を合計するには

SUMIFS関数は［条件範囲］に指定したセル範囲の中から［条件］に当てはまるセルを検索し、該当するセルと同じ行（または列）にある値を合計します。

これを使おう　=SUMIFS（合計対象範囲,条件範囲1,条件1,・・・[,条件範囲127,条件127]）

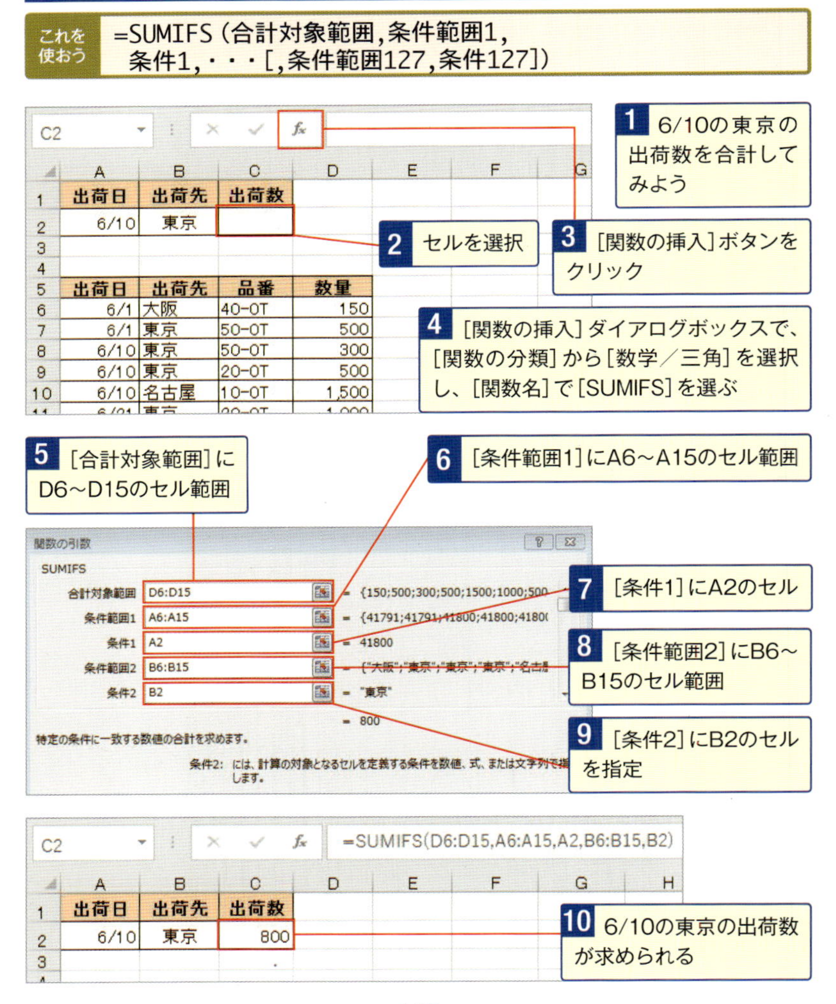

No. 127

税込価格の小数点を切り捨てて整数にするには

INT関数は［数値］に指定した数値の小数点以下を切り捨てて整数にします。負の値を［数値］に指定すると、その数値を超えない最大の整数が求められます。

これを使おう　＝INT（数値）

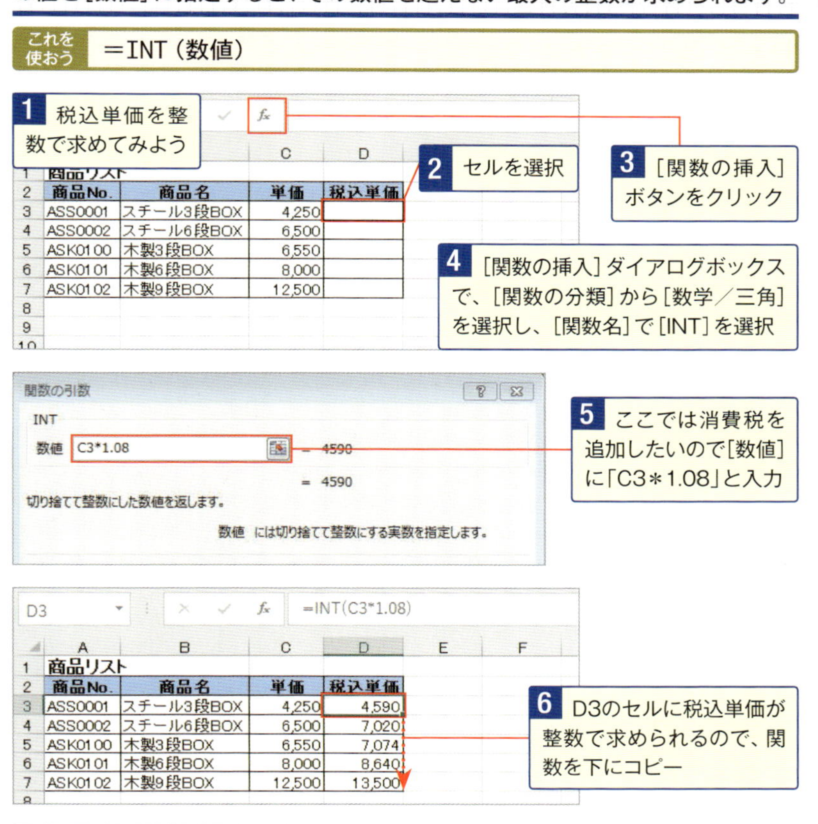

スキルアップ

TRUNC関数では

「TRUNC関数」（引数：数値［,桁数］）でも［桁数］を省略すると小数点以下を切り捨てて整数にできますが、［数値］に負の数値を指定すると結果が異なります。

No.128

勤務時間を15分単位で切り上げ・切り捨てするには

MROUND関数は［数値］に指定した数値を［倍数］に指定した数値の倍数になるように切り上げまたは切り捨てします。

これを使おう　＝MROUND（数値，倍数）

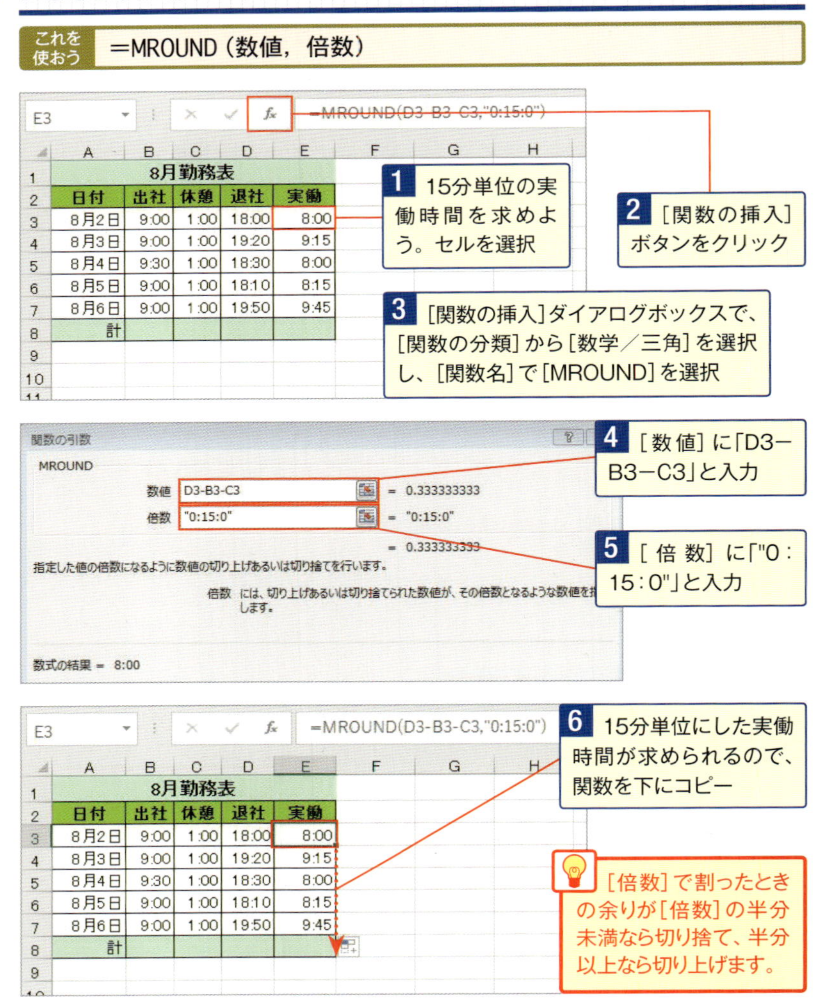

No. 129 乱数を発生させてランダムに抽選番号を決定したい

RANDBETWEEN関数は［最小値］から［最大値］の範囲内で整数値の乱数を発生させます。

これを使おう　=RANDBETWEEN（最小値，最大値）

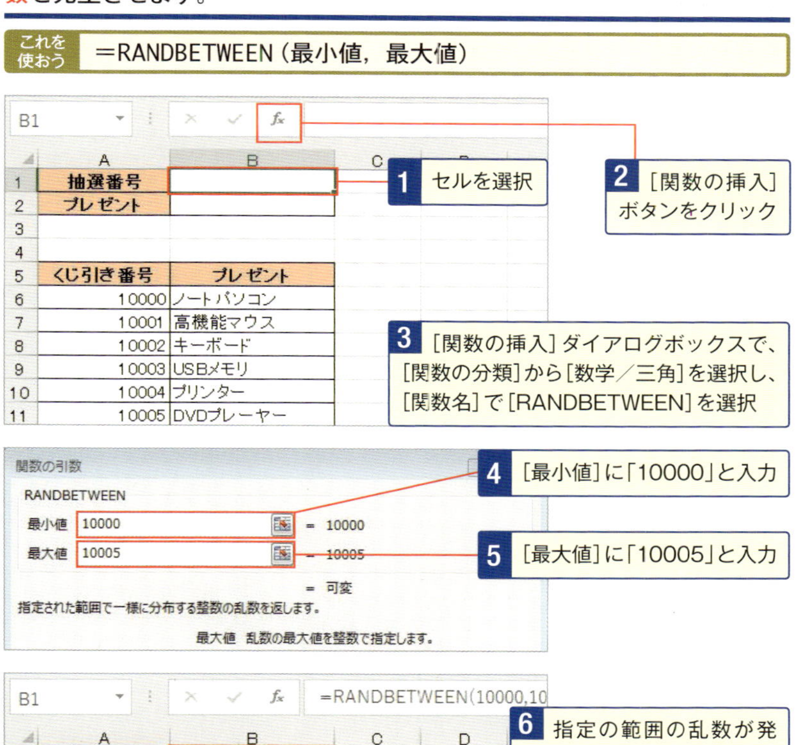

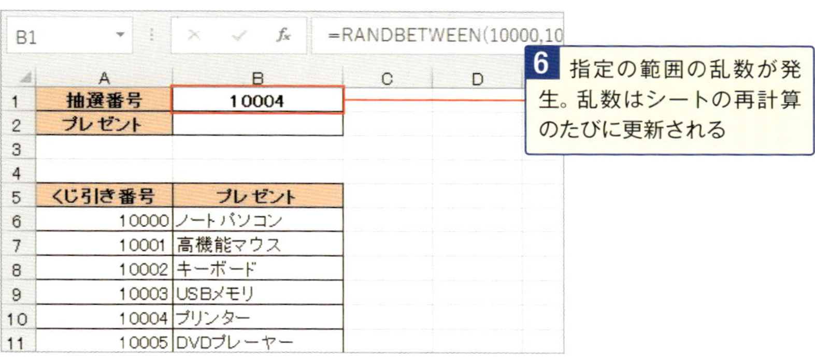

No.130 該当する商品コードに対応する商品名を別の表から検索したい

VLOOKUP関数は[範囲]に指定したセル範囲から[検索値]に該当するセルを検索し、該当するセルと同じ行にある値を[列番号]を指定して抽出します。

これを使おう　＝VLOOKUP（検索値，範囲，列番号[，検索方法]）

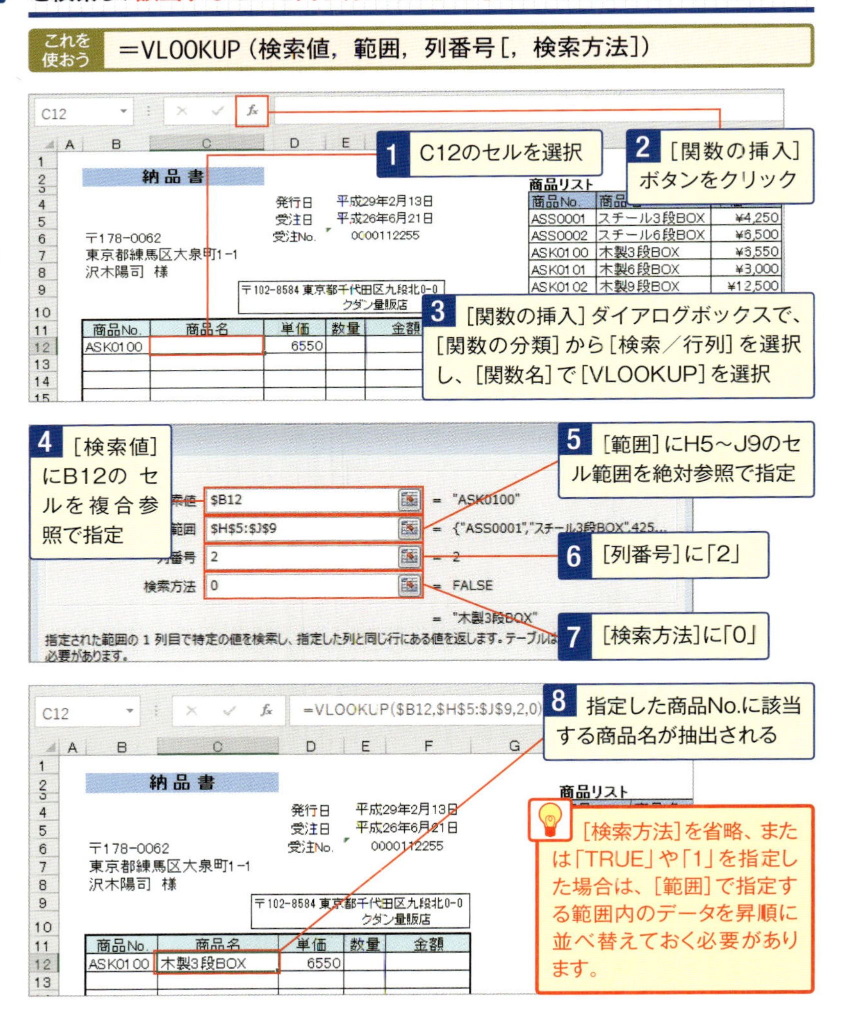

[検索方法]を省略、または「TRUE」や「1」を指定した場合は、[範囲]で指定する範囲内のデータを昇順に並べ替えておく必要があります。

No. 131 行・列の交差する位置にあるデータを抽出したい

INDEX関数は[参照]に指定したセル範囲から、[行番号]と[列番号]に指定した行と列が交差するセルの値を抽出します。複数のセル範囲を指定する場合は[領域番号]に何番目の範囲かを数値で指定します。

これを使おう
セル範囲形式　=INDEX（参照[，行番号，列番号，領域番号]）
配列形式　=INDEX（配列[，行番号，列番号]）

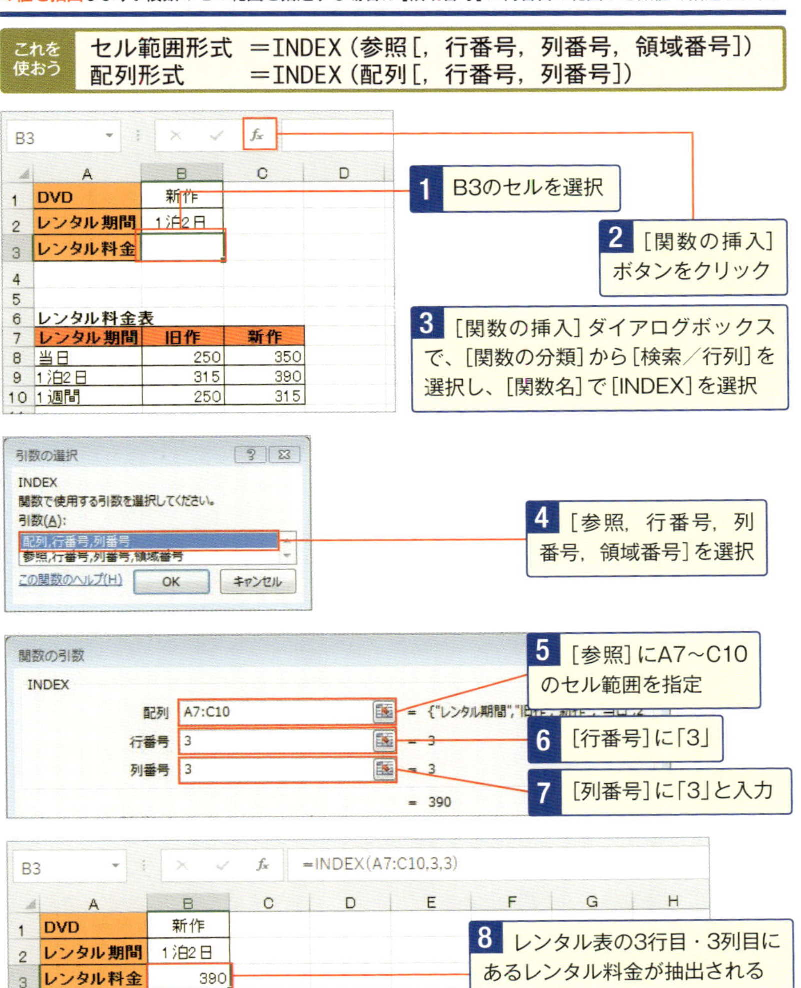

No. 132 数式があってもOK！行と列を入れ替えた表にするには

TRANSPOSE関数は［配列］に指定したセル範囲の行と列を入れ替えて表示します。［配列］にはセル範囲、配列を指定します。

これを使おう ＝TRANSPOSE（配列）

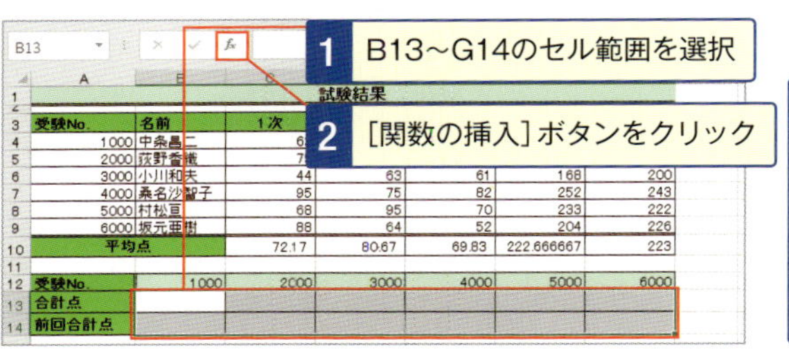

3 ［関数の挿入］ダイアログボックスで、［関数の分類］から［検索／行列］を選択し、［関数名］で［TRANSPOSE］を選択

関数の引数

TRANSPOSE

配列 F4:G9 ＝ {235,198;244,250;168,200;252,...

＝ {235,244,1...

配列の縦方向と横方向のセル範囲の変換を行います。

4 ［配列］にF4～G9のセル範囲を指定

5 Ctrlキーと Shiftキーを押しながら［OK］ボタンをクリック

P16

	A	B	C	D	E	F	G
1	試験結果						
3	受験No.	名前	1次	2次	最終	合計点	前回合計点
4	1000	中条晶二	63	87	85	235	198
5	2000	荻野香織	75	100	69	244	250
6	3000	小川和夫	44	63	61	168	200
7	4000	桑名沙智子	95	75	82	252	243
8	5000	村松亘	68	95	70	233	222
9	6000	坂元亜樹	88	64	52	204	226
10	平均点		72.17	80.67	69.83	222.666667	223
11							
12	受験No.	1000	2000	3000	4000	5000	6000
13	合計点	235	244	168	252	233	204
14	前回合計点	198	250	200	243	222	226

6 行と列を入れ替えた表が作成される

スキルアップ

数式が入力されていてもOK

TRANSPOSE関数で行と列を入れ替えた後のセルの内容、［配列］で指定したセル範囲の内容とリンクしているため、数式が入力されていても値をそのままにして行と列を入れ替えることができます。

No.133 セルにWebページのURLなどのリンクを作成するには

HYPERLINK関数はセルにハイパーリンクを設定します。[リンク先]には、WebページのURLやブック、シートへのパス(リンク先の位置)を指定します。

これを使おう　=HYPERLINK(リンク先[, 別名])

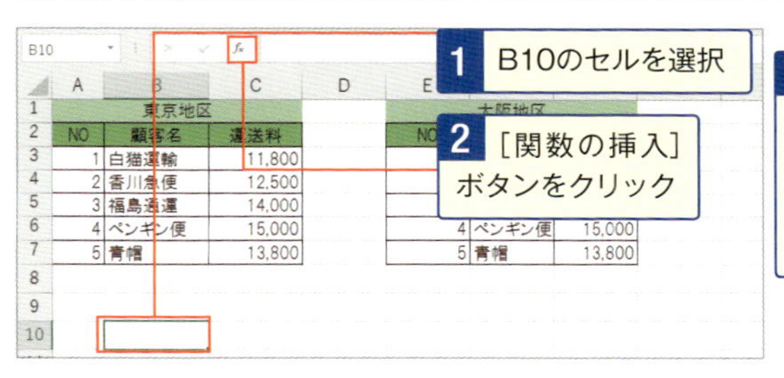

1 B10のセルを選択

2 [関数の挿入]ボタンをクリック

3 [関数の挿入]ダイアログボックスで、[関数の分類]に[検索/行列]を選択。[関数名]で[HYPERLINK]を選択

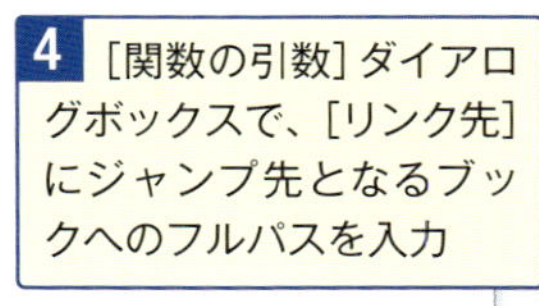

4 [関数の引数]ダイアログボックスで、[リンク先]にジャンプ先となるブックへのフルパスを入力

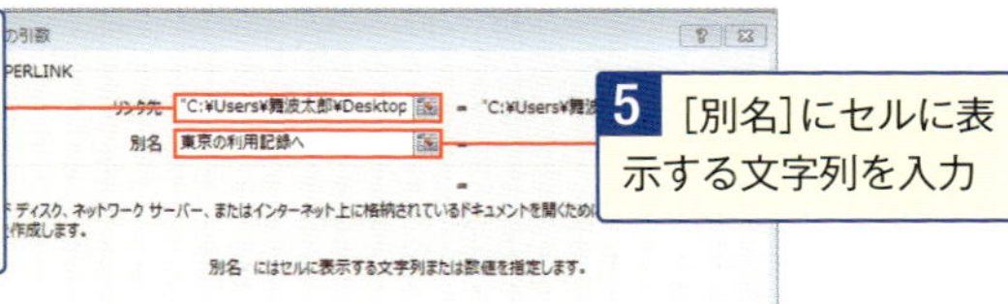

5 [別名]にセルに表示する文字列を入力

	A	B	C	D	E	F	G
1	東京地区				大阪地区		
2	NO	顧客名	運送料		NO	顧客名	運送料
3	1	白猫運輸	11,800		1	白猫運輸	11,800
4	2	香川急便	12,500		2	香川急便	12,500
5	3	福島通運	14,000		3	福島通運	14,000
6	4	ペンギン便	15,000		4	ペンギン便	15,000
7	5	青帽	13,800		5	青帽	13,800
8							
9							
10		東京の利用記録へ					

6 B10のセルに、パスを入力したブックへのハイパーリンクが設定される

スキルアップ

二重引用符は自動的に入力される

[リンク先]と[別名]に指定した文字列は、二重引用符「"」で囲みます。[関数の引数]ダイアログボックスから関数を指定した場合、この「"」は自動的に追加されます。ただし、数式バーから関数を入力する場合には、「"」を付けて入力する必要があります。

No.134 セルが分かれた文字列を結合するには

CONCATENATE関数は［文字列］に指定した文字列、数値、セル番地を結合して1つの文字列を作成します。

これを使おう　＝CONCATENATE（文字列1［, 文字列2, ・・・, 文字列255］）

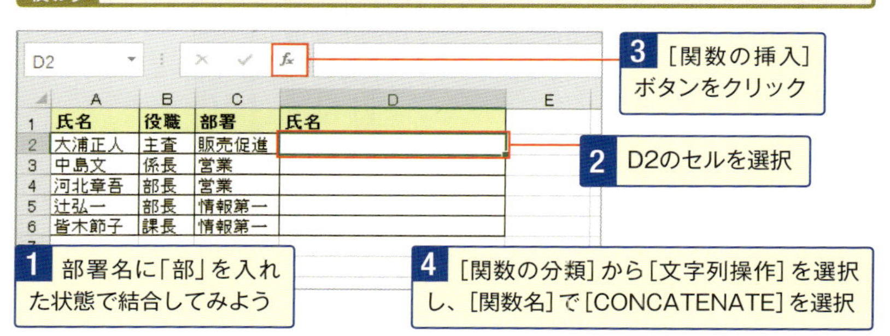

	A	B	C	D
1	氏名	役職	部署	氏名
2	大浦正人	主査	販売促進	
3	中島文	係長	営業	
4	河北章吾	部長	営業	
5	辻弘一	部長	情報第一	
6	皆木節子	課長	情報第一	

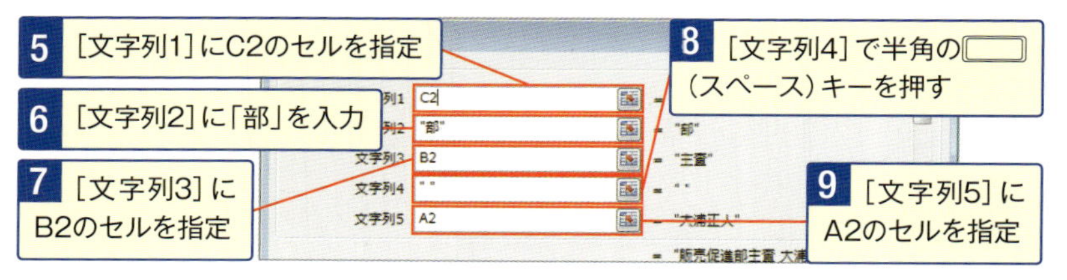

=CONCATENATE(C2,"部",B2," ",A2)

	A	B	C	D
1	氏名	役職	部署	氏名
2	大浦正人	主査	販売促進	販売促進部主査 大浦正人
3	中島文	係長	営業	営業部係長 中島文
4	河北章吾	部長	営業	営業部部長 河北章吾
5	辻弘一	部長	情報第一	情報第一部部長 辻弘一
6	皆木節子	課長	情報第一	情報第一部課長 皆木節子

10 セルに結合した文字列が求められるので、関数を下にコピー

スキルアップ

好きな順番に並び変えもできる

例のように、引数で指定する順番を変更すると、セルの並びに関係なく好きな順番で文字列を結合することもできます。

No.135 関数だけでできる！☆の数で表す簡単な棒グラフ

REPT関数は［繰り返し回数］で指定した回数だけ文字列を繰り返します。

これを使おう ＝REPT（文字列，繰り返し回数）

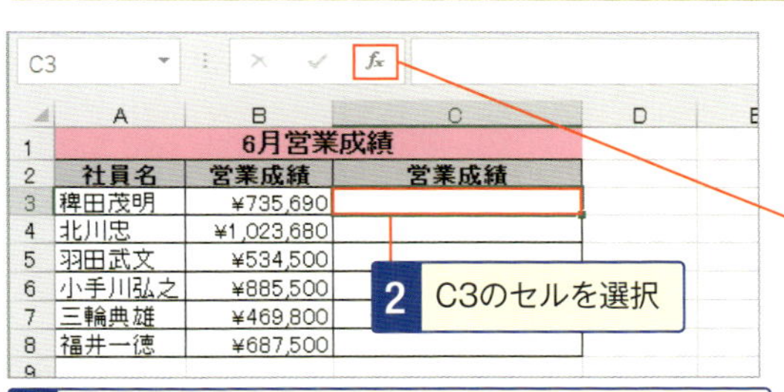

1 営業成績の金額の¥100,000ごとに☆を付けてみよう

2 C3のセルを選択

3 ［関数の挿入］ボタンをクリック

4 ［関数の挿入］ダイアログボックスで、［関数の分類］から［文字列操作］を選択し、［関数名］で［REPT］を選択

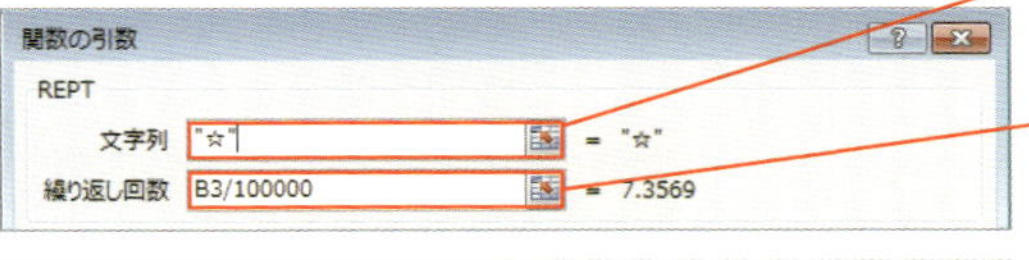

5 ［文字列］に「"☆"」と入力

6 ［繰り返し回数］に「B3／100000」と入力

［繰り返し回数］に「0」を指定すると、空白の文字列が返されます。

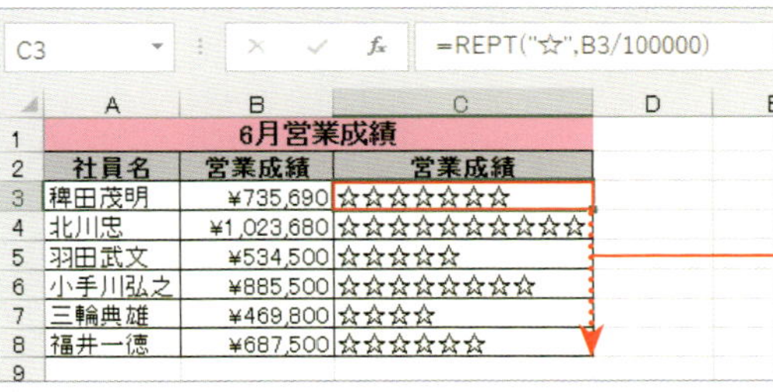

7 営業成績の金額の¥100,000ごとに1つの「☆」が表示されるので、入力された関数を下までコピー

スキルアップ

［文字列］と［繰り返し回数］

［文字列］には繰り返して表示する文字列を、二重引用符「""」で囲んで指定するか、文字列が入力されたセルの参照を指定します。［繰り返し回数］には繰り返す回数を［0］～［32,767］の整数で指定します。

No.136 会員データから誕生月のものだけをピックアップできる

IF関数を使って、現在の日付から取り出した月と、誕生日の日付から取り出した月が同じであるかどうかを判定します

これを使おう ＝IF関数の[論理式]にMONTH関数をネストする

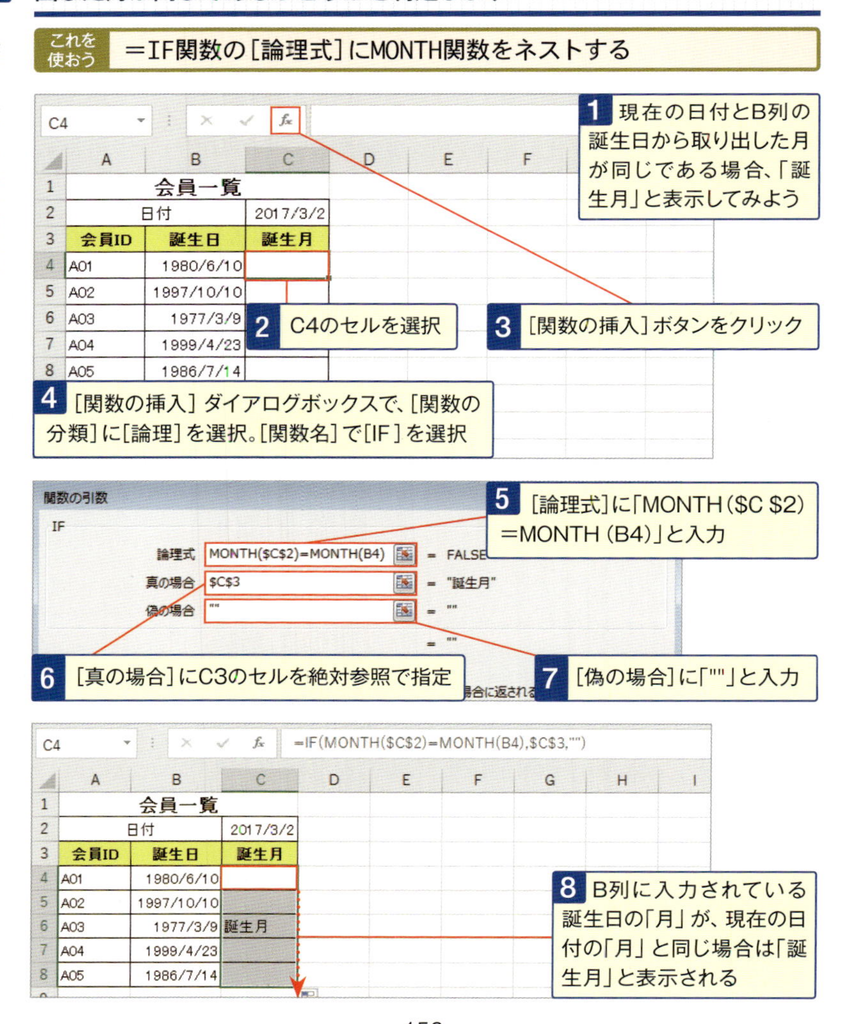

第9章

これだけ！ビジネスで使える Excel複合ワザ

Excelには合わせて使うことにより、複雑な内容を適切に導き出したり、いくつものシミュレーションが一発でできたりする機能があります。よく理解して、便利に使いこなしましょう。

No.137 「有」や「○」が入力されているセルの個数を求めるには？

数値が入力されているセルの個数を求める場合はCOUNT関数を使用します。数値や文字列が入力されているセルの個数を求める場合は、空白以外のセルの個数を返すCOUNTA関数を使用します。

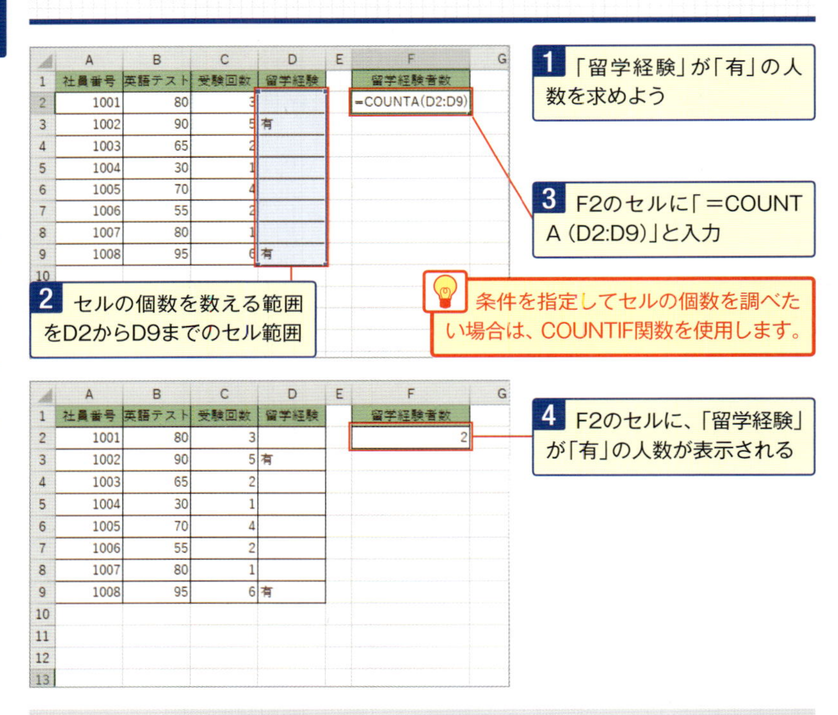

	A	B	C	D	E	F
1	社員番号	英語テスト	受験回数	留学経験		留学経験者数
2	1001	80	3			=COUNTA(D2:D9)
3	1002	90	5	有		
4	1003	65	2			
5	1004	30	1			
6	1005	70	4			
7	1006	55	2			
8	1007	80	1			
9	1008	95	6	有		

	A	B	C	D	E	F
1	社員番号	英語テスト	受験回数	留学経験		留学経験者数
2	1001	80	3			2
3	1002	90	5	有		
4	1003	65	2			
5	1004	30	1			
6	1005	70	4			
7	1006	55	2			
8	1007	80	1			
9	1008	95	6	有		

スキルアップ COUNT･COUNTA関数（統計）

=COUNT（値1,値2・・・）
=COUNTA（値1,値2・・・）
COUNT関数は、「値」に指定したデータやセル範囲に含まれる数値データの個数を返す
COUNTA関数は、「値」に指定したデータやセル範囲に含まれる空白以外のデータの個数を返す

値	任意のデータ、データが入力されているセル範囲などを30個まで指定できる

No. 138 テストの最高点・最低点を知りたい

指定したセル範囲内の一番大きい数値を求めるにはMAX関数、一番小さい数値を求めるにはMIN関数を使用します。テストの最高点や最低点、売上高の最高値や最低値を求めるのに役立ちます。

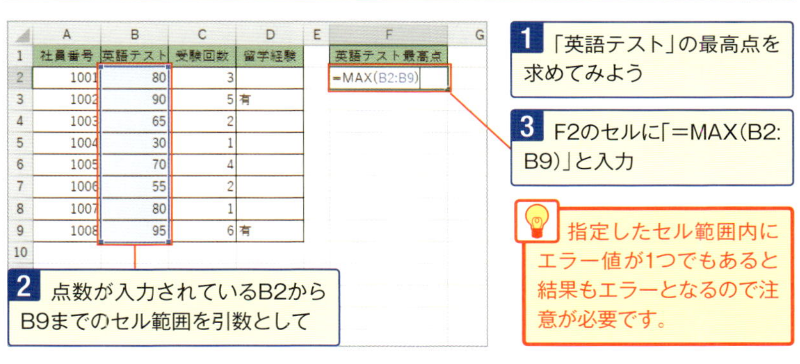

	A	B	C	D	E	F
1	社員番号	英語テスト	受験回数	留学経験		英語テスト最高点
2	1001	80	3			=MAX(B2:B9)
3	1002	90	5	有		
4	1003	65	2			
5	1004	30	1			
6	1005	70	4			
7	1006	55	2			
8	1007	80	1			
9	1008	95	6	有		

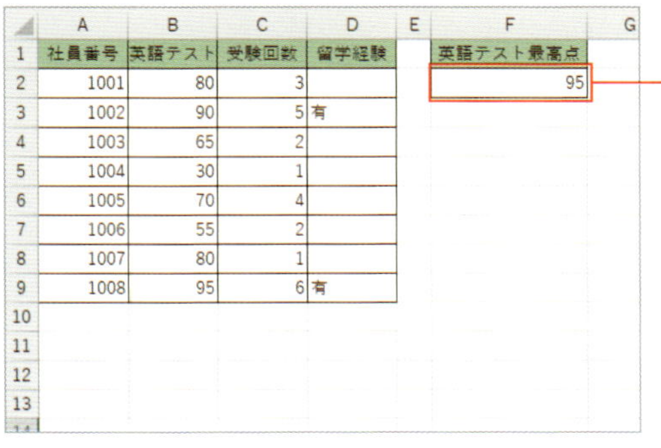

	A	B	C	D	E	F
1	社員番号	英語テスト	受験回数	留学経験		英語テスト最高点
2	1001	80	3			95
3	1002	90	5	有		
4	1003	65	2			
5	1004	30	1			
6	1005	70	4			
7	1006	55	2			
8	1007	80	1			
9	1008	95	6	有		

4 F2のセルに、「英語テスト」の最高点が表示される

スキルアップ MAX・MIN関数（統計）

＝MAX（値1,値2・・・）
＝MIN（値1,値2・・・）
MAX関数は、「値」に指定したデータやセル範囲に含まれる数値データの最大値を返す
MIN関数は、「値」に指定したデータやセル範囲に含まれる数値データの最小値を返す

値	任意のデータ、データが入力されているセル範囲などを30個まで指定できる

No. 139 テストの平均点を求めるには

指定したセル範囲内に入力されているデータの平均値を求めるにはAVERAGE関数を使用します。文字列や空白データは計算の対象となりませんが、数値の「0」が入力されているセルは計算対象となります。

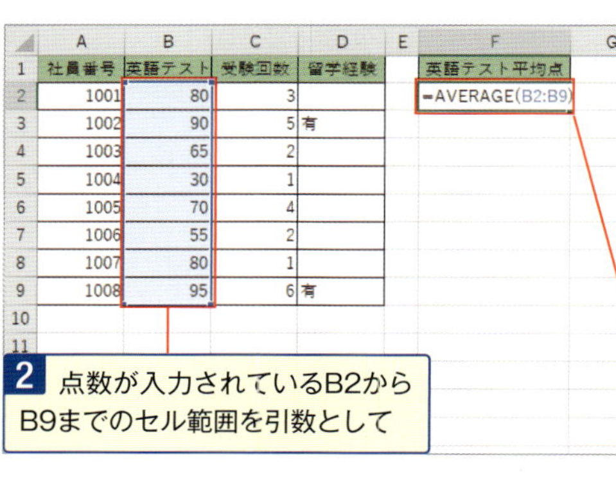

	A	B	C	D	E	F
1	社員番号	英語テスト	受験回数	留学経験		英語テスト平均点
2	1001	80	3			=AVERAGE(B2:B9)
3	1002	90	5	有		
4	1003	65	2			
5	1004	30	1			
6	1005	70	4			
7	1006	55	2			
8	1007	80	1			
9	1008	95	6	有		

1 「英語テスト」の平均点を求めてみよう

2 点数が入力されているB2からB9までのセル範囲を引数として

3 F2のセルに「＝AVERAGE（B2:B9）」と入力

	A	B	C	D	E	F
1	社員番号	英語テスト	受験回数	留学経験		英語テスト平均点
2	1001	80	3			70.625
3	1002	90	5	有		
4	1003	65	2			
5	1004	30	1			
6	1005	70	4			
7	1006	55	2			
8	1007	80	1			
9	1008	95	6	有		

4 F2のセルに、「英語テスト」の平均点が表示される

スキルアップ AVERAGE関数（統計）

＝AVERAGE（値1,値2・・・）

「値」に指定したデータやセル範囲に含まれる数値データの平均値を求める

値	任意のデータ、データが入力されているセル範囲などを30個まで指定できる 文字列や空白データは計算対象に含まれないが、数値の「0」は計算対象となる

No.140 テスト結果の中央値を表示しよう

指定したセル範囲内の**中央の値を求めるにはMEDIAN関数**を使用します。指定した範囲のデータ数が奇数の場合は、データを昇順または降順に並べた場合の中央の数値を返します。データ数が偶数の場合は、中央の2つの値の平均値を返します。

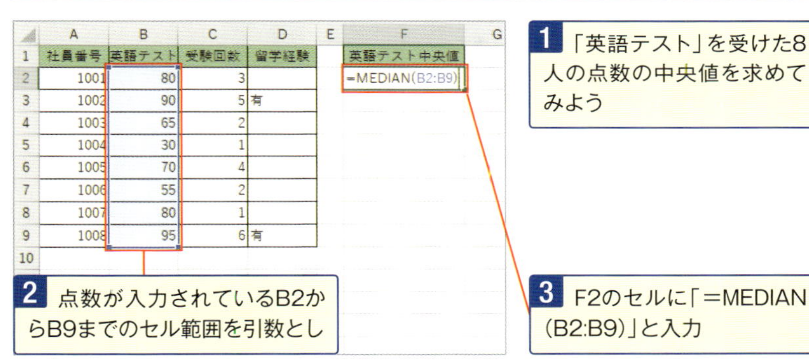

	A	B	C	D	E	F
1	社員番号	英語テスト	受験回数	留学経験		英語テスト中央値
2	1001	80	3			=MEDIAN(B2:B9)
3	1002	90	5	有		
4	1003	65	2			
5	1004	30	1			
6	1005	70	4			
7	1006	55	2			
8	1007	80	1			
9	1008	95	6	有		

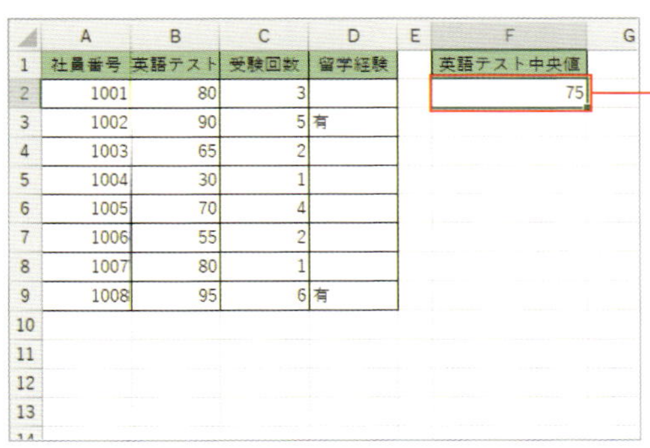

	A	B	C	D	E	F
1	社員番号	英語テスト	受験回数	留学経験		英語テスト中央値
2	1001	80	3			75
3	1002	90	5	有		
4	1003	65	2			
5	1004	30	1			
6	1005	70	4			
7	1006	55	2			
8	1007	80	1			
9	1008	95	6	有		

4 F2のセルに、「英語テスト」の中央値が表示される

スキルアップ MEDIAN関数（統計）

=MEDIAN（値1,値2・・・） 「値」に指定したデータやセル範囲に含まれる数値データの中央値を返す 中央値とは、引数の値を昇順または降順に並べた場合の中央にあたる数値を指す	
値	任意のデータ、データが入力されているセル範囲などを30個まで指定できる 文字列や空白データは計算対象に含まれないが、数値の「0」は計算対象となる

No. 141 データ全体の25%単位の位置にあるデータを求めるには

指定されたセル範囲のデータを小さい順に並べて25%単位の位置にある数値（四分位数）を返します。0%、25%、50%、75%、100%のどの位置の値を返すかは、「0」～「4」の数値を使って指定します。

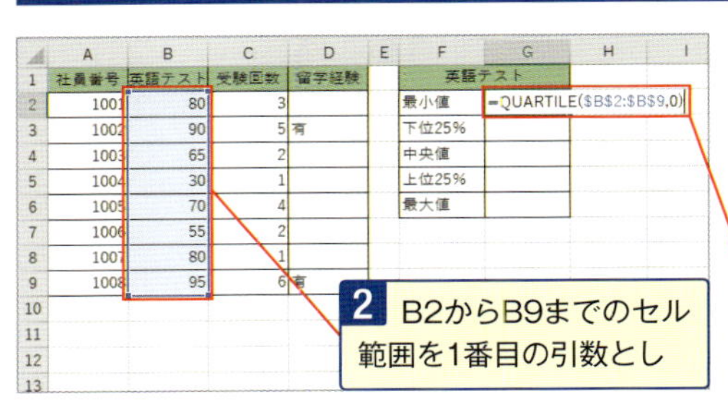

	A	B	C	D	E	F	G	H	I
1	社員番号	英語テスト	受験回数	留学経験		英語テスト			
2	1001	80	3			最小値	=QUARTILE($B$2:$B$9,0)		
3	1002	90	5	有		下位25%			
4	1003	65	2			中央値			
5	1004	30	1			上位25%			
6	1005	70	4			最大値			
7	1006	55	2						
8	1007	80	1						
9	1008	95	6	有					
10									
11									
12									
13									

1 「英語テスト」の点数の各四分位数を求めてみよう

2 B2からB9までのセル範囲を1番目の引数とし

3 G2のセルは最小値を求めるので、2番目の引数に「0」を指定して「=QUARTILE($B$2:$B$9,0)」と入力

	A	B	C	D	E	F	G	H	I
1	社員番号	英語テスト	受験回数	留学経験		英語テスト			
2	1001	80	3			最小値	30		
3	1002	90	5	有		下位25%	62.5		
4	1003	65	2			中央値	75		
5	1004	30	1			上位25%	82.5		
6	1005	70	4			最大値	95		
7	1006	55	2						
8	1007	80	1						
9	1008	95	6	有					
10									
11									
12									

4 G2の式をG6までオートフィルして、2番目の引数を、G3のセルは「1」、G4のセルは「2」、G5のセルは「3」、G6のセルは「4」に修正

5 G2からG6までのセル範囲に各四分位数が表示される

スキルアップ QUARTILE関数（統計）

=QUARTILE（配列,戻り値） 「配列」に指定したデータやセル範囲に含まれる数値データから四分位数を求める 四分位数とは、データを小さい順に並べて4等分した位置の値のことで、小さいほうから第1四分位数、第2四分位数、第3四分位数となる	
配列	数値を含む配列、またはセル範囲を指定する
戻り値	次の値から指定する 0　最小値 1　第1四分位数（25%） 2　第2四分位数＝中位数（50%） 3　第3四分位数（75%） 4　最大値

No. 142 データの最頻値を求めるワザ

指定されたセル範囲内で最も頻繁に出現する数値データを求めるには、MODE関数を使用します。データの全体的な傾向を確認する場合に使用します。指定したセル範囲に重複する数値データが含まれていない場合は、エラー値「#N/A」が返されます。

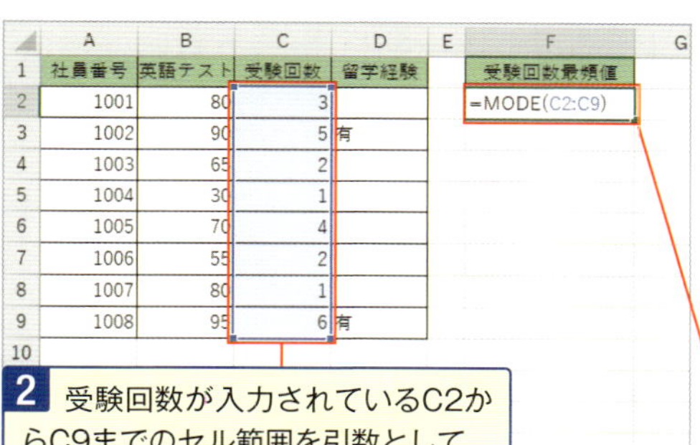

	A	B	C	D	E	F
1	社員番号	英語テスト	受験回数	留学経験		受験回数最頻値
2	1001	80	3			=MODE(C2:C9)
3	1002	90	5	有		
4	1003	65	2			
5	1004	30	1			
6	1005	70	4			
7	1006	55	2			
8	1007	80	1			
9	1008	95	6	有		

1 最も多い「受験回数」を求めてみよう

2 受験回数が入力されているC2からC9までのセル範囲を引数として

3 F2のセルに「=MODE(C2:C9)」と入力

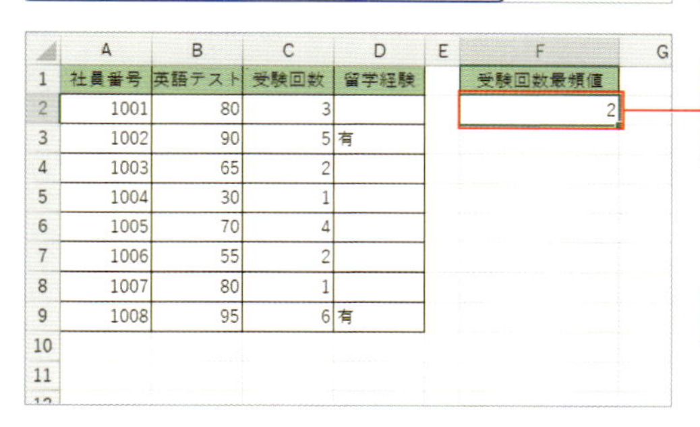

	A	B	C	D	E	F
1	社員番号	英語テスト	受験回数	留学経験		受験回数最頻値
2	1001	80	3			2
3	1002	90	5	有		
4	1003	65	2			
5	1004	30	1			
6	1005	70	4			
7	1006	55	2			
8	1007	80	1			
9	1008	95	6	有		

4 F2のセルに、最も多い「受験回数」が表示される

文字列や空白のセルは無視されます。

スキルアップ MODE関数（統計）

=MODE（数値1,数値2・・・） 「数値」に指定した数値データやセル範囲に含まれる数値データの最頻値を返す 最頻値とは、最も頻繁に出現する数値を指す	
数値	数値または、セル範囲を30個まで指定できる 文字列や空白のセルは計算対象外となる 重複する数値データが含まれていない場合は、「#N／A!」とエラー値が表示される

No.143 指定した順位のデータを求めるには

指定されたセル範囲内のデータの、大きい方から数えた順位のデータを求める場合はLARGE関数を使用します。逆に小さい方から数えた順位のデータを求める場合はSMALL関数を使用します。

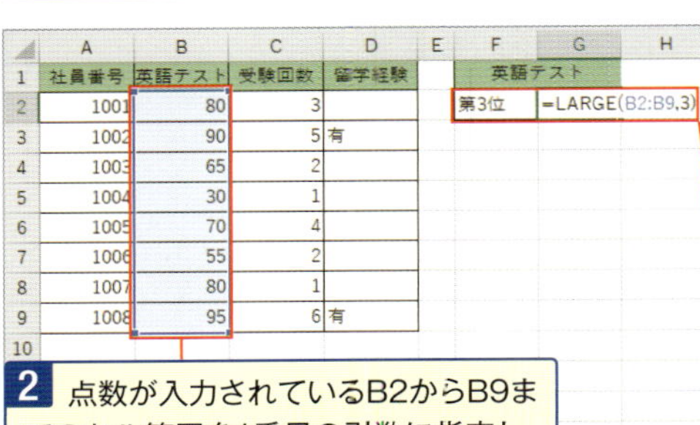

1 「英語テスト」の第3位の点数を求めてみよう

2 点数が入力されているB2からB9までのセル範囲を1番目の引数に指定し、求める順位「3」を2番目の引数に指定

3 G2のセルに「＝LARGE(B2:B9,3)」と入力

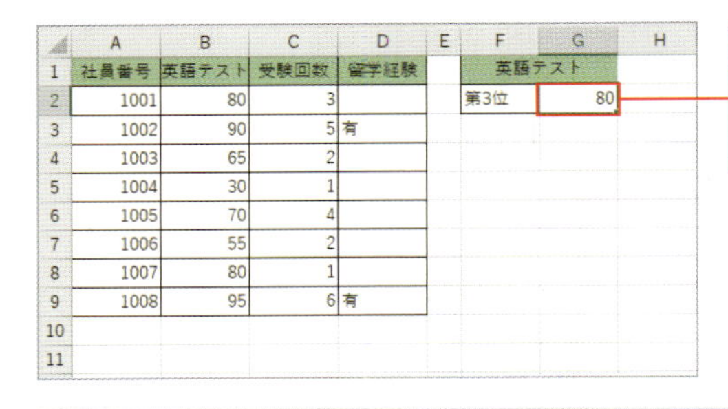

4 G2のセルに、「英語テスト」の第3位の点数が表示される

スキルアップ LARGE・SMALL関数（統計）

＝LARGE（範囲,順位）
＝SMALL（範囲,順位）
LARGE関数は、範囲で指定されたデータから、指定した［順位］番目に大きいデータを返す
SMALL関数は、範囲で指定されたデータから、指定した［順位］番目に小さいデータを返す

範囲	数値または、セル範囲を指定する
順位	LARGE関数の場合は、大きい方から数えた順位を数値で指定する SMALL関数の場合は、小さい方から数えた順位を数値で指定する

No. 144 標準偏差を求めてみよう

標準偏差とは、対象となるデータが平均値からどれくらい広い範囲に分布しているかを表す数値です。対象となるデータを母集団としてみなす場合は、STDEVP関数を使用し、母集団ではなく標本とみなす場合は、STDEV関数を使用します。

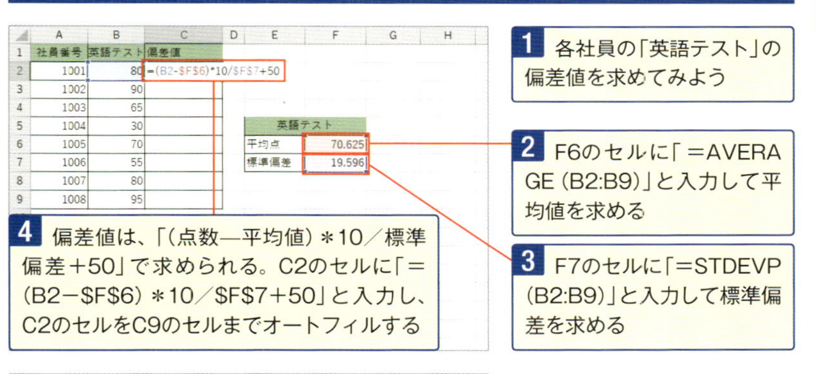

	A	B	C
1	社員番号	英語テスト	偏差値
2	1001	80	=(B2-$F$6)*10/$F$7+50
3	1002	90	
4	1003	65	
5	1004	30	
6	1005	70	
7	1006	55	
8	1007	80	
9	1008	95	

英語テスト	
平均点	70.625
標準偏差	19.596

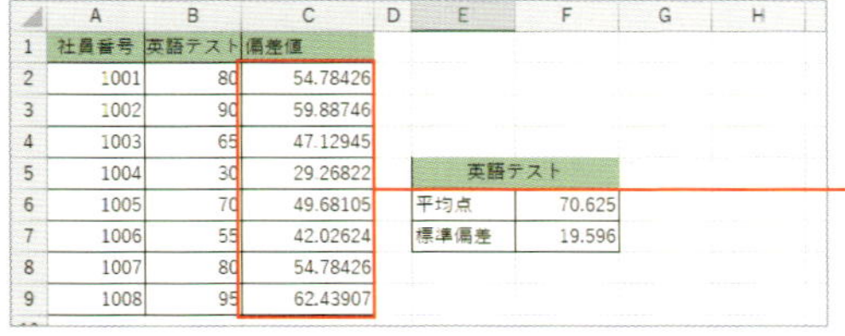

	A	B	C
1	社員番号	英語テスト	偏差値
2	1001	80	54.78426
3	1002	90	59.88746
4	1003	65	47.12945
5	1004	30	29.26822
6	1005	70	49.68105
7	1006	55	42.02624
8	1007	80	54.78426
9	1008	95	62.43907

英語テスト	
平均点	70.625
標準偏差	19.596

5 C2からC9までのセル範囲に各社員の「英語テスト」の偏差値が表示された

スキルアップ STDEV・STDEVP関数（統計）

＝STDEV（数値1,数値2・・・） ＝STDEVP（数値1,数値2・・・） STDEV関数は、引数に指定したデータを標本とみなして、母集団の標準偏差の推定値を返す STDEVP関数は、引数に指定したデータ母集団全体とみなして、母集団の標準偏差の推定値を返す	
数値	STDEV関数は、母集団の標本に対応する数値または数値が入力されているセル範囲を指定する STDEV関数は、母集団に対応する数値または数値が入力されているセル範囲を指定する どちらも、30個まで指定できる

No.145 平均値からのばらつき度合い(分散)を知りたい

分散とは、平均値からのばらつきの度合いを表す数値です。数値が大きいほどばらつき具合が大きくなります。対象となるデータを母集団としてみなす場合は、VARP関数を使用し、母集団ではなく標本とみなす場合は、VAR関数を使用します。

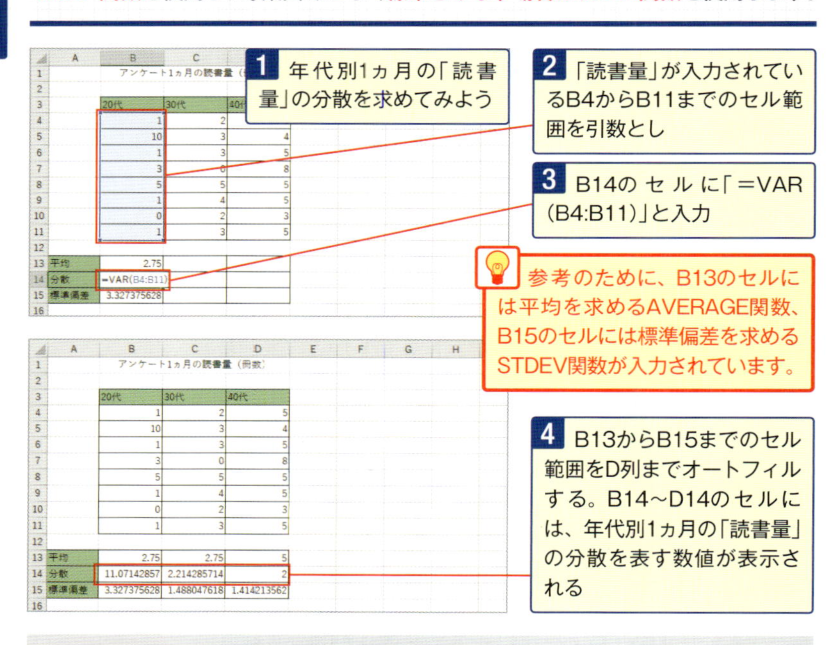

	20代	30代	40代
	1	2	5
	10	3	4
	1	3	5
	3	0	8
	5	5	5
	1	4	5
	0	2	3
	1	3	5
平均	2.75	2.75	5
分散	11.07142857	2.214285714	2
標準偏差	3.327375628	1.488047618	1.414213562

スキルアップ VAR・VARP関数(統計)

=VAR(数値1,数値2・・・)
=VARP(数値1,数値2・・・)
VAR関数は、引数に指定したデータを母集団の標本とみなして、分散の推定値を返す
VARP関数は、引数に指定したデータ母集団全体とみなして、分散の推定値を返す

数値	VAR関数の場合は、母集団の標本に対応する数値データまたは数値データが入力されているセル範囲を指定する VARP関数の場合は、母集団全体に対応する数値データまたは数値データが入力されているセル範囲を指定する どちらも、30個まで指定できる

No. 146
1つの値が変化する試算表を作成してみよう

データテーブルを使用すると、複数の値を代入して計算した結果をセル範囲にまとめて表示できます。1つの値を変化させるデータテーブルを単入力テーブルといいます。作成するには、代入するデータを用意し、数式が入力されているセル、データを代入するセルを指定します。

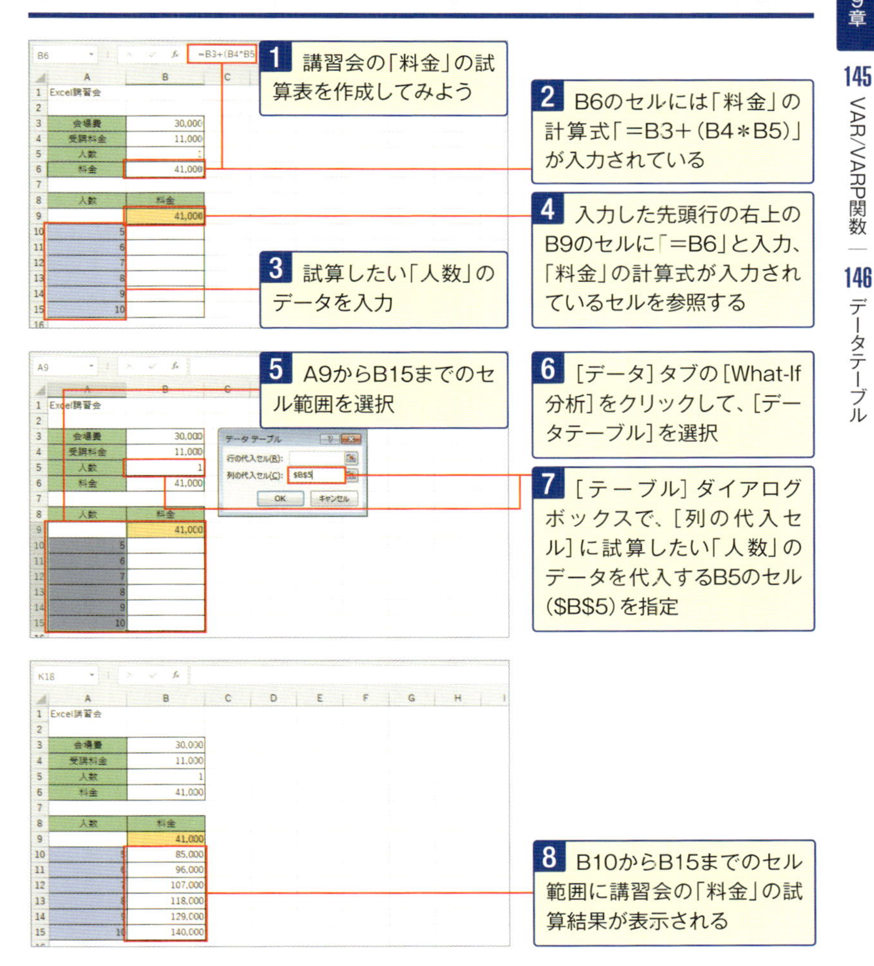

No. 147 2つの値が変化する試算表を作成したい

データテーブルを使用すると、複数の値を代入して計算した結果をセル範囲にまとめて表示できます。行と列の値を変化させるデータテーブルを複入力テーブルといいます。行、列に代入するデータを用意し、数式が入力されているセル、データを代入するセルを指定します。

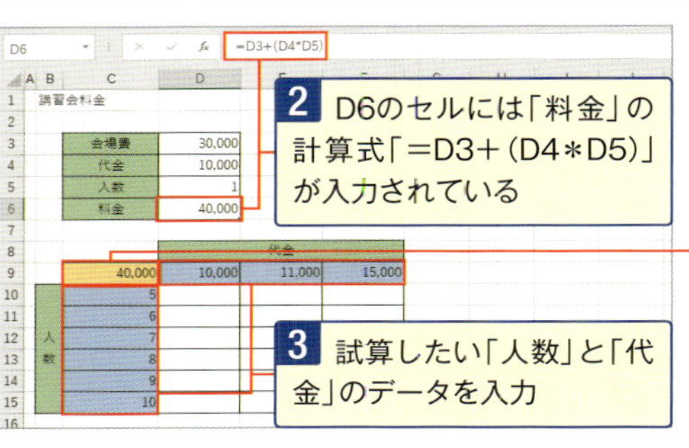

1 講習会の「料金」の試算表を作成してみよう

4 入力した行と列が交わるセルに「＝D6」と入力して、「料金」の計算式が入力されているセルを参照

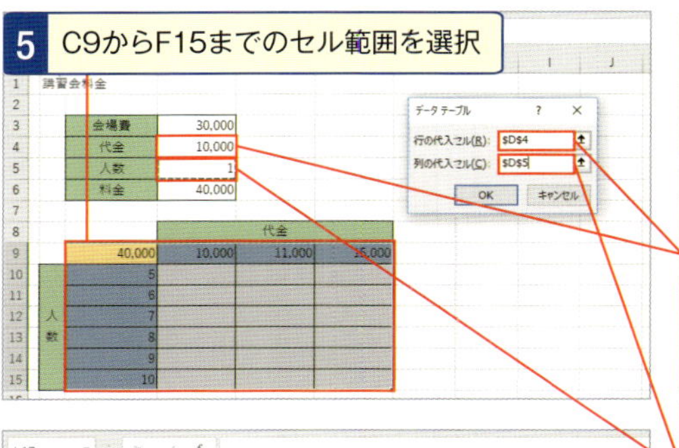

6 [データ] タブの [What-If分析] をクリックして、[データテーブル] を選択

7 [データテーブル] ダイアログボックスで、[行の代入セル] に試算したい「代金」のデータを入力するD4のセルを指定

8 [列の代入セル] に試算したい「人数」のデータを入力するD5のセルを指定

L17

講習会料金

	C	D
3	会場費	30,000
4	代金	10,000
5	人数	1
6	料金	40,000

		C	D	E	F
8			代金		
9		40,000	10,000	11,000	15,000
10	人数	5	80,000	85,000	105,000
11		6	90,000	96,000	120,000
12		7	100,000	107,000	135,000
13		8	110,000	118,000	150,000
14		9	120,000	129,000	165,000
15		10	130,000	140,000	180,000

9 D10～F15のセルに講習会の「料金」の試算結果が表示される

No. 148 目標値を得るために必要な値を求めるには

ゴールシークは、目標値を得るために、数式に代入すべき値を求める逆算の機能です。たとえば、1万円の商品を売った利益が10%の場合、利益を10万円出すには、何個の商品を売ればよいか、といった計算ができます。

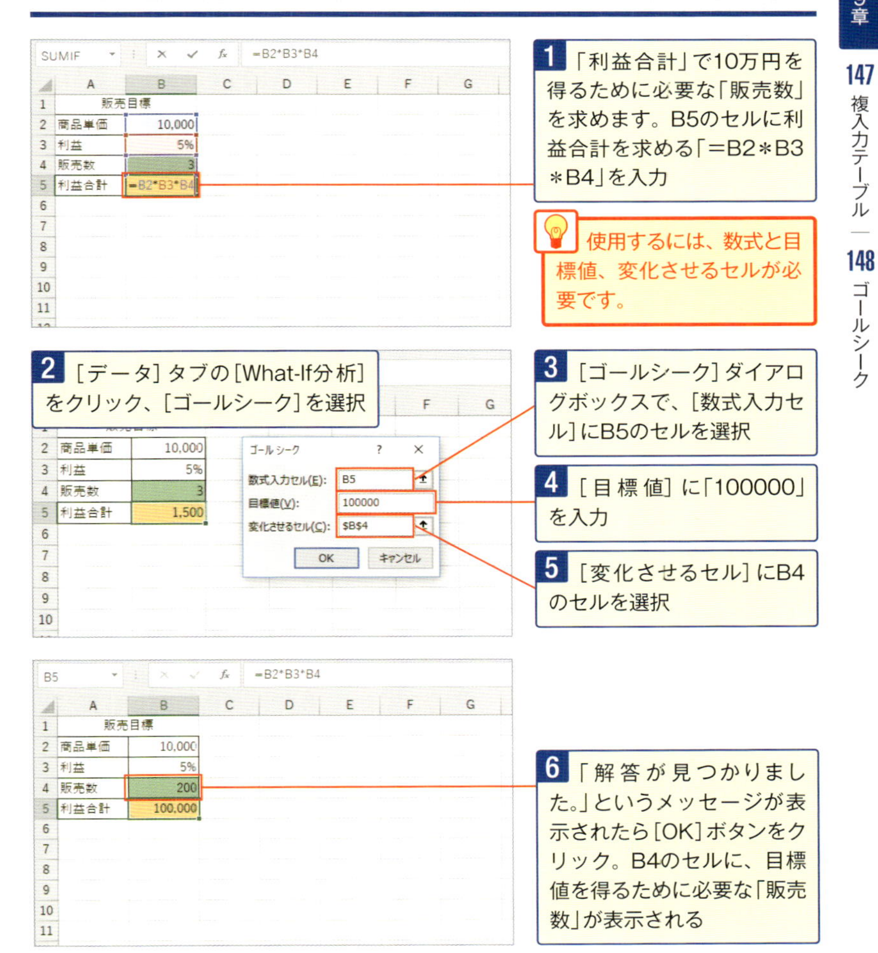

No.149 さまざまなケースを登録してシミュレーションしてみよう

シナリオは、さまざまなケースを登録して、それぞれのケースに応じた計算結果を表示する機能です。計算に必要な元データと数式を入力した表を作成し、シナリオに応じて変化させるセルと入力データ、シナリオ名を専用のダイアログボックスに登録します。

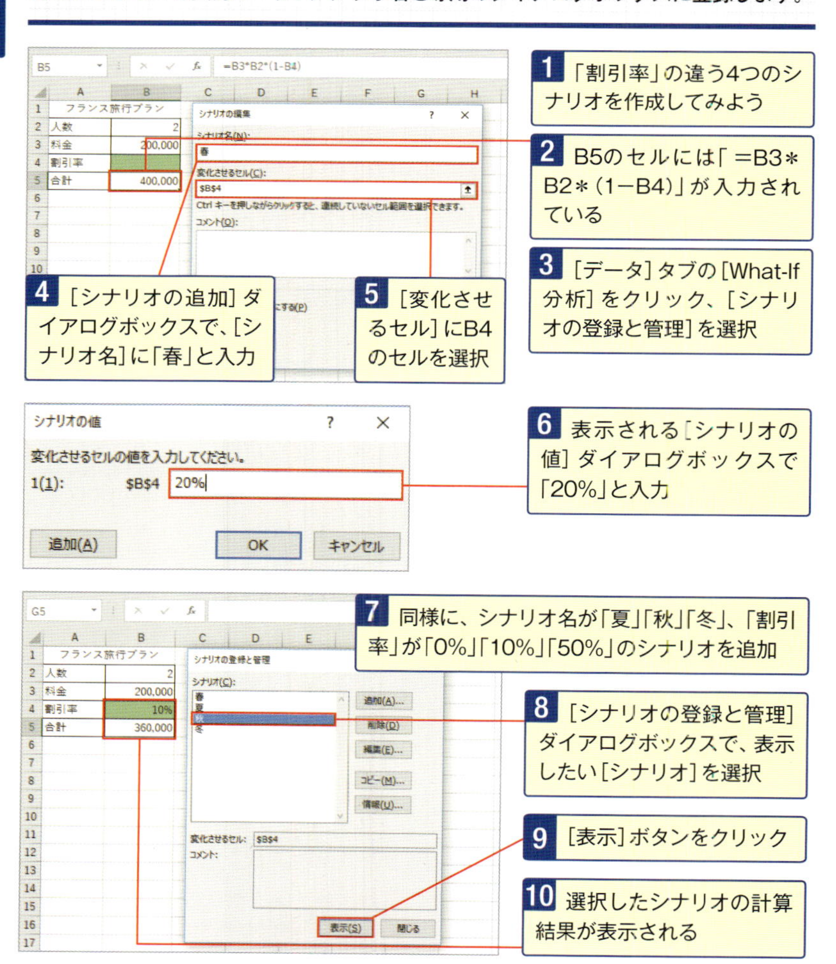

No.150 アドインを利用するには

アドインは、Excelの高度な拡張機能です。デフォルトでは有効になっていないため、利用するときに[アドイン]ダイアログボックスで有効にする必要があります。有効にしたアドインは[ツール]タブから利用できるようになります。

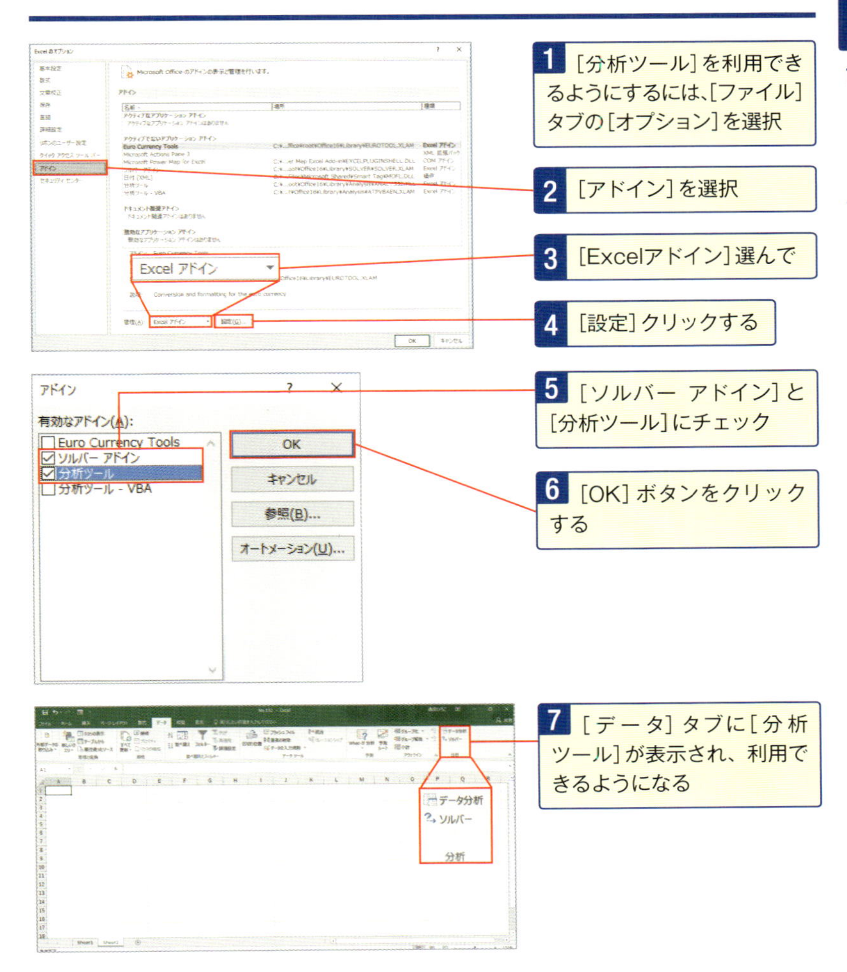

No.151 複雑な条件の最適値を求めるには

ソルバーは、指定した制約条件に基づいて、目標値を得るための最適値を逆算する機能です。実行するには、計算に必要な元データと数式を入力した表、目標値となるセル、最適値を求めるセル、制約条件を用意します。

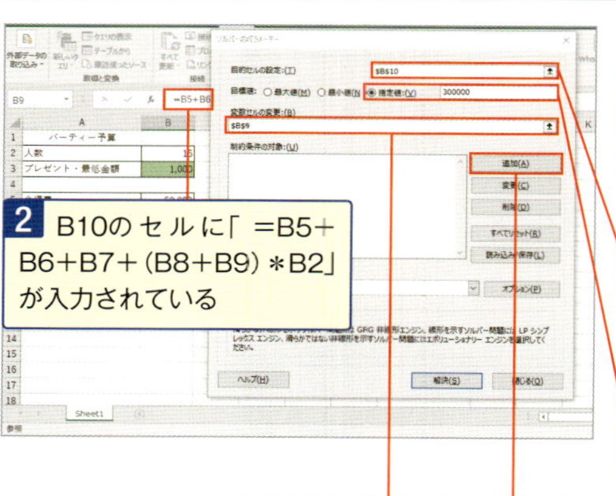

1 「合計」の目標値を「300,000」とし、「プレゼント」に制約条件を設けて最適値を求めてみよう

2 B10のセルに「=B5+B6+B7+(B8+B9)*B2」が入力されている

3 ［データ］タブから［ソルバー］を選択し、［目的セル］にB10のセルを選択

4 ［目標値］の［値］にチェックを付けて「300000」と入力

5 ［変化させるセル］にB9のセルを指定

6 ［追加］ボタンをクリック

ソルバーを利用するにはアドインの追加が必要です（No.150）。

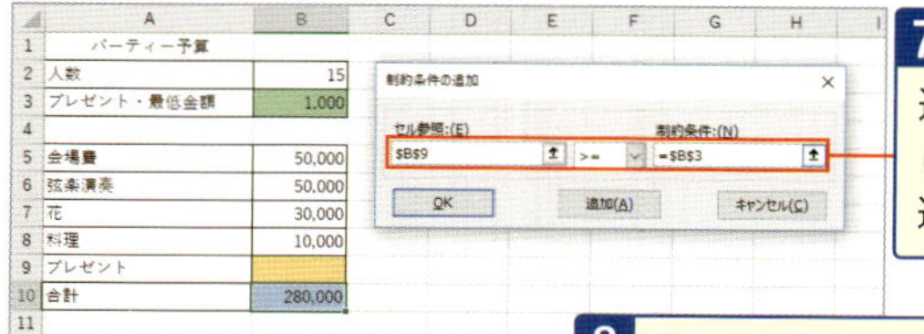

	A	B
1	パーティー予算	
2	人数	15
3	プレゼント・最低金額	1,000
4		
5	会場費	50,000
6	弦楽演奏	50,000
7	花	30,000
8	料理	10,000
9	プレゼント	
10	合計	280,000

7 ［セル参照］にB9のセルを選択して から「>=」を選択し、［制約条件］にB3のセルを選択して［OK］をクリック

8 ［ソルバー：パラメーター］ダイアログボックスで［解決］ボタンをクリックすると、［ソルバーの結果］ダイアログボックスが表示される

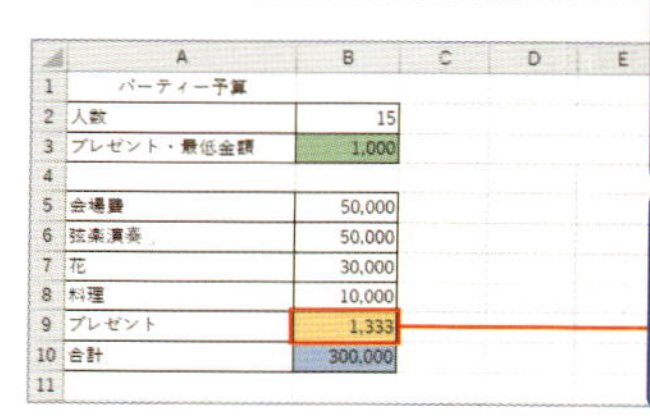

	A	B
1	パーティー予算	
2	人数	15
3	プレゼント・最低金額	1,000
4		
5	会場費	50,000
6	弦楽演奏	50,000
7	花	30,000
8	料理	10,000
9	プレゼント	1,333
10	合計	300,000

9 ［ソルバーの解の保持］をクリックして［OK］ボタンをクリックすると、「プレゼント」の最適値が表示される

No.152

基本統計量を一覧で表示しよう

平均値や最大値・最小値といった基本統計量を簡単に求めるには、分析ツールの[基本統計量]を使用します。基本統計量を求めたいデータの範囲と出力先を指定して、算出したい統計量の種類を選択します。

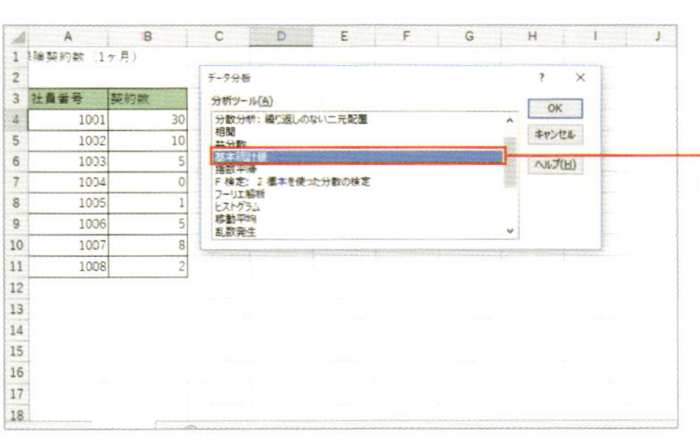

1 「契約数」の基本統計量を求めてみよう

2 [データ]タブの[データ分析]を選択して、表示される[データ分析]ダイアログボックスで、[基本統計量]を選択し、[OK]ボタンをクリック

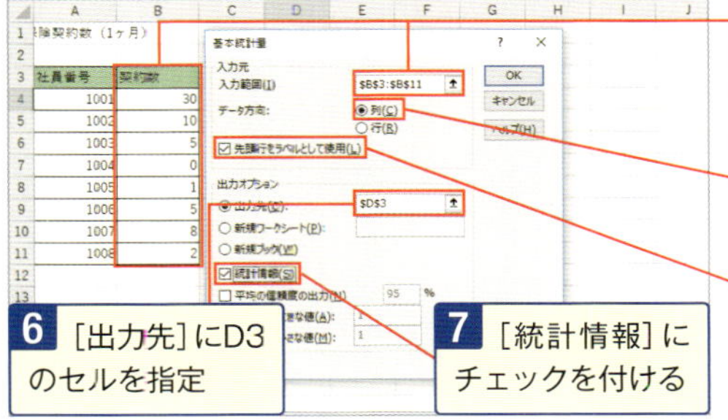

3 [入力範囲]にB3からB11までのセル範囲を指定

4 [データ方向]の[列]をクリック

5 [先頭行をラベルとして使用]にチェックを付ける

6 [出力先]にD3のセルを指定

7 [統計情報]にチェックを付ける

分析ツールを使用するにはアドイン追加が必要です。(No.150)。

社員番号	契約数
1001	30
1002	10
1003	5
1004	0
1005	1
1006	5
1007	8
1008	2

契約数	
平均	7.625
標準誤差	3.417066
中央値(メジアン)	5
最頻値(モード)	5
標準偏差	9.664922
分散	93.41071
尖度	5.201382
歪度	2.16616
範囲	30
最小	0
最大	30
合計	61
データの個数	8

8 指定した出力先に「契約数」の基本統計量が表示される

No. 153 データの分布を確認するには

ヒストグラムとは、指定したデータ区間内のデータの個数を棒グラフで表したものです。データの傾向などを分析するときに利用します。データ区間は表を作成して指定します。なお、分析ツールを使用するにはアドインの追加が必要です。

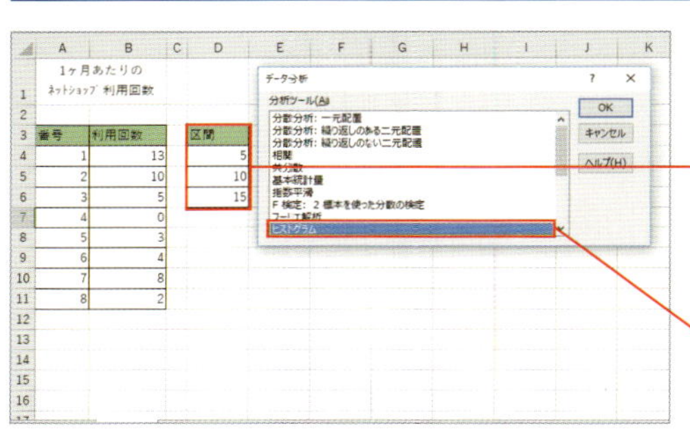

1 「利用回数」のヒストグラムを作成してみよう

2 データ区間を指定する表を作成

3 ［データ］タブから［データ分析］を選択し、［ヒストグラム］を選択

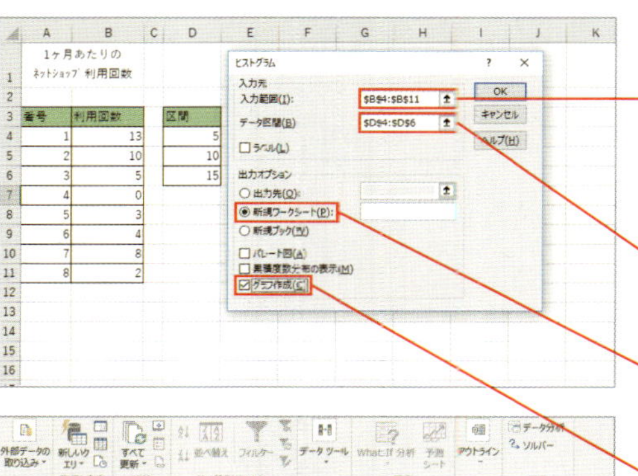

4 ［ヒストグラム］ダイアログボックスで［入力範囲］にB4からB11までのセル範囲を選択

5 ［データ区間］にD4からD6までのセル範囲を選択

6 ［出力オプション］で［新規ワークシート］をクリック

7 ［グラフ作成］にチェックを付ける

8 「利用回数」のヒストグラムが新しいシートに作成される

第10章

印刷・共有のためのビジネスワザ

Excelを報告書や会議資料などに使うには、印刷作業が欠かせません。見やすく、きれいに印刷できるかどうかで、資料の価値も変わってくるほど重要です。気を抜かずにキッチリ印刷しましょう。また、このネット時代では、他のメンバーとの共有機能も必須になってきます。

No. 154 表に罫線を引かずにあえて印刷時に枠線を付けるワザ

表に罫線を引いても、行挿入や行削除などでくずれてしまうことも多いので、**あえて引かずに印刷時に枠線を付ける**ということもよく行われます。[ページレイアウト]タブの[シート]オプションの枠線で、[印刷]にチェックを付けます。

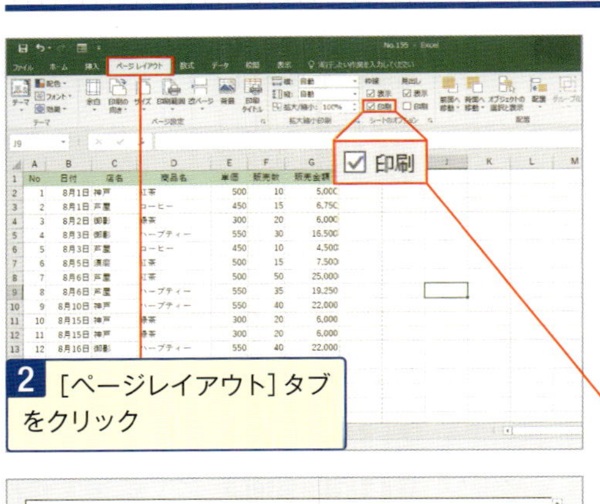

1 罫線を引いていないセルに枠線を付けて印刷してみよう

3 シートオプションの[枠線]で[印刷]をクリック

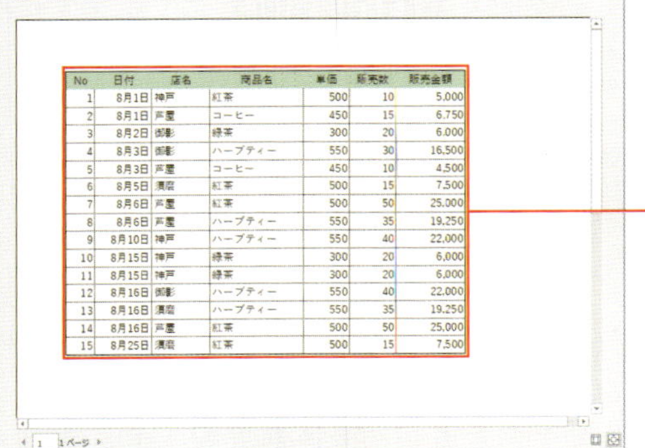

No	日付	店名	商品名	単価	販売数	販売金額
1	8月1日	神戸	紅茶	500	10	5,000
2	8月1日	芦屋	コーヒー	450	15	6,750
3	8月2日	御影	緑茶	300	20	6,000
4	8月3日	御影	ハーブティー	550	30	16,500
5	8月3日	芦屋	コーヒー	450	10	4,500
6	8月5日	須磨	紅茶	500	15	7,500
7	8月6日	芦屋	紅茶	500	50	25,000
8	8月6日	芦屋	ハーブティー	550	35	19,250
9	8月10日	神戸	ハーブティー	550	40	22,000
10	8月15日	神戸	緑茶	300	20	6,000
11	8月15日	神戸	緑茶	300	20	6,000
12	8月16日	御影	ハーブティー	550	40	22,000
13	8月16日	須磨	ハーブティー	550	35	19,250
14	8月16日	芦屋	紅茶	500	50	25,000
15	8月25日	須磨	紅茶	500	15	7,500

4 セルに枠線が付いて表示される

スキルアップ 用紙の中央に印刷するには

横方向の中央に印刷するには、[ファイル]タブから[印刷]→[ページ設定]を選択して、表示される[ページ設定]ダイアログボックスの[余白]タブで、[水平]にチェックを付けます。縦方向の中央に印刷する場合は、[垂直]にチェックを付けます。

No.155

エラー表示は印刷で空白やその他の値に置き換えOK

エラー値が表示されているデータを印刷すると、エラー値がそのまま印刷されます。エラー値を空白やその他の値に置き換えて印刷するには、［ページ設定］ダイアログボックスの［シート］タブの［セルのエラー］で印刷方法を設定します。

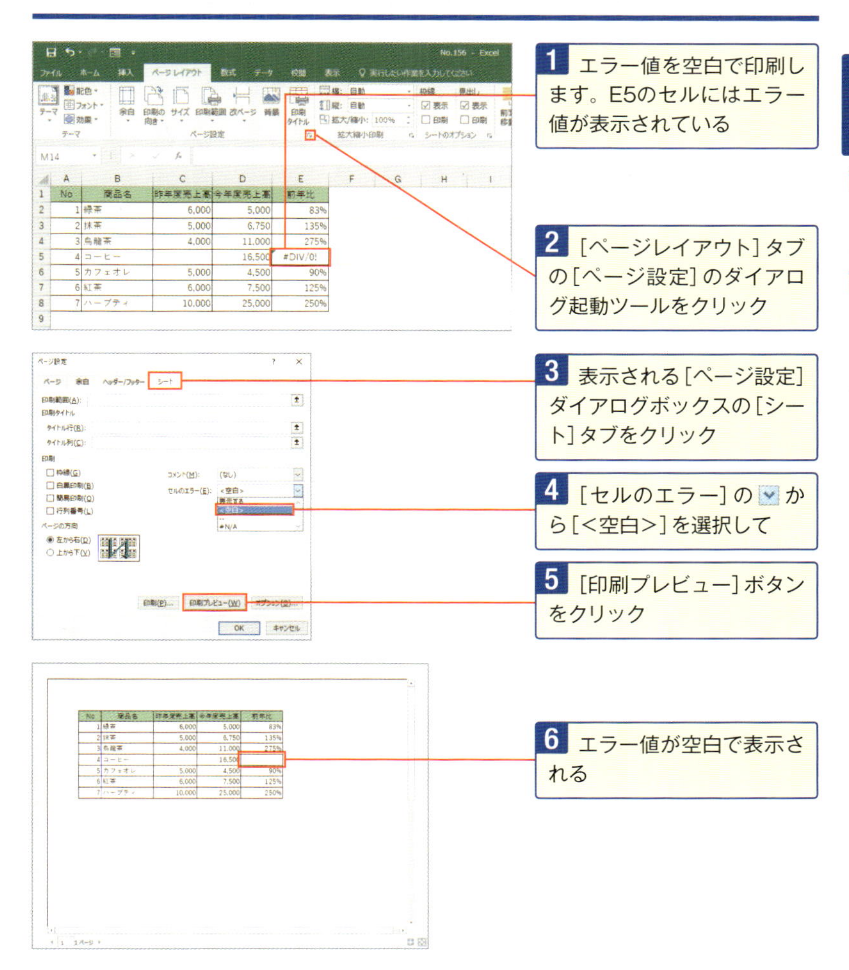

No.156 「ページ番号／総ページ数」は自動でカウント、ナンバリング

「ページ番号／総ページ数」を印刷するには、[ページ設定] ダイアログボックスの [ヘッダー／フッター] タブで設定します。最も簡単な方法は、[フッター] の ∨ から、[1／?ページ] を選択する方法です。

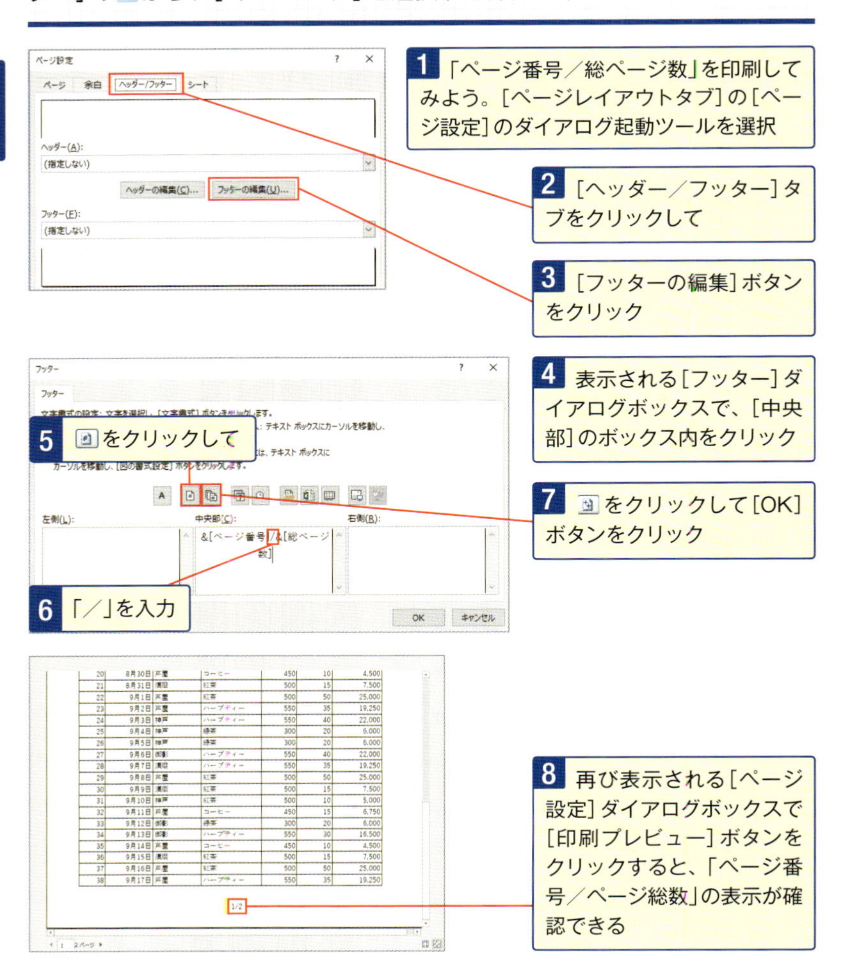

No. 157

数ページに渡る表は全ページに見出し印刷がマナー

レコード数が多いデータベースは、印刷すると数ページに及ぶことがあります。通常の印刷では、1行目などに入力されている見出し(データベースのフィールド名)は、2ページ目に印刷されません。見出しを印刷するには[行のタイトル]を設定します。

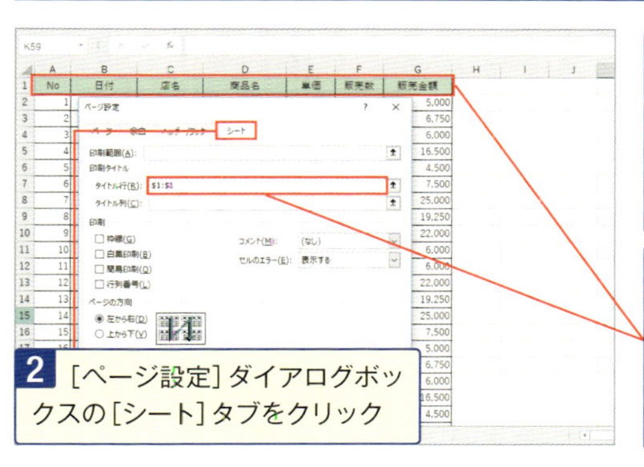

1 見出しをすべてのページに印刷してみよう。[ページレイアウトタブ]の[ページ設定]のダイアログ起動ツールを選択

2 [ページ設定]ダイアログボックスの[シート]タブをクリック

3 [行のタイトル]のテキストボックスをクリックし、シートの1行目を選択して「$1:$1」と設定されるのを確認

No	日付	店名	商品名	単価	販売数	販売金額
39	9月18日	神戸	ハーブティー	550	40	22,000
40	9月19日	神戸	緑茶	300	20	6,000
41	9月20日	神戸	緑茶	300	20	6,000
42	9月21日	御影	ハーブティー	550	40	22,000
43	9月22日	[illegible]	ハーブティー	550	35	19,250
44	9月23日	芦屋	紅茶	500	50	25,000
45	9月24日	[illegible]	紅茶	500	15	7,500
46	9月25日	神戸	紅茶	500	10	5,000
47	9月26日	芦屋	コーヒー	450	15	6,750
48	9月27日	御影	緑茶	300	20	6,000
49	9月28日	御影	ハーブティー	550	30	16,500
50	9月29日	芦屋	コーヒー	450	10	4,500
51	9月30日	[illegible]	紅茶	500	15	7,500
52	10月1日	芦屋	紅茶	500	50	25,000
53	10月2日	芦屋	ハーブティー	550	35	19,250
54	10月3日	神戸	ハーブティー	550	40	22,000
55	10月4日	神戸	緑茶	300	20	6,000
56	10月5日	神戸	緑茶	300	20	6,000

4 [次ページ]ボタンをクリックすると、2ページ目を表示

5 見出しが表示されているのを確認できる

スキルアップ 列のタイトルを指定するには

列方向に項目がある表やフィールド数が多い表を印刷する場合、すべてのページに列見出しを印刷するには、[ページ設定]ダイアログボックスの[シート]タブで、[タイトル列]に見出しのある列を指定します。列と行の両方の見出しをすべてのページに印刷する場合は両方を設定します。

No.158 「2ページ目は2行だけ」なら ページ数を指定して1枚に印刷

[ページ設定]ダイアログボックスの[ページ]タブでは、[次のページ数に合わせて印刷]の[横]・[縦]に何ページで印刷するかを設定できます。少ないページ数を指定した場合、指定したページ数に合わせて自動的に縮小されます。

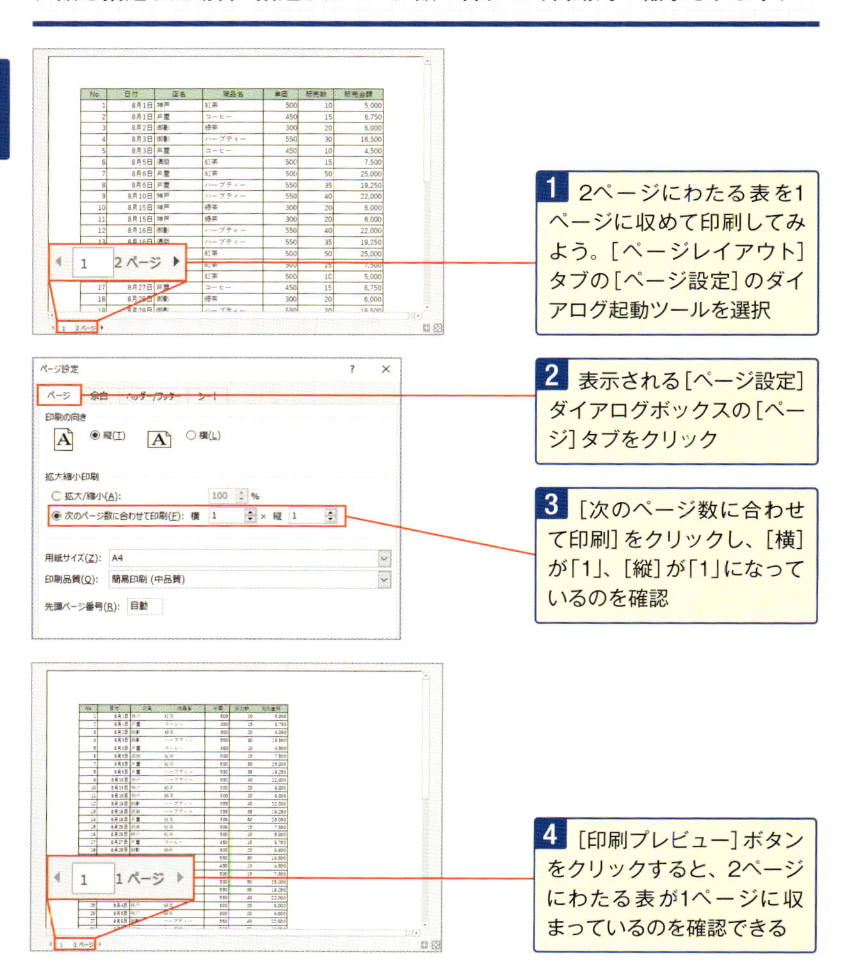

No.159 印刷範囲は「改ページプレビュー」でドラッグするだけで変更

[改ページプレビュー]では、青色の実線をドラッグするだけで印刷範囲を設定できます。青色の点線は、設定されている用紙で印刷できる幅や高さを表します。青色の実線の範囲が自動的に[ページ設定]ダイアログボックスの[シート]タブの[印刷範囲]として設定されます。

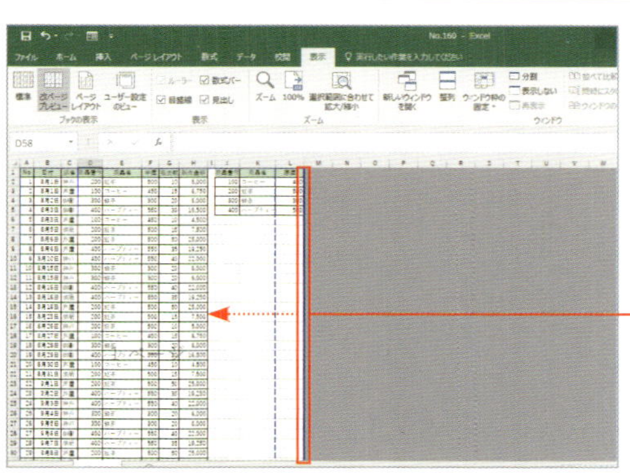

1 データベースの見出しとレコードだけを印刷してみよう。[表示]タブから[改ページプレビュー]を選択

2 右のように表示されたら、L列の右の青色の実線をH列の右側までドラッグ

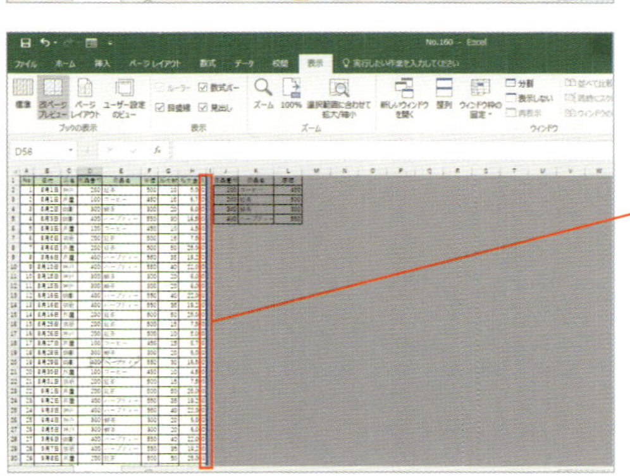

3 青色の実線がH列の右側に移動する。青色の実線に囲まれた範囲が印刷範囲になる

もとの画面表示に戻るには、[表示]メニューの[標準]を選択します。

スキルアップ 選択した範囲だけを印刷するには

指定した部分を一時的に印刷するには、印刷する部分を範囲選択して[ファイル]タブから[印刷]を選択し、[作業中のシートを印刷]をクリックして[選択した部分を印刷]をクリックします。

No.160 表示方法や印刷方法のパターンを登録しよう

[ユーザー設定のビュー] ダイアログボックスで、印刷方法やオートフィルタで絞り込まれた状態の表示などに名前を付けて[ビュー]として登録できます。登録した[ビュー]の名前を選択して[表示]ボタンをクリックすると、設定した方法で画面が表示されます。

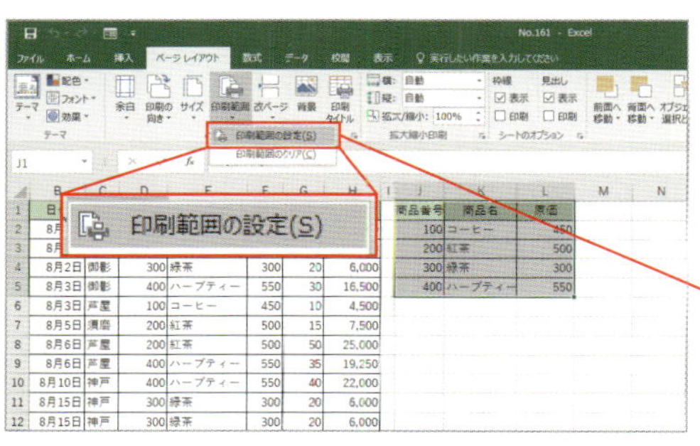

1 印刷範囲を設定し、[ビュー]として登録してみよう

2 J1からL5までのセル範囲を選択し、[ページレイアウト] タブから[印刷範囲]→[印刷範囲の設定] を選択

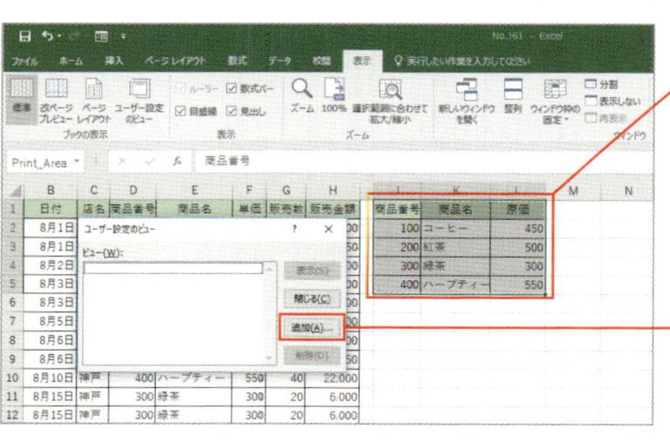

3 設定された印刷範囲が点線枠で囲まれる

4 [表示] タブの[ユーザー設定のビュー] を選択して、表示される[ユーザー設定のビュー] ダイアログボックスで[追加] ボタンをクリック

ビューの追加

名前(N): 一覧表

ビューに含む

☑ 印刷の設定(P)

☑ 非表示の行列およびフィルターの設定(R)

OK

5 表示される[ビューの追加] ダイアログボックスで、[名前] に「一覧表」と入力、[OK] ボタンをクリック

[ビュー] を切り替えるには、[表示] タブの[ユーザー設定のビュー]を選択し、表示される[ユーザー設定のビュー] ダイアログボックスで[ビュー] の名前を選択して[表示] ボタンをクリックします。

No. 161 シート全体を編集できないようにしたい

シートを保護すると、シート内のデータが読み取り専用となり、編集できなくなります。保護する時にパスワードを設定した場合は、パスワードの入力が必要です。

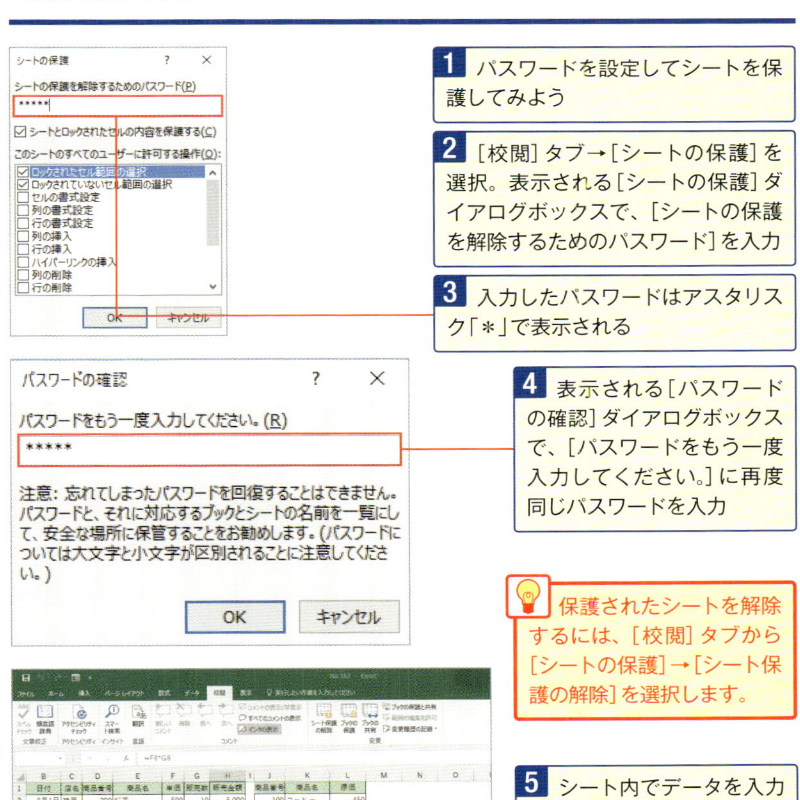

1 パスワードを設定してシートを保護してみよう

2 [校閲] タブ→[シートの保護] を選択。表示される[シートの保護] ダイアログボックスで、[シートの保護を解除するためのパスワード] を入力

3 入力したパスワードはアスタリスク「＊」で表示される

4 表示される[パスワードの確認] ダイアログボックスで、[パスワードをもう一度入力してください。] に再度同じパスワードを入力

保護されたシートを解除するには、[校閲] タブから [シートの保護]→[シート保護の解除] を選択します。

5 シート内でデータを入力したり編集したりしようとすると、次のようなメッセージが表示される

No.162 数式を変更されないようにするには

既定ではすべてのセルがロックされているので、シートの保護をするとシート全体が読み取り専用になります。数式が入力されているセルだけを変更できないようにするには、**数式が入力されていないセル範囲のロックをはずしてから、シートの保護**を設定します。

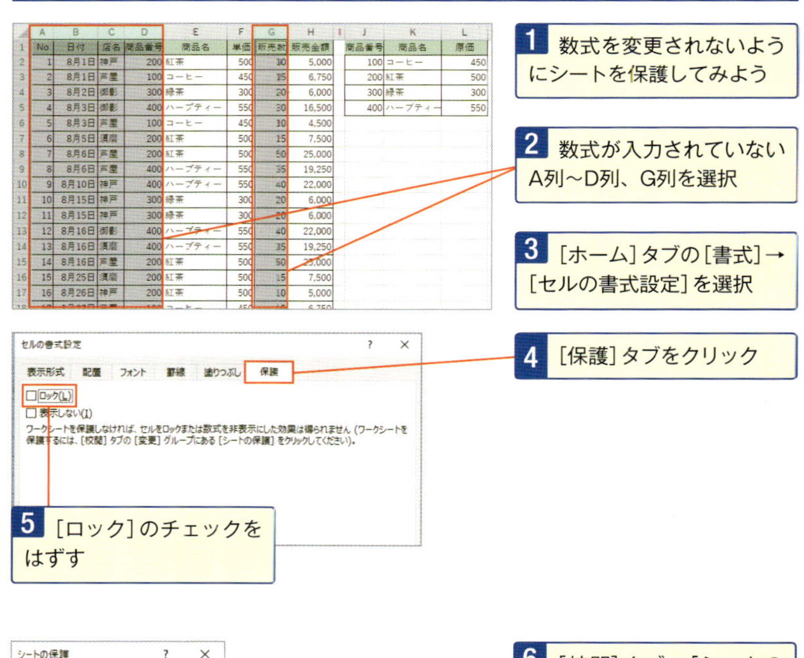

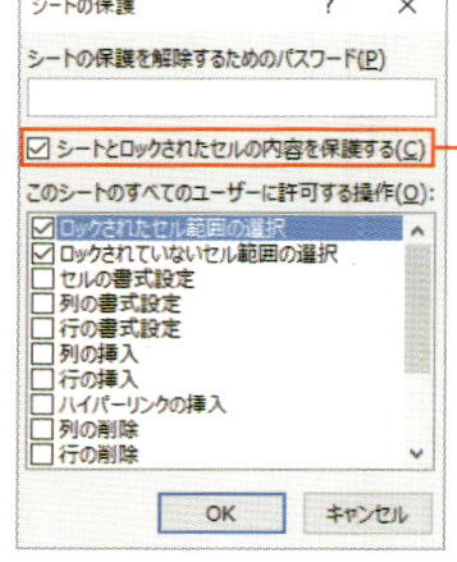

6 [校閲]タブ→[シートの保護]を選択し、[シートとロックされたセルの内容を保護する]にチェックが付いているのを確認、[OK]ボタンをクリック

No.163 保護したシートでオートフィルタを利用できるようにしよう

シートの保護を設定するときに、許可する操作にチェックを付けることで、シートを保護したあとでも一部の操作が可能となります。なお、オートフィルタを一利用できるようにするには、シートを保護する前にオートフィルターを表示しておく必要があります。

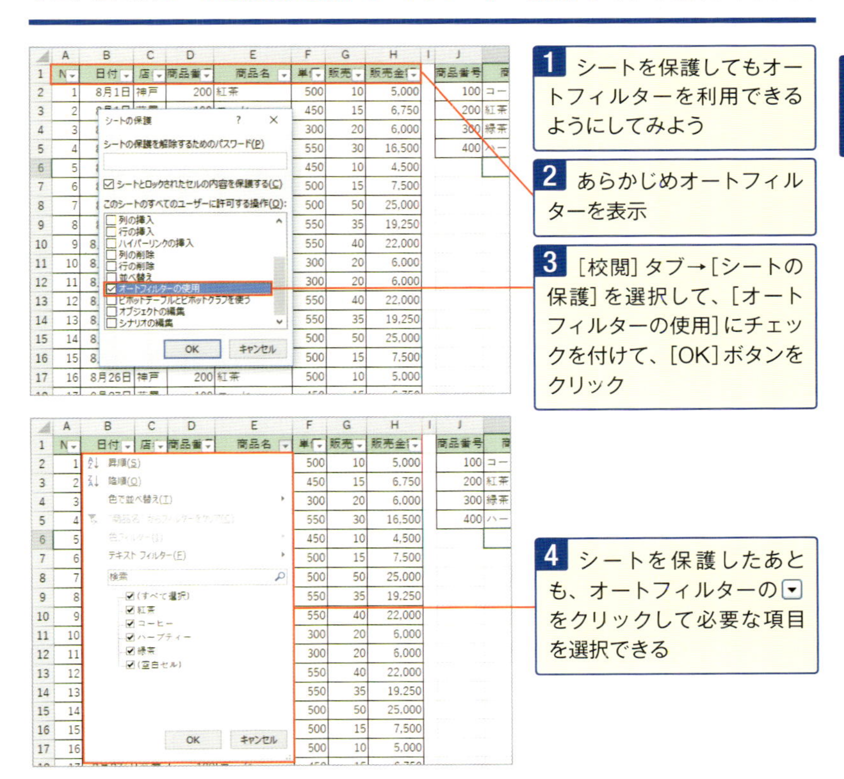

スキルアップ シートのコピーや削除、シート名の変更などを不可にするには

[校閲] タブ→[ブックの保護] を選択して、表示されるダイアログボックスで[シート構成] にチェックを付けると、シートのコピーや削除、シート名の変更などを不可にできます。この設定で、セルに入力されているデータは保護されません。

No.164 重要なシートを見られないようにするワザ

必要に応じてブック内のシートを非表示にすることができます。非表示にしたシートを再表示するには、シート部分で右クリックして→[再表示]を選択して、表示される[再表示]ダイアログボックスで表示するシート名を選択します。

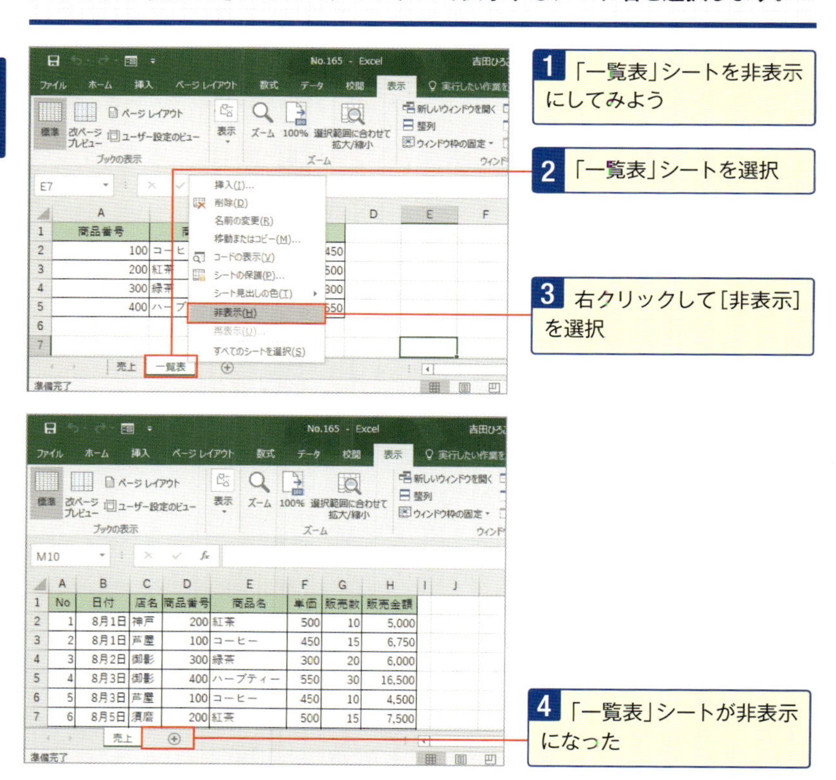

スキルアップ ブックを非表示にするには

非表示にしたいブックをアクティブにし、[表示]タブから[表示しない]を選択すると、そのブックが非表示になります。再度、表示するには、[表示]タブから[再表示]を選択して、表示されるダイアログボックスで再表示するブック名を選択します。

No.165 特定の人だけがブックを開くことができるようにしたい

ブックにパスワードを設定して利用者を限定することができます。すでに保存されているブックにパスワードを設定するには、[ファイル]タブ→[名前を付けて保存]で[ツール]をクリックして、[全般オプション]ダイアログボックスで設定します。

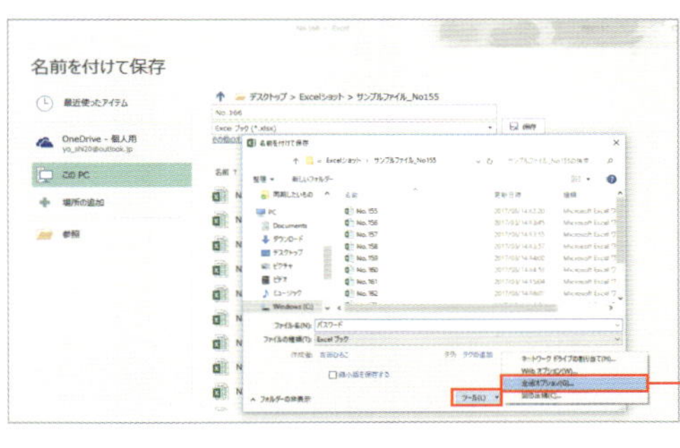

1 ブックにパスワードを設定して保存してみよう

2 [ファイル]タブから[名前を付けて保存]を選択

3 [ツール]ボタンをクリックし、表示されるメニューから[全般オプション]を選択

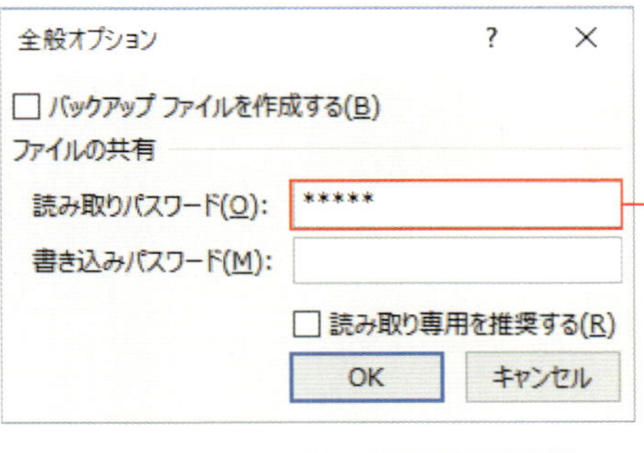

4 [読み取りパスワード]を入力して[OK]ボタンをクリック

入力したパスワードはアスタリスク「＊」で表示されます。

パスワードの確認

パスワードをもう一度入力してください。(R)

*****

注意: 忘れてしまったパスワードを回復することはできません。パスワードと、それに対応するブックとシートの名前を一覧にして、安全な場所に保管することをお勧めします。(パスワードについては大文字と小文字が区別されることに注意してください。)

OK　キャンセル

5 表示される[パスワードの確認]ダイアログボックスで、再度パスワードを入力、[OK]ボタンをクリック

6 [名前を付けて保存]ダイアログボックスで[ファイル名]を入力して、[保存]ボタンをクリックする

No.166 テキストファイルをExcelで利用するには

他のデータベースからテキストファイルとして保存したデータをExcelで利用する場合、一般的にデータとデータの間がタブやカンマ「,」で区切られた形式が使用されます。特に、拡張子が「.csv」のファイルをCSV形式と呼びます。

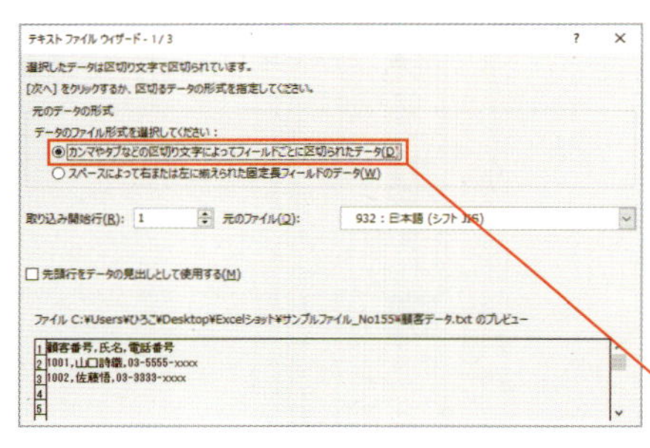

1 カンマで区切られたCSV形式のテキストデータ「顧客データ.csv」を開いてみよう

2 [ファイル]タブで[開く]をクリック。開きたいテキストファイルを選択して開く

3 [カンマやタブなどの区切り文字によってフィールドごとに区切られたデータ]が選択されているのを確認して、[次へ]ボタンをクリック

4 区切り文字として[タブ]のチェックをはずし

5 [カンマ]にチェックを付けて、[次へ]ボタンをクリック

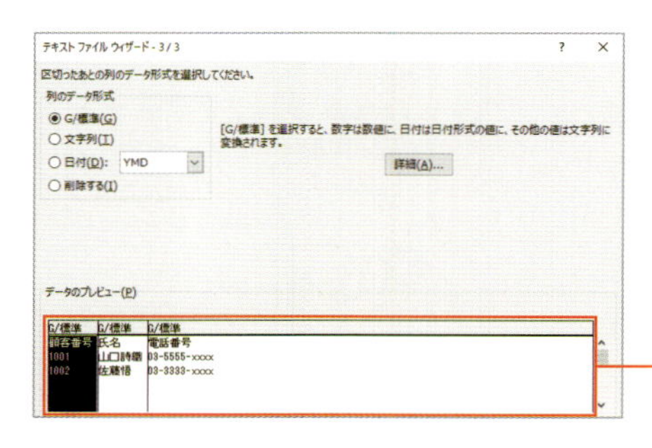

6 データがフィールドごとに正しい位置で区切られているのを確認して、[完了]ボタンをクリック

No. 167 Excelのデータを他のソフトで利用するには

ExcelのデータをAccessやその他データベースで利用するには、データとデータの間がカンマ「,」で区切られたCSV形式で保存します。なお、保存の対象は、選択されているシート上のデータのみで、Excelで設定されていた書式などはすべて削除されます。

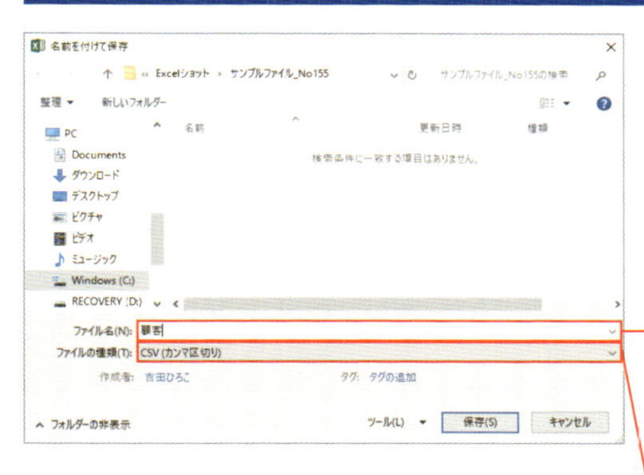

1 ExcelのデータをCSV形式で保存してみよう

2 [ファイル] タブで [名前を付けて保存] をクリック、保存場所を選択

3 [ファイル名] に任意のファイル名を入力

4 [ファイルの種類] のから [CSV (カンマ区切り)] を選択して [保存] ボタンをクリック

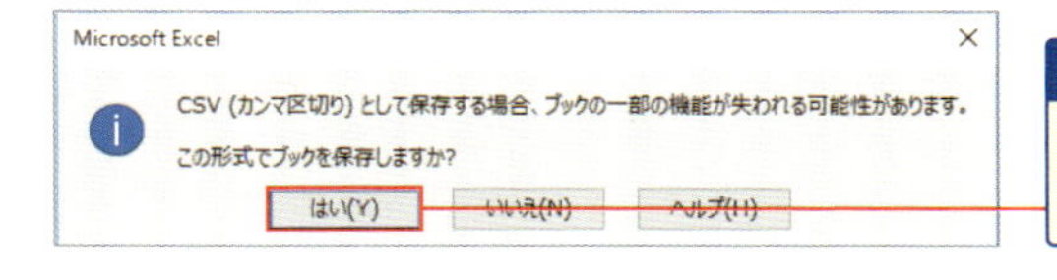

5 右のようなメッセージが表示されたら、[はい] をクリック

スキルアップ CSV形式で保存された内容を確認するには

CSV形式で保存されたデータはテキストデータです。テキストデータは、メモ帳などのテキストエディタで内容を確認できます。

No. 168 同じブックを複数のユーザーで同時に編集したい

ブックの共有をすると、1つのブックを複数のユーザーで同時に編集できます。各ユーザーが変更した内容は履歴として管理され、どの変更内容を反映するかを選択できます。頻繁に更新されるブックを共有すると便利です。

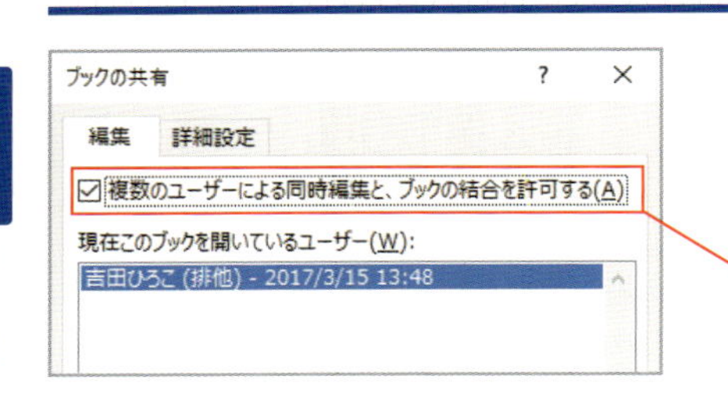

1 ブックを共有してみよう

2 [校閲タブ]から[ブックの共有]を選択して、[編集]タブで[複数のユーザーによる同時編集と、ブックの結合を許可する]にチェックを付けて、[OK]ボタンをクリック

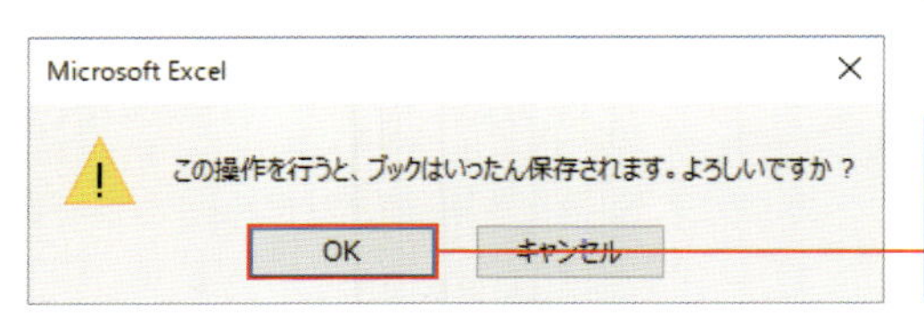

3 右のメッセージが表示されたら、[OK] ボタンをクリック

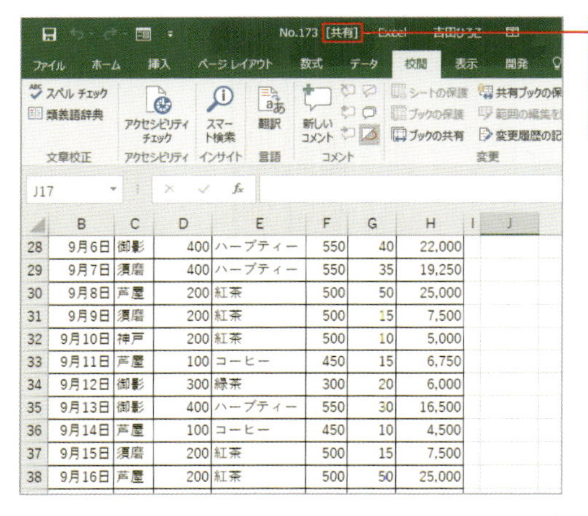

	B	C	D	E	F	G	H
28	9月6日	御影	400	ハーブティー	550	40	22,000
29	9月7日	須磨	400	ハーブティー	550	35	19,250
30	9月8日	芦屋	200	紅茶	500	50	25,000
31	9月9日	須磨	200	紅茶	500	15	7,500
32	9月10日	神戸	200	紅茶	500	10	5,000
33	9月11日	芦屋	100	コーヒー	450	15	6,750
34	9月12日	御影	300	緑茶	300	20	6,000
35	9月13日	御影	400	ハーブティー	550	30	16,500
36	9月14日	芦屋	100	コーヒー	450	10	4,500
37	9月15日	須磨	200	紅茶	500	15	7,500
38	9月16日	芦屋	200	紅茶	500	50	25,000

4 タイトルバーに[共有]と表示され、ブックが共有される

No. 169 共有したブックの変更箇所を表示するには

共有したブックを複数のユーザーが編集した後、各ユーザーの変更した箇所を表示して確認することができます。変更されたセルには、変更内容を表示したコメントと、各ユーザー別に色分けされた枠が表示されます。

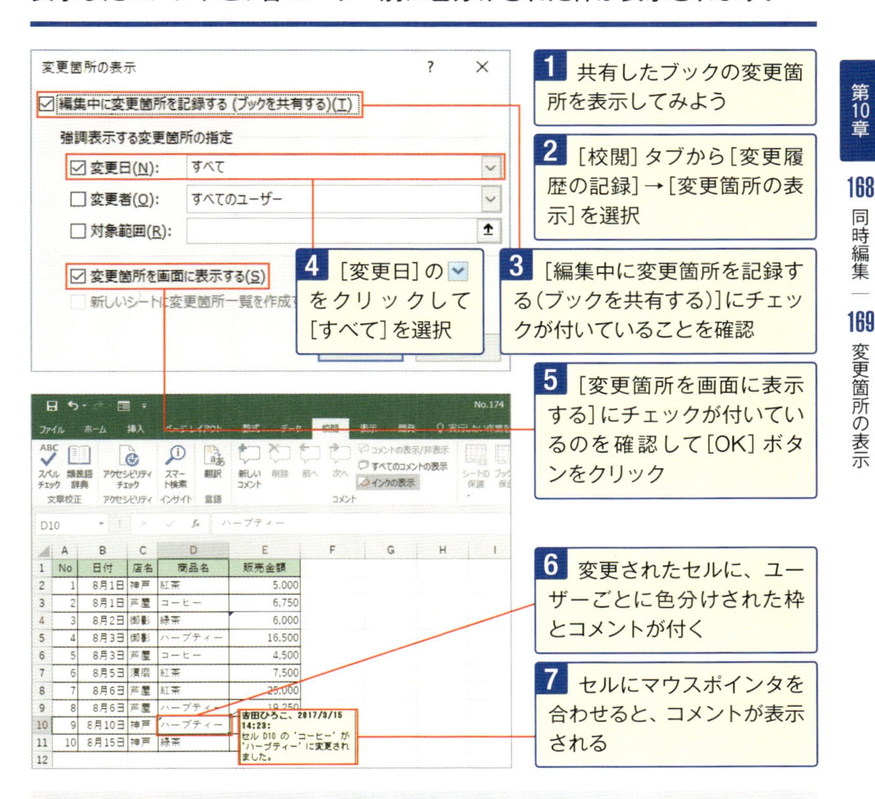

	A	B	C	D	E
1	No	日付	店名	商品名	販売金額
2	1	8月1日	神戸	紅茶	5,000
3	2	8月1日	芦屋	コーヒー	6,750
4	3	8月2日	御影	緑茶	6,000
5	4	8月3日	御影	ハーブティー	16,500
6	5	8月3日	芦屋	コーヒー	4,500
7	6	8月5日	須磨	紅茶	7,500
8	7	8月6日	芦屋	紅茶	25,000
9	8	8月6日	芦屋	ハーブティー	19,250
10	9	8月10日	神戸	ハーブティー	
11	10	8月15日	神戸	緑茶	

スキルアップ 変更箇所の一覧表を作成するには

変更箇所をまとめた一覧表を作成するには、[校閲]タブから[変更履歴の記録]→[変更箇所の表示]を選択して、表示される[変更箇所の表示]ダイアログボックスで、[新しいシートに変更箇所一覧を作成する]にチェックを付けます。

No.170 共有したブックの変更箇所を反映するには

共有したブックで変更した箇所は、**内容を確認した後に反映する操作が必要**です。変更箇所を1つずつ確認しながら反映するかどうかを決める方法と、すべての変更箇所をまとめて反映、もしくは反映させない方法があります。

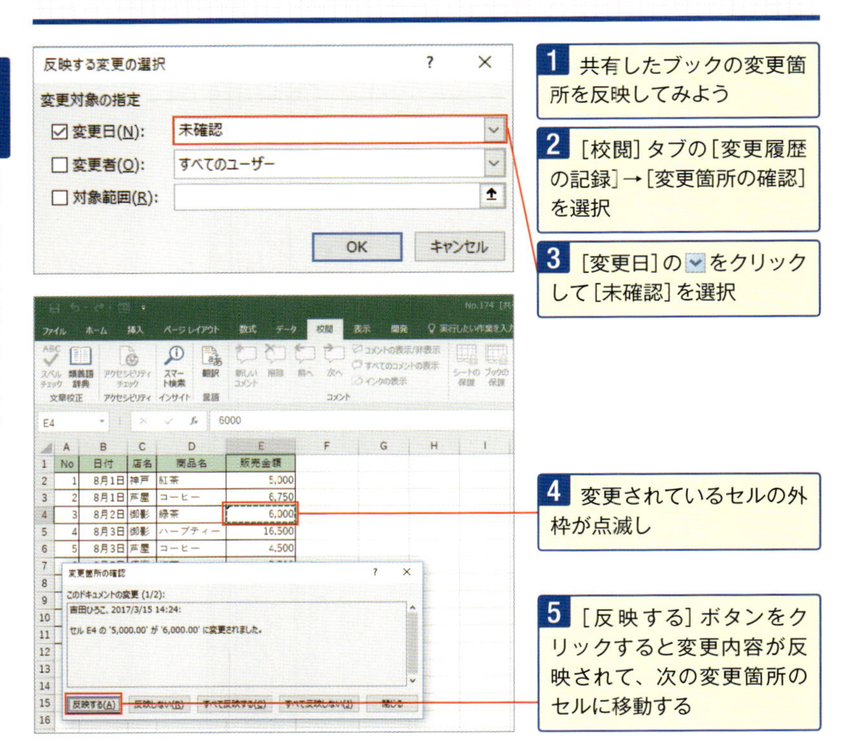

スキルアップ ブックの共有を解除するには

共有したブックの編集・変更箇所の確認が終了したら、ブックの共有を解除します。[校閲]タブから[ブックの共有]を選択して、表示される[ブックの共有]ダイアログボックスで、[複数のユーザーによる同時編集と、ブックの結合を許可する]のチェックをはずします。

第11章

究極の時短、自動化！ VBA・マクロのキホン

Excelで究極の時短ワザといえば、マクロを組むことにつきます。とはいえ、プログラミングですのでハードルが高いことは確かです。ここではVBAの基本と、簡単なマクロを紹介します。ご自分のビジネスに活用できそうであれば、さらに勉強してみてください。

No.171

マクロ作りの下準備！[開発]タブとセキュリティ設定

マクロ作りで必須の[開発]タブは標準では非表示なので、あらかじめ表示させておきましょう。また、危険なマクロウィルスを防ぐセキュリティ設定は標準で防ぐ設定になっていますが、念のため確認しておきましょう。

[開発]タブを表示する

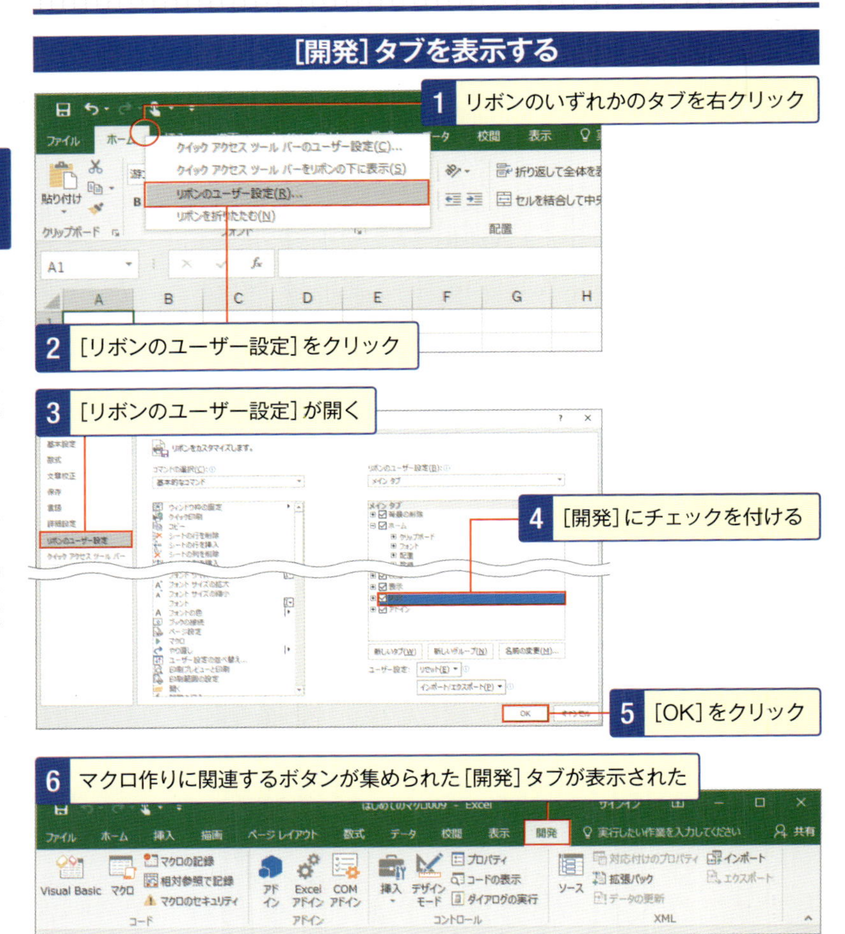

第11章 究極の時短、自動化！VBA・マクロのキホン

セキュリティ設定を確認する

1 [開発] タブをクリック

2 [マクロのセキュリティ] をクリック

3 [警告を表示してすべてのマクロを無効にする] が選択されていることを確認

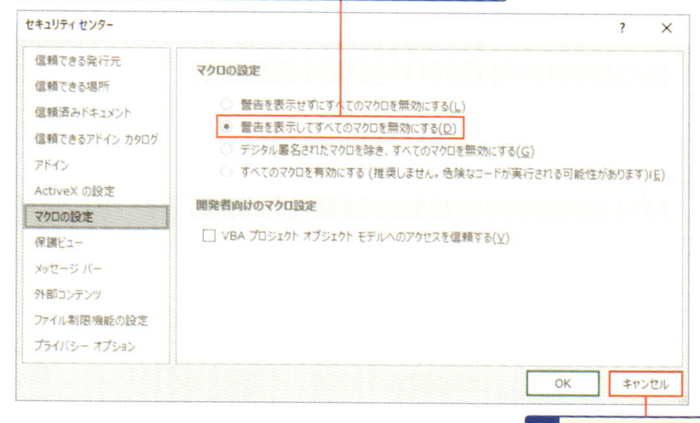

4 [キャンセル] をクリック

スキルアップ 身に覚えのないマクロを無効にできる

上記の[警告を表示してすべてのマクロを無効にする]は、開いたことのないブックを開くときに、ブックに含まれるマクロがいったん無効になるという設定です。すべてのマクロを無効にすることにより、身に覚えのないブックに含まれるマクロウィルスが自動実行されてしまう事態を防げます。自分で作成したマクロなど、安全であることがわかっている場合は、手動でマクロを有効にできます。その方法は、P.203で解説します。

No.172 VBAの入力画面「VBE」を起動! 「モジュール」にマクロ入力

VBAを入力するために、「Visual Basic Editor」略して「VBE」(ブイ・ビー・イー)というソフトを起動しましょう。起動したら、「モジュール」という入力シートにマクロを入力します。

VBEを起動する

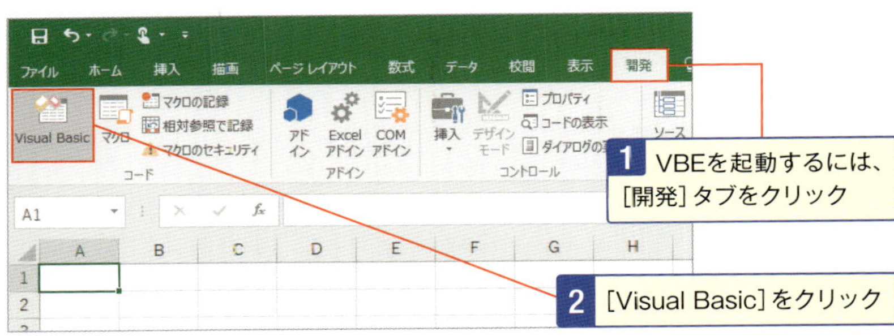

Excelの画面でAlt+F11キーを押しても、VBEを起動できます。

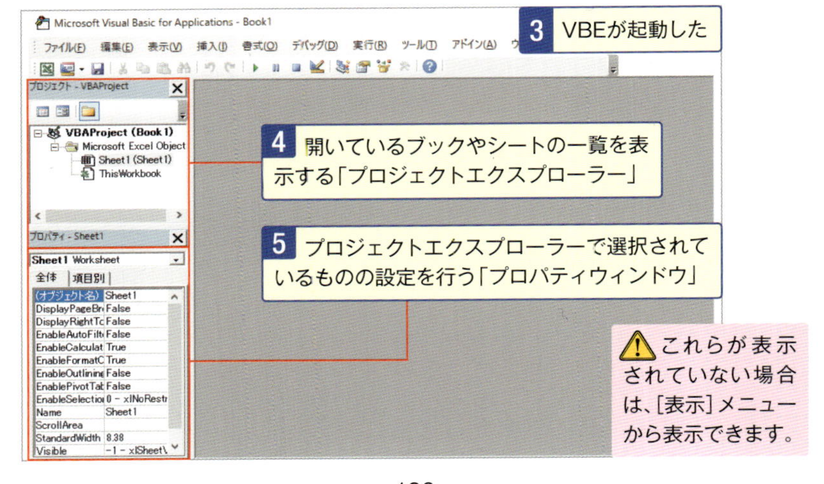

これらが表示されていない場合は、[表示]メニューから表示できます。

モジュールを挿入する

1 ブックにはじめてマクロを作成するときは、ブックにモジュールを挿入する

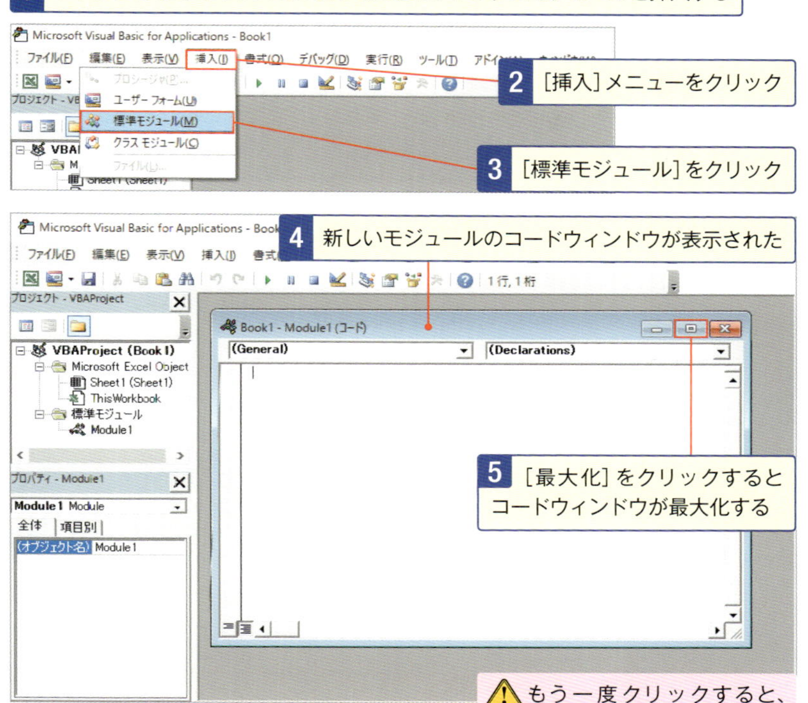

⚠ もう一度クリックすると、ウィンドウ表示に戻ります。

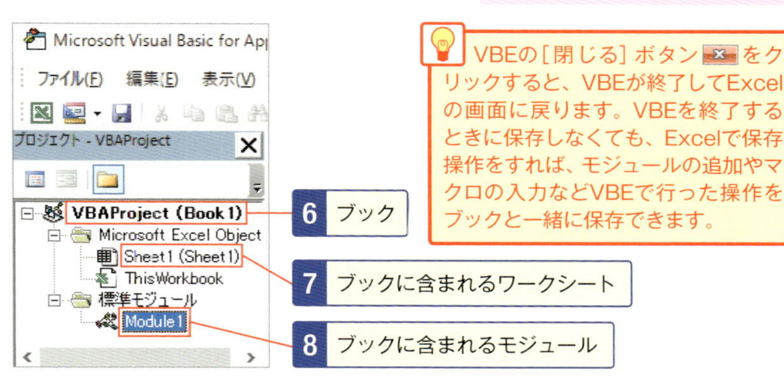

💡 VBEの[閉じる]ボタン をクリックすると、VBEが終了してExcelの画面に戻ります。VBEを終了するときに保存しなくても、Excelで保存操作をすれば、モジュールの追加やマクロの入力などVBEで行った操作をブックと一緒に保存できます。

No. 173

いよいよマクロを作成！練習用の簡単なマクロを入力

挿入したモジュールにマクロを作成してみましょう。最初は練習用の簡単なマクロを作成します。アクティブセルに文字を入力するマクロです。Tabキーでの字下げや、入力候補の選択方法もマスターしましょう。

コードを入力する

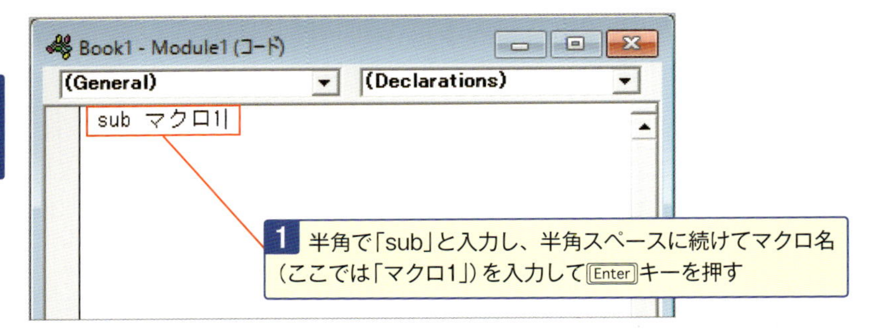

マクロ名にスペースとピリオド(.)及び!、@、&、$、#などの記号は使えません。マクロ名の先頭では数字も使えません。

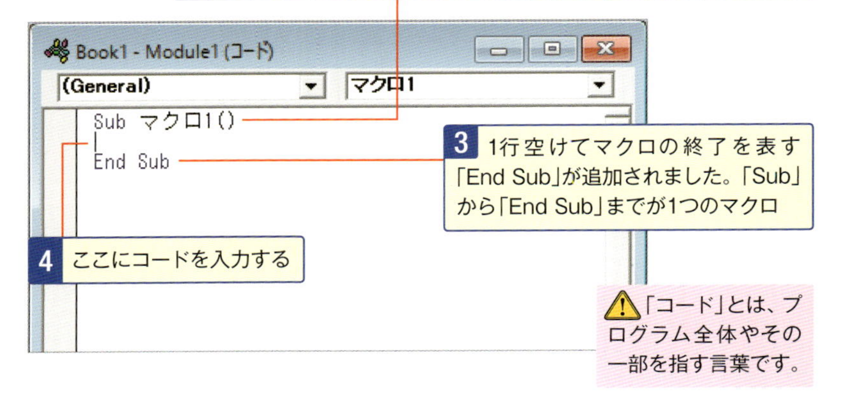

「コード」とは、プログラム全体やその一部を指す言葉です。

第11章 究極の時短、自動化！ VBA・マクロのキホン

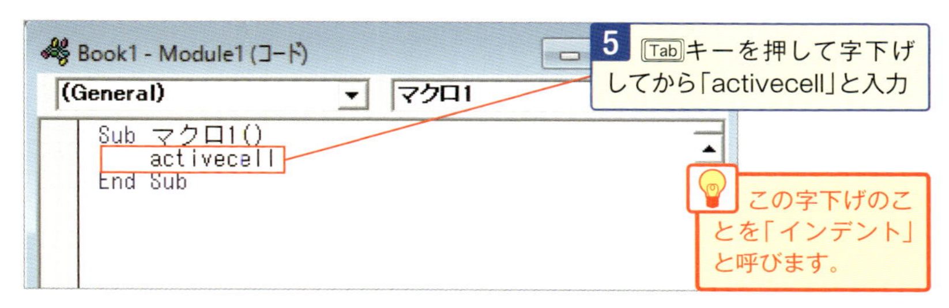
Book1 - Module1 (コード)
(General)
マクロ1
Sub マクロ1()
activecell
End Sub
5 Tabキーを押して字下げしてから「activecell」と入力
この字下げのことを「インデント」と呼びます。

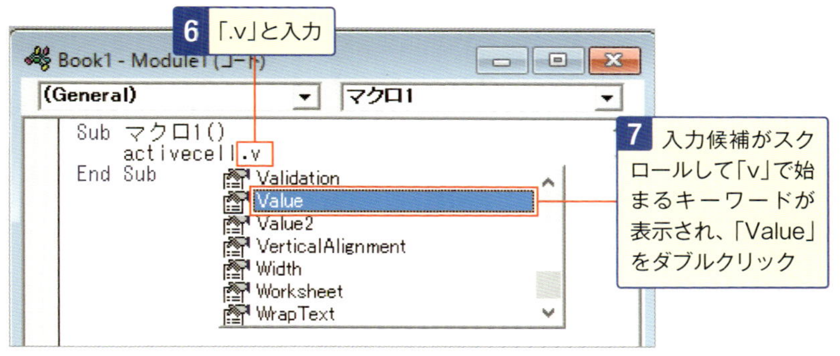
6 「.v」と入力
Book1 - Module1 (コード)
(General)
マクロ1
Sub マクロ1()
activecell.v
End Sub
Validation
Value
Value2
VerticalAlignment
Width
Worksheet
WrapText
7 入力候補がスクロールして「v」で始まるキーワードが表示され、「Value」をダブルクリック

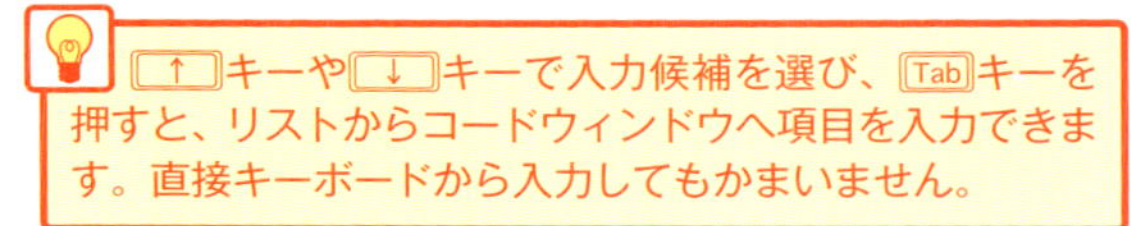
↑キーや↓キーで入力候補を選び、Tabキーを押すと、リストからコードウィンドウへ項目を入力できます。直接キーボードから入力してもかまいません。

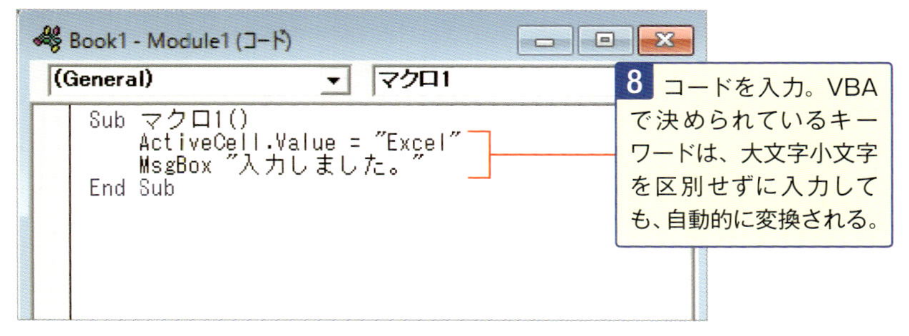
Book1 - Module1 (コード)
(General)
マクロ1
Sub マクロ1()
ActiveCell.Value = "Excel"
MsgBox "入力しました。"
End Sub
8 コードを入力。VBAで決められているキーワードは、大文字小文字を区別せずに入力しても、自動的に変換される。

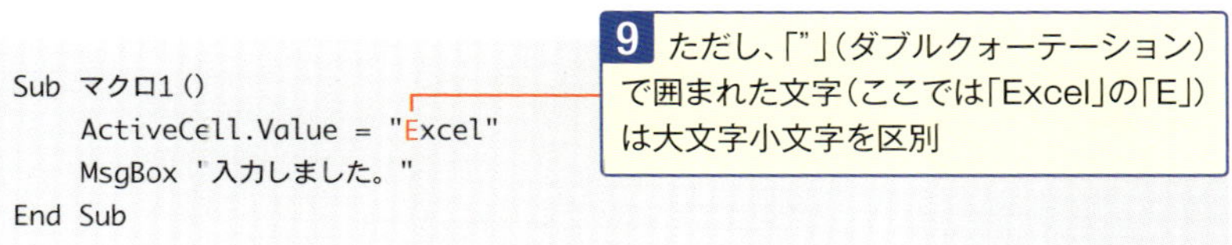
Sub マクロ1()
ActiveCell.Value = "Excel"
MsgBox "入力しました。"
End Sub
9 ただし、「"」(ダブルクォーテーション)で囲まれた文字(ここでは「Excel」の「E」)は大文字小文字を区別

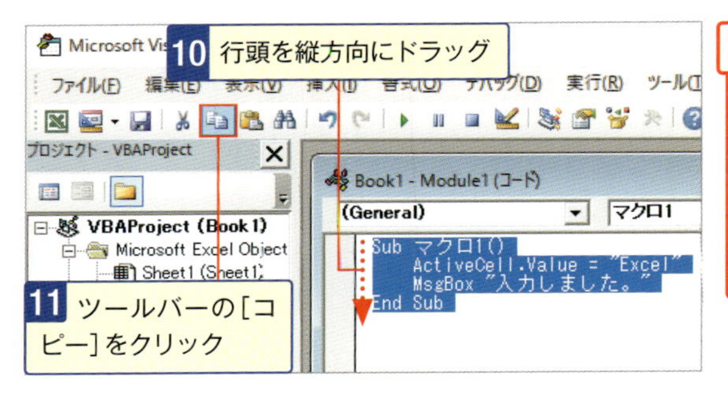

VBEでは、ワープロと同じ要領でコードの編集ができます。ここではコピーを利用して、新しいマクロを作成しましょう。

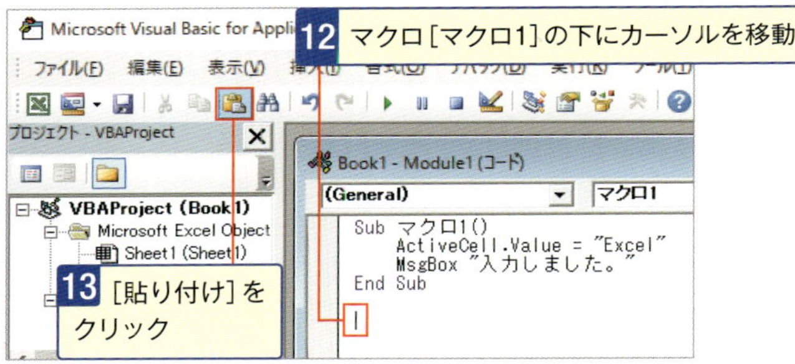

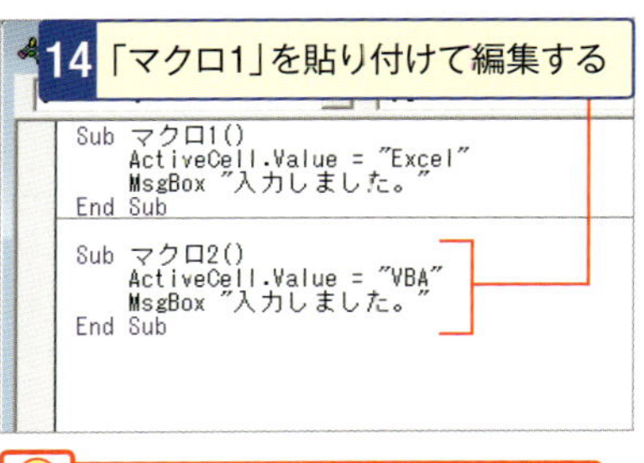


```
Sub マクロ1()
    ActiveCell.Value = "Excel"
    MsgBox "入力しました。"
End Sub

Sub マクロ2()
    ActiveCell.Value = "VBA"
    MsgBox "入力しました。"
End Sub
```

15 この2カ所を修正する

モジュールには複数のマクロを入力できます。

スキルアップ コードを読み解く

VBAのキーワードは英単語を元にしており、比較的簡単に読み解けます。「ActiveCell.Value」は「アクティブセルの値」で、「ActiveCell.Value = ○○」は「アクティブセルの値を○○にする」、つまり「アクティブセルに○○を入力する」という命令文です。また、「MsgBox」は「Message Box」を語源とし、「MsgBox ○○」は「○○というメッセージを表示する」という命令文になります。

マクロの記述ルール

下図のマクロを例に、基本用語と記述ルールを確認しておきましょう。

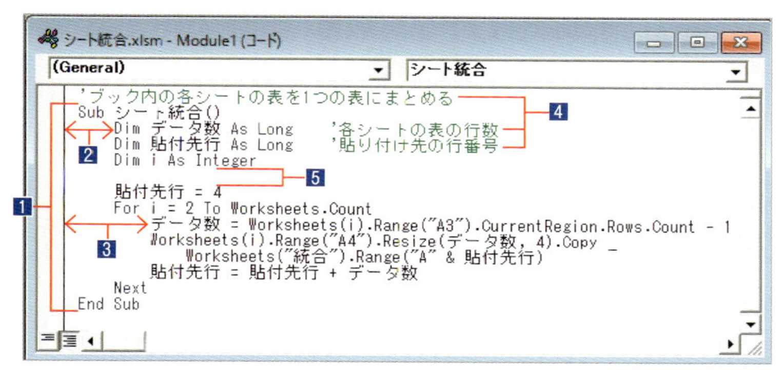

●マクロ

「Sub マクロ名」から「End Sub」までが1つのマクロです1。間に記述した命令文が、上の行から順番に実行されます。

●インデント

一般的に、「Sub マクロ名」と「End Sub」の間のコードは、字下げして入力します2。この字下げのことを「インデント」と呼びます。インデントの有無がマクロの実行内容に影響するわけではありませんが、行頭を下げておくことでマクロの始まり(「Sub マクロ名」)と終わり(「End Sub」)がわかりやすくなります。マクロの内部でも、処理のまとまりごとに字下げすることがあります3。通常、Tabキーを押すと半角スペース4つ分字下げされます。Backspaceキーを押すと、4文字分の字下げを解除できます。

●コメント

「'」(シングルクォーテーション)で始まる文をコメントと呼びます4。「'」以降、行末までがコメントと見なされ、自動的に文字の色が緑で表示されます。覚書や説明を入力するのに利用します。

●空白行

文字が詰まって見づらいときは、空白行を入れてかまいません5。処理のまとまりごとに空白行を入れると、コードが見やすくなります。

●コードの改行

長い命令文は、複数の行に分けて入力できます。行末に半角スペース「□」と「_」(アンダーバー)を入力すると、次行が続きの命令文であると見なされます。「_」(アンダーバー)は、Shiftキーを押しながらろのキーを押すと入力できます。「□_」を「行継続文字」と呼びます。

No.174 マクロを含むブックの保存はExcelマクロ有効ブック形式で!

マクロを実行する前に、ブックを保存しましょう。「マクロの実行」は元に戻すボタンでは戻せないので、実行に失敗した場合はそのままブックを閉じて開き直すしかありません。また、マクロの有効化も必須です。

マクロを含むブックを保存する

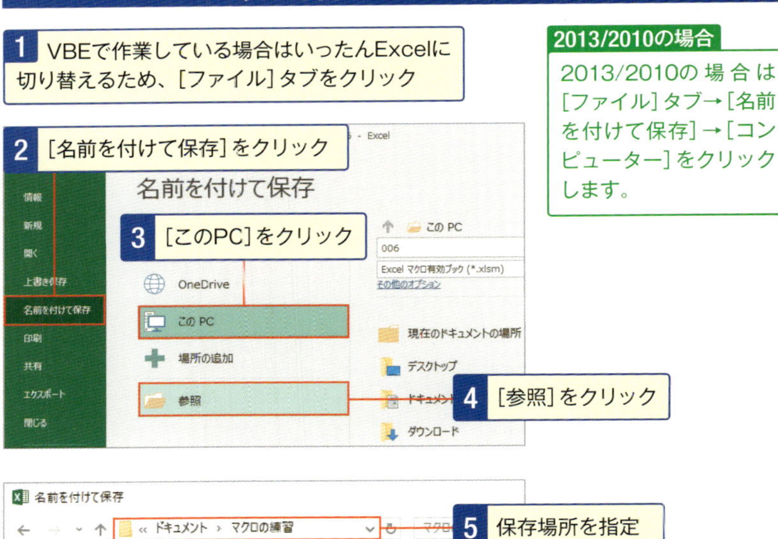

2013/2010の場合

2013/2010の場合は[ファイル]タブ→[名前を付けて保存]→[コンピューター]をクリックします。

これ以降は、Excelのクイックアクセスツールバーか VBEのツールバーにある[上書き保存]ボタンで上書き保存します。次ページの操作に進む前に、いったんブックを閉じておきましょう。

マクロを含むブックを開く

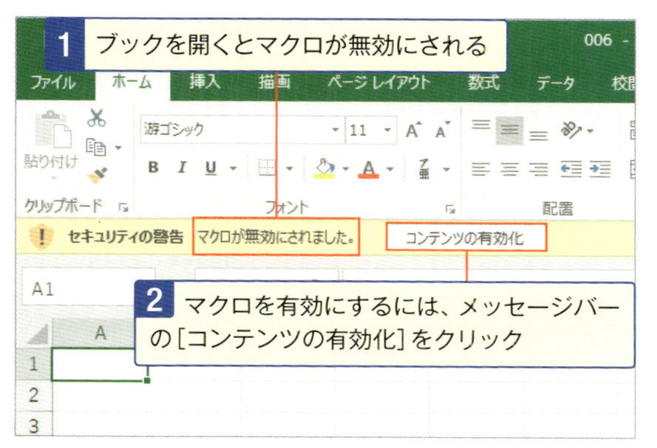

⚠ 作成元が信頼できる場合にだけマクロを有効にして利用しましょう。

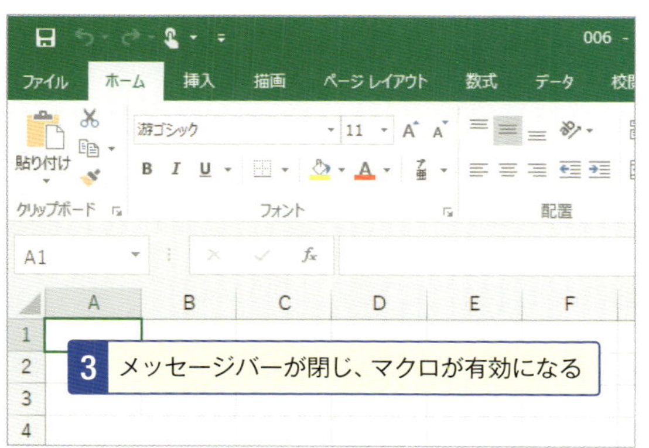

一度マクロを有効にすると、次回からそのブックはマクロが有効な状態で開くようになります。

スキルアップ ダイアログボックスが表示される場合もある

VBEが起動している状態でマクロを含むブックを開くと、メッセージバーの代わりにダイアログボックスが表示されます。そのダイアログボックスで[マクロを有効にする]ボタンをクリックすると、マクロが有効になります。

トラブル解決 [保護ビュー]が表示された場合

インターネット上から入手したファイルを開くと、編集操作のできない[保護ビュー]で開かれることがあります。信頼できるファイルの場合は、メッセージバーの[編集を有効にする]をクリックして、操作できるようにします。

No. 175

マクロの実行はリボンからとVBEの画面からの2通り

マクロの実行には、リボンからとVBEの画面からと2通りの方法があります。長いプログラムにおいては、作成段階でテストしながら書き進めたほうが効率的です。その際、VBEからの実行が役立ちます。

Excelのリボンでマクロを実行する

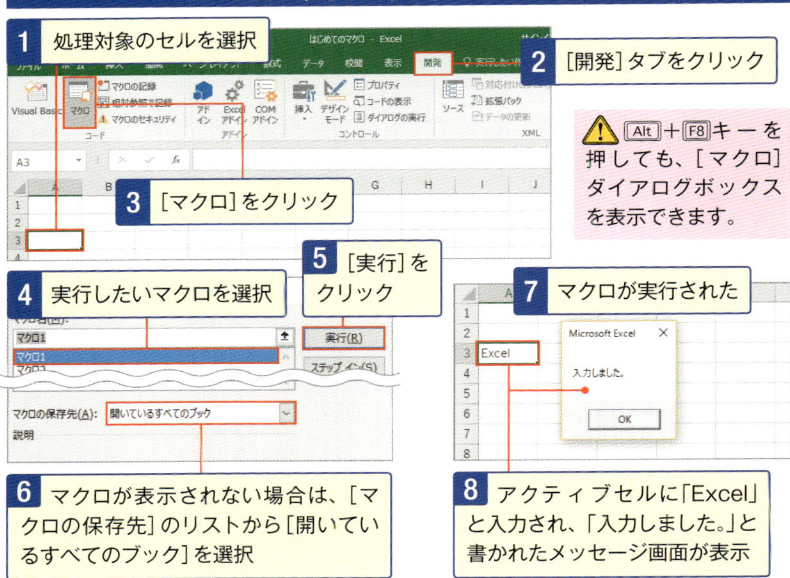

VBEからマクロを実行する

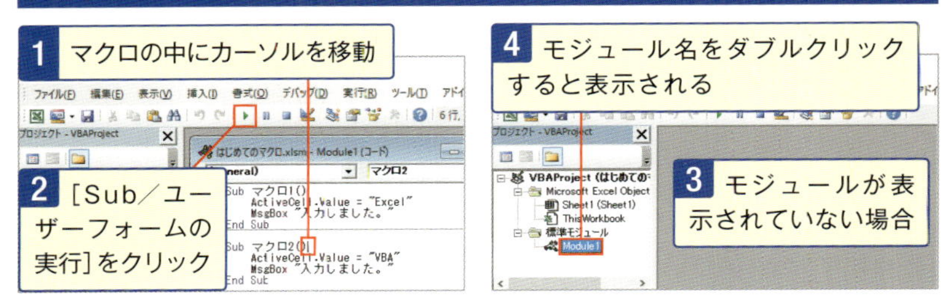

No. 176 要らなくなったマクロは削除！複数マクロを一気に削除もOK

不要になったマクロは削除しましょう。特定のマクロを削除することも、複数のマクロをモジュールごと一気に削除することもできます。ブックからモジュールを削除するのは「モジュールの解放」といいます。

モジュールからマクロを削除する

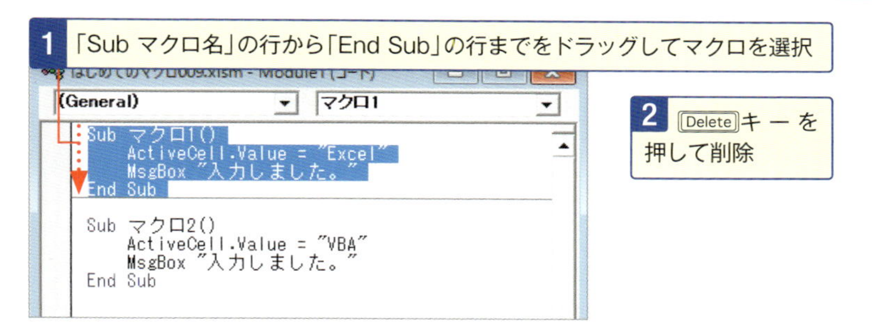

ブックからモジュールを削除する

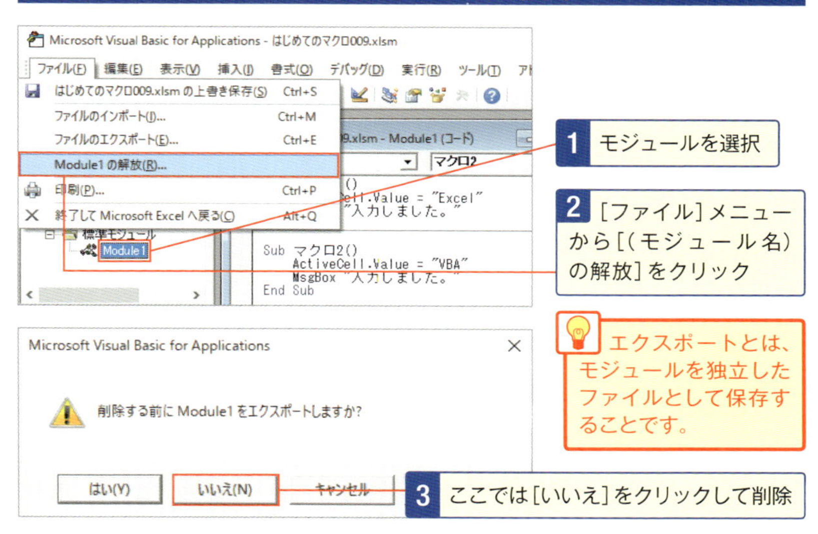

エクスポートとは、モジュールを独立したファイルとして保存することです。

No.177

点在する「販売終了」のデータを削除するには

「商品リスト」から「販売終了」のデータを削除する場合、繰り返し構文と条件分岐構文を組み合わせますね。ただし、上からチェックしていくと行削除したらその下の行がズレてしまいます。鉄則は「下から上へ」です。

マクロの動作

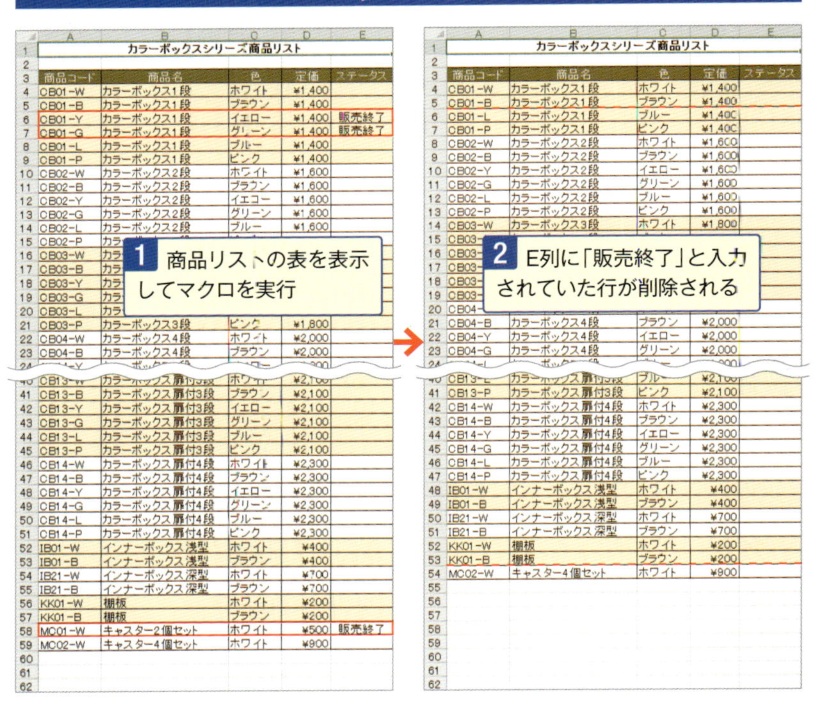

スキルアップ マクロ作りの方針

ワークシートの59行目から4行目まで、上方向に進みながら、1行ずつE列の「ステータス」欄をチェックしていきます。「販売終了」と入力されている場合、データを行ごと削除します。

コード

サンプル：177_行削除.xlsm

```
[1]  Sub 行削除()
[2]      Dim i As Integer
[3]      For i = 59 To 4 Step -1
[4]          If Range("E" & i).Value = "販売終了" Then
[5]              Rows(i).Delete
[6]          End If
[7]      Next
[8]  End Sub
```

A：[5]　B：[3]～[8]

[1]　[行削除]マクロの開始。
[2]　整数型の変数iを用意する。行番号を数えるカウンター変数。
[3]　For～Next構文の開始。変数iが59から4になるまで1ずつ減算しながら繰り返す。
[4]　If構文の開始。E列i行のセルの値が「販売終了」に等しい場合、
[5]　i行目を削除する
[6]　If構文の終了。
[7]　For～Next構文の終了。
[8]　マクロの終了。

A 行を削除する

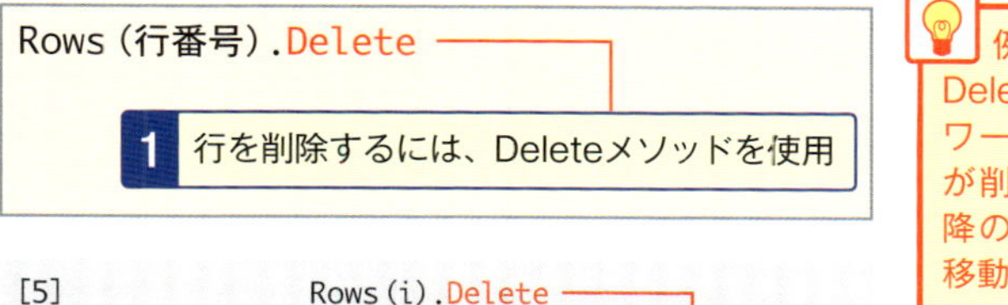


```
[5]              Rows(i).Delete
```

2 i行目が削除され、その下にある行が順に上に移動

例えば、「Rows(3).Delete」と記述すると、ワークシートの3行目が削除され、4行目以降の行が1行ずつ上に移動します。

データを削除したり、書き換えたりするマクロの作成で、動作をテストするときは、元のデータが保存されているファイルをコピーしておきましょう(バックアップをとる)。万が一テストに失敗したときは、コピーしたファイルからデータを復元しましょう。

列を削除するには、「Columns(列番号).Delete」という構文を使用します。例えば、「Columns(2).Delete」と記述すると、ワークシートの2列目(B列)を削除できます。

B 下から上に向かって1行ずつチェックする

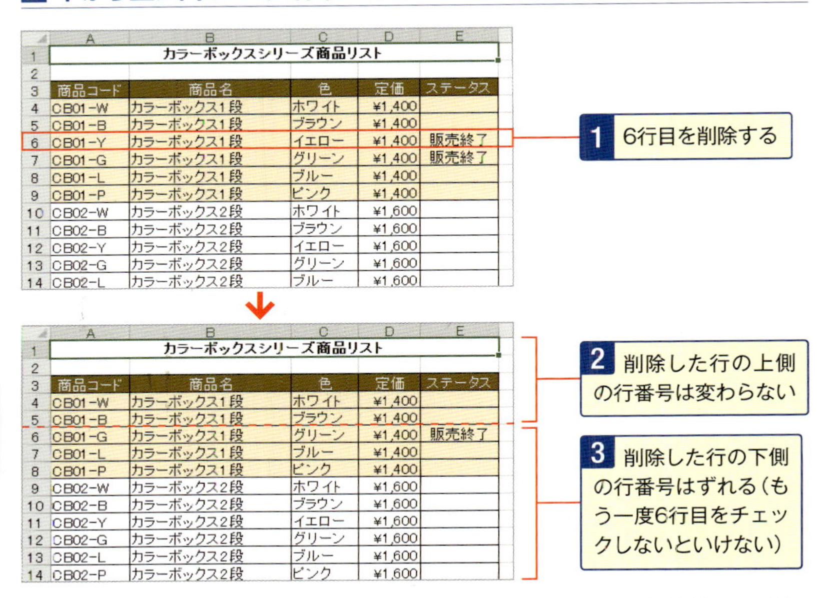

このマクロでは、変数iで削除する行を指定します。上の行から順に行を削除していくと、削除した行の下の未処理の行の行番号が変わってしまい、変数iで行を操作できなくなります。反対に、下の行から順に行を削除していく場合、行番号が変わるのは処理済みの行で、未処理の行は変化せず、引き続き変数iで行を操作できます。

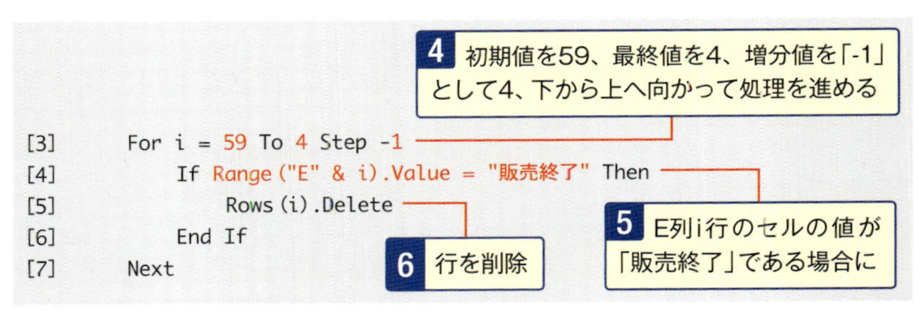
```
[3]     For i = 59 To 4 Step -1
[4]         If Range("E" & i).Value = "販売終了" Then
[5]             Rows(i).Delete
[6]         End If
[7]     Next
```


STEP UP 空白行を削除するには

何も入力されていない行を削除するマクロを作ってみましょう。マクロ[行削除]のIf構文の条件式が変わるだけで、そのほかの考え方は同じです。ポイントは、空白行の見分け方です。ExcelのワークシートのCOUNTA関数を使用すると入力済みのセル(空白以外のセル)をカウントできるので、これを利用しましょう。

```
WorksheetFunction.ワークシート関数(引数)
```

1 Excelのワークシート関数をVBAで使用するには、ワークシート関数の前に「WorksheetFunction.」を入力

サンプル：177_行削除_応用.xlsm

```
[1] Sub 行削除_応用()
[2]     Dim i As Integer
[3]     For i = 70 To 1 Step -1
[4]         If WorksheetFunction.CountA(Rows(i)) = 0 Then
[5]             Rows(i).Delete
[6]         End If
[7]     Next
[8] End Sub
```

2 COUNTA関数の引数にi行目の全セルを指定すると、ワークシートのi行目に入力済みのセルがいくつあるかがカウントされる。カウントの結果が0であれば、i行目は空白行であると見なせ、i行目を削除する

	A	B	C	D	E	F
1	カラーボックスシリーズ商品リスト					
2						
3	商品コード	商品名	色	定価	ステータス	
4	CB01-W	カラーボックス1段	ホワイト	¥1,400		
5	CB01-B	カラーボックス1段	ブラウン	¥1,400		
6	CB01-Y	カラーボックス1段	イエロー	¥1,400		
7	CB01-G	カラーボックス1段	グリーン	¥1,400		
8	CB01-L	カラーボックス1段	ブルー	¥1,400		
9	CB01-P	カラーボックス1段	ピンク	¥1,400		
10						
11	CB02-W	カラーボックス2段	ホワイト	¥1,600		
12	CB02-B	カラーボックス2段	ブラウン	¥1,600		
13	CB02-Y	カラーボックス2段	イエロー	¥1,600		
14	CB02-G	カラーボックス2段	グリーン	¥1,600		
15	CB02-L	カラーボックス2段	ブルー	¥1,600		
16	CB02-P	カラーボックス2段	ピンク	¥1,600		
17						
18	CB03-W	カラーボックス3段	ホワイト	¥1,800		

3 空白行が削除される

スキルアップ ワークシート関数

ワークシート関数とは、Excelのセルに入力して使用する関数のことです。例えば、「=SUM (A1:A5)」はセルA1～A5の合計を求めるSUM関数の数式ですが、VBAでこれと同じ計算をするには「WorksheetFunction.Sum (Range ("A1:A5"))」と記述します。ワークシート関数は種類が豊富なので、VBAでの使い方を覚えておくと便利です。ただし、VBAですべてのワークシート関数が使用できるわけではありません。使用できる関数は、コードウィンドウで「WorksheetFunction.」と入力したときに表示されるリストで確認できます。

1 使える関数はここで確認できる

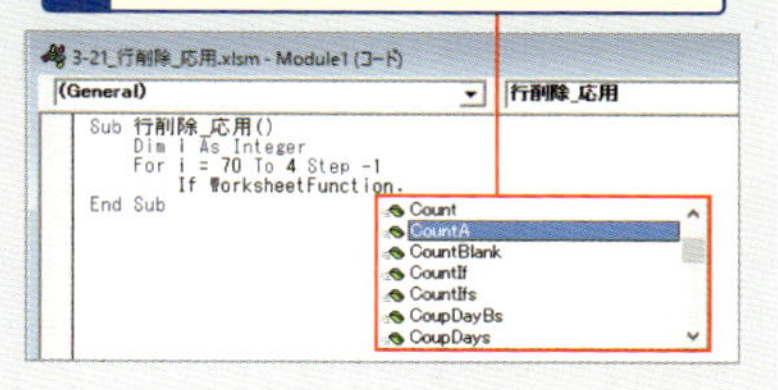

No.178

セルに指定した条件で抽出！VBAでオートフィルターを操作

表から情報を引き出しやすくするには、並べ替えのほかにExcelの「オートフィルター」機能を使う手があります。VBAでその機能を操作すれば、抽出条件をセルに入力して、素早く抽出データを引き出せます。

マクロの動作

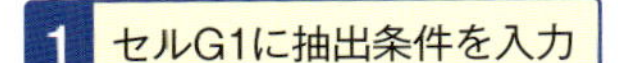

2 [抽出]ボタンをクリック

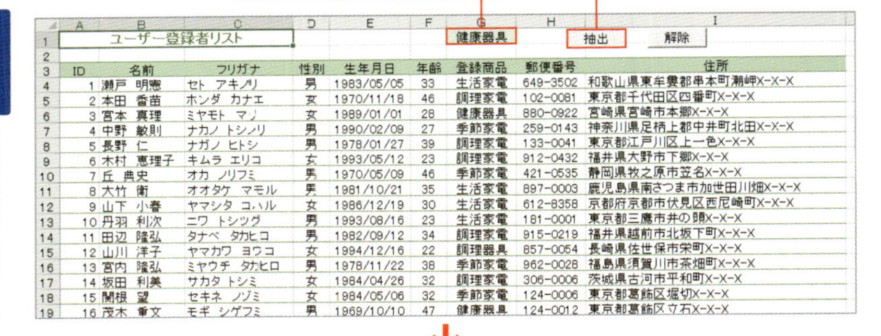

ユーザー登録者リスト

ID	名前	フリガナ	性別	生年月日	年齢	登録商品	郵便番号	住所
1	瀬戸 明憲	セト アキノリ	男	1983/05/05	33	生活家電	649-3502	和歌山県東牟婁郡串本町潮岬X-X-X
2	本田 香苗	ホンダ カナエ	女	1970/11/18	46	調理家電	102-0081	東京都千代田区四番町X-X-X
3	宮本 真理	ミヤモト マリ	女	1989/01/01	28	健康器具	880-0922	宮崎県宮崎市本郷X-X-X
4	中野 敏則	ナカノ トシノリ	男	1990/02/09	27	季節家電	259-0143	神奈川県足柄上郡中井町北田X-X-X
5	長野 仁	ナガノ ヒトシ	男	1978/01/27	39	調理家電	133-0041	東京都江戸川区上一色X-X-X
6	木村 恵理子	キムラ エリコ	女	1993/05/12	23	調理家電	912-0432	福井県大野市下郷X-X-X
7	丘 典史	オカ ノリフミ	男	1970/05/09	46	季節家電	421-0535	静岡県牧之原市笠名X-X-X
8	大竹 衛	オオタケ マモル	男	1981/10/21	35	生活家電	897-0003	鹿児島県南さつま市加世田川畑X-X-X
9	山下 小春	ヤマシタ コハル	女	1986/12/19	30	生活家電	612-8358	京都府京都市伏見区西尼崎町X-X-X
10	丹羽 利次	ニワ トシツグ	男	1993/08/16	23	生活家電	181-0001	東京都三鷹市井の頭X-X-X
11	田辺 隆弘	タナベ タカヒロ	男	1982/09/12	34	調理家電	915-0219	福井県越前市北坂下町X-X-X
12	山川 洋子	ヤマカワ ヨウコ	女	1994/12/16	22	調理器具	857-0054	長崎県佐世保市栄町X-X-X
13	宮内 隆弘	ミヤウチ タカヒロ	男	1978/11/22	38	季節家電	962-0028	福島県須賀川市茶畑町X-X-X
14	坂田 利美	サカタ トシミ	女	1984/04/26	32	調理家電	306-0006	茨城県古河市平和町X-X-X
15	関根 望	セキネ ノゾミ	女	1984/05/06	32	季節家電	124-0006	東京都葛飾区堀切X-X-X
16	茂木 重文	モギ シゲフミ	男	1969/10/10	47	健康器具	124-0012	東京都葛飾区立石X-X-X

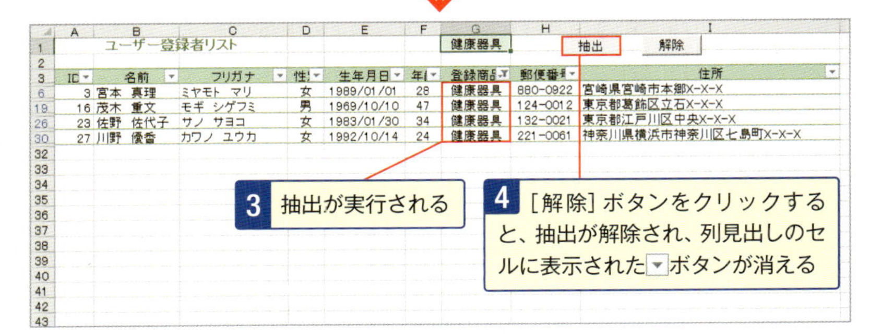

ユーザー登録者リスト

ID	名前	フリガナ	性別	生年月日	年齢	登録商品	郵便番号	住所
3	宮本 真理	ミヤモト マリ	女	1989/01/01	28	健康器具	880-0922	宮崎県宮崎市本郷X-X-X
16	茂木 重文	モギ シゲフミ	男	1969/10/10	47	健康器具	124-0012	東京都葛飾区立石X-X-X
23	佐野 佐代子	サノ サヨコ	女	1983/01/30	34	健康器具	132-0021	東京都江戸川区中央X-X-X
27	川野 優香	カワノ ユウカ	女	1992/10/14	24	健康器具	221-0061	神奈川県横浜市神奈川区七島町X-X-X

スキルアップ　マクロ作りの方針

抽出実行用のマクロと解除用のマクロを用意します。ワークシートにボタンを2つ配置し、それぞれにマクロを割り当てます。

コード

サンプル：178_オートフィルター.xlsm

```
[1] Sub オートフィルター ()
[2]     Range("A3").AutoFilter 7, Range("G1").Value ──A
[3] End Sub

[4] Sub オートフィルター解除()
[5]     ActiveSheet.AutoFilterMode = False ──B
[6] End Sub
```

[1] ［オートフィルター］マクロの開始。
[2] セルA3を含む表の7列目がセルG1の値に等しいデータを抽出する。
[3] マクロの終了。

[4] ［オートフィルター解除］マクロの開始。
[5] オートフィルターを解除する。
[6] マクロの終了。

スキルアップ　抽出条件をリストから選べるようにする

Excelの入力規則の機能を使用して、抽出条件をリストから選択できるようにしてみましょう。まず、抽出条件欄のセルG1を選択して、［データ］タブにある［データの入力規則］ボタンをクリックします。表示される画面の［設定］タブで図のように設定します。

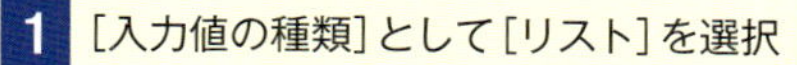

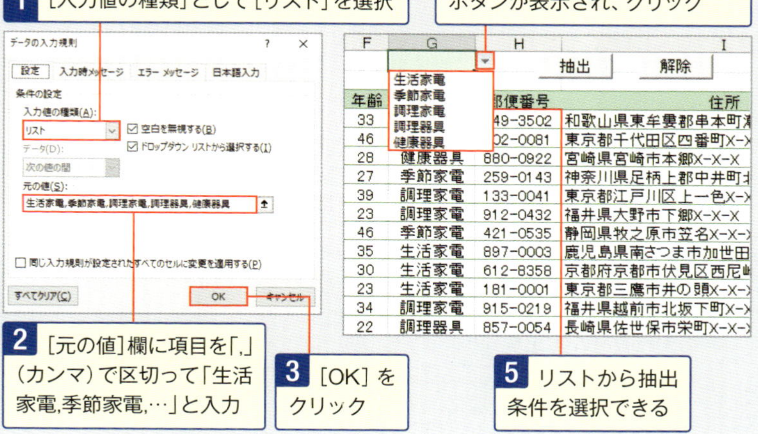

A オートフィルターを利用して抽出を実行する

1 オートフィルターという機能を利用して抽出を行うには、RangeオブジェクトのAutoFilterメソッドを使用

Rangeオブジェクトには、表内の単一セルを指定するか、表全体のセル範囲を指定します。

```
Rangeオブジェクト.AutoFilter([Field], [Criteria1], [Operator], [Criteria2], [VisbleDropDown])
```

各引数の内容は以下のとおりです。

- Field　：条件を指定する列を、表の左端列から1、2、3…と数えた番号で指定する。
- Criteria1　：抽出条件を指定する。
- Operator　：抽出条件の種類を次表の設定値で指定する。
- Criteria2　：2つ目の抽出条件を指定する。
- VisbleDropDown　：Falseを指定するとフィルターボタン▼が非表示になる。

引数Operatorの主な設定値

設定値	説明
xlAnd	「Criteria1かつCriteria2」に合致するデータを抽出する
xlOr	「Criteria1またはCriteria2」に合致するデータを抽出する
xlTop10Items	大きい順に「Criteria1」位までのデータを抽出する
xlBottom10Items	小さい順に「Criteria1」位までのデータを抽出する

コード[2]では、引数Fieldに7、引数Criteria1に「Range("G1").Value」を指定しました。

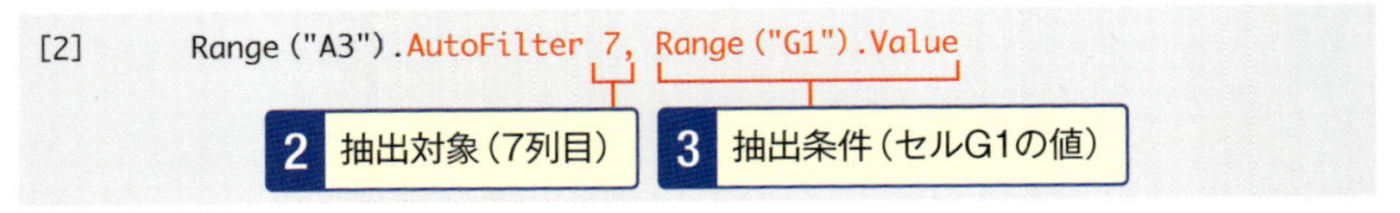


```
Range("A3").AutoFilter 7, "健康器具"
```

4 セルG1の値は「健康器具」なので、コード[2]はこうなる

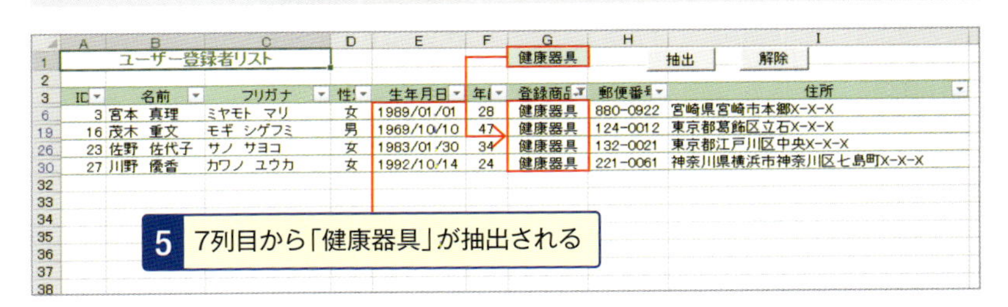

スキルアップ 「健康器具」に登録した「女性」を抽出するには

抽出を実行した後、さらに別の列で抽出を実行すると、抽出結果を絞り込めます。なお、同じ列に続けて別の条件で抽出を実行した場合、前回の抽出条件が解除されて、新しい条件で抽出し直されます。

```
Range("A3").AutoFilter 7, "健康器具"
Range("A3").AutoFilter 4, "女"
```

2 4列目から「女」を抽出

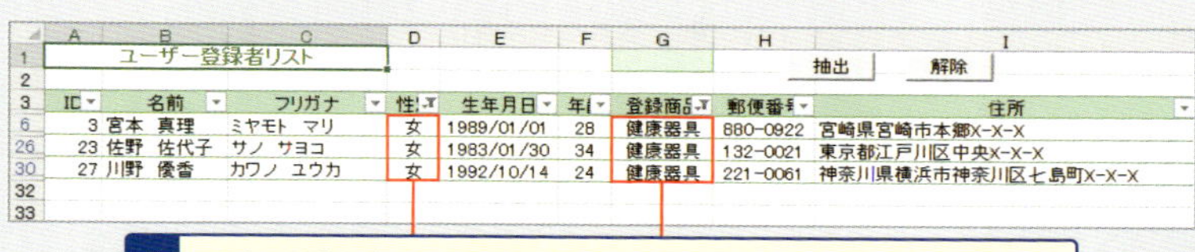

3 7列目が「女」かつ4列目が「健康器具」のデータが抽出される

B オートフィルターを解除する

```
Worksheetオブジェクト.AutoFilterMode = False
```

1 オートフィルターを解除するには、AutoFilterModeプロパティにFalseを設定

```
[5]        ActiveSheet.AutoFilterMode = False
```

2 アクティブシートのオートフィルターを解除するので、Worksheetオブジェクトとして「ActiveSheet」を指定

オートフィルターを解除すると、列見出しに表示されている▼ボタンが非表示になります。抽出が実行されていた場合は、抽出も解除されます。

スキルアップ 抽出を1列だけ解除するには

特定の列の抽出を解除するには、引数Criteria1を指定せずに、引数Fieldに列番号を指定してAutoFilterメソッドを実行します。例えば、下のように記述すると、7列目の抽出が解除されます。▼ボタンは表示されたままになります。複数の列に抽出条件が設定されていた場合、ほかの列の抽出は解除されず、7列目だけが解除されます。

```
Range("A3").AutoFilter 7
```

1 7列目の抽出を解除する

STEP UP 「○○」を含むデータを抽出するには

セルG1で指定した値を含むデータを抽出してみましょう。「○○」を含むという条件を指定するには、任意の文字列を表すワイルドカード「*」(アスタリスク) を使用します。

サンプル：178_オートフィルター_応用1.xlsm

```
[1] Sub オートフィルター_応用1()
[2]     Range("A3").AutoFilter 7, "*" & Range("G1").Value & "*"
[3] End Sub
```

1 7列目からセルG1の値を含むデータを抽出する

```
    Range("A3").AutoFilter 7, "*調理*"
```

2 セルG1に「調理」と入力すると、コード[2]はこうなる

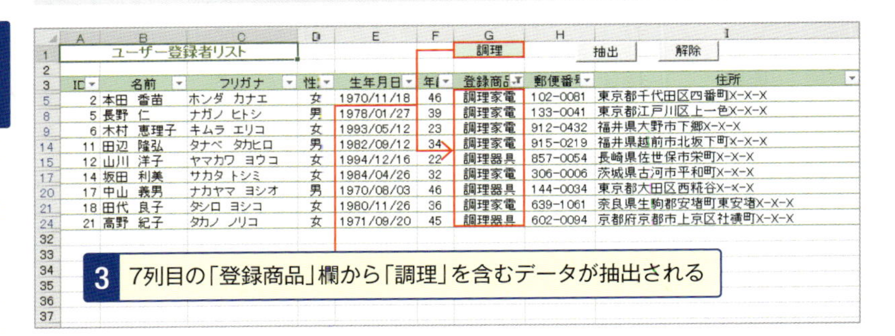

	A	B	C	D	E	F	G	H	I
1	ユーザー登録者リスト						調理	抽出	解除
2									
3	ID	名前	フリガナ	性別	生年月日	年齢	登録商品	郵便番号	住所
5	2	本田 香苗	ホンダ カナエ	女	1970/11/18	46	調理家電	102-0081	東京都千代田区四番町X-X-X
8	5	長野 仁	ナガノ ヒトシ	男	1978/01/27	39	調理家電	133-0041	東京都江戸川区上一色X-X-X
9	6	木村 恵理子	キムラ エリコ	女	1993/05/12	23	調理家電	912-0432	福井県大野市下郷X-X-X
14	11	田辺 隆弘	タナベ タカヒロ	男	1982/09/12	34	調理家電	915-0219	福井県越前市北坂下町X-X-X
15	12	山川 洋子	ヤマカワ ヨウコ	女	1994/12/16	22	調理器具	857-0054	長崎県佐世保市栄町X-X-X
17	14	坂田 利美	サカタ トシミ	女	1984/04/26	32	調理家電	306-0006	茨城県古河市平和町X-X-X
20	17	中山 義男	ナカヤマ ヨシオ	男	1970/08/03	46	調理器具	144-0034	東京都大田区西糀谷X-X-X
21	18	田代 良子	タシロ ヨシコ	女	1980/11/26	36	調理家電	639-1061	奈良県生駒郡安堵町東安堵X-X-X
24	21	高野 紀子	タカノ ノリコ	女	1971/09/20	45	調理器具	602-0094	京都府京都市上京区社横町X-X-X

スキルアップ さまざまな抽出条件

抽出条件には、「=」「<>」「>」「>=」「<」「<=」などの比較演算子やワイルドカードを使用できます。ワイルドカードには、0文字以上の任意の文字列を表す「*」(アスタリスク) と、任意の1文字を表す「?」(クエスチョンマーク) があります。

抽出条件の指定例

例	説明
"=100"	100に等しい
"<>100"	100に等しくない
">100"	100より大きい
">=100"	100以上
"<100"	100より小さい
"<=100"	100未満
"="	空白セル
"<>"	空白以外のセル

例	説明
"<>家電"	「家電」以外
"*家電*"	「家電」を含む (家電、家電品、家電通販、生活家電、白物家電、生活家電品)
"家電*"	「家電」で始まる (家電、家電品、家電通販)
"*家電"	「家電」で終わる (家電、生活家電、白物家電)
"??家電"	2文字+「家電」(生活家電、白物家電)
"家電?"	「家電」+1文字 (家電品)
"<>*家電*"	「家電」を含まない

STEP UP 「○以上○以下」のデータを抽出するには

年齢が「セルE1の値」以上「セルG1の値」以下のデータを抽出してみましょう。同じ列に2つの条件を指定するには、AutoFilterメソッドの引数Operatorを使用します。

💡 指定する引数の数が多いときは、名前付き引数で指定したほうが見た目にわかりやすいコードになります。

サンプル：178_オートフィルター_応用2.xlsm

```
[1]  Sub オートフィルター_応用2()
[2]      Range("A3").AutoFilter Field:=6, Criteria1:=">=" _
             & Range("E1").Value, _
             Operator:=xlAnd, Criteria2:="<=" & Range("G1").Value
[3]  End Sub
```

1 「xlAnd」を指定すると「Criteria1かつCriteria2」の条件で抽出できる

2 引数Criteria1にはセルE1の値以上

3 引数Criteria2にはセルG1の値以下

```
Range("A3").AutoFilter Field:=6, Criteria1:=">=20", _
                 Operator:=xlAnd, Criteria2:="<=25"
```

4 セルE1に「20」、セルG1に「25」と入力すると、コード[2]はこうなる

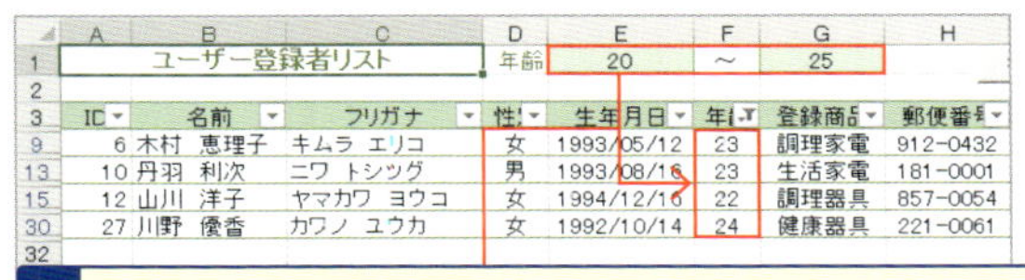

	A	B	C	D	E	F	G	H
1	ユーザー登録者リスト			年齢	20	～	25	
2								
3	ID	名前	フリガナ	性別	生年月日	年齢	登録商品	郵便番号
9	6	木村 恵理子	キムラ エリコ	女	1993/05/12	23	調理家電	912-0432
13	10	丹羽 利次	ニワ トシツグ	男	1993/08/16	23	生活家電	181-0001
15	12	山川 洋子	ヤマカワ ヨウコ	女	1994/12/16	22	調理器具	857-0054
30	27	川野 優香	カワノ ユウカ	女	1992/10/14	24	健康器具	221-0061
32								

5 6列目の「年齢」欄から20以上25以下のデータが抽出される

⚠ 上の行の末尾にある「□_」は行継続文字で、コードが次の行まで続くことを示します。

スキルアップ 引数Operatorの使用

引数Operatorに「xlOr」を指定すると、「Criteria1またはCriteria2」の条件で抽出できます。

```
Range("A3").AutoFilter Field:=7, Criteria1:="生活家電", Operator:=xlOr,
Criteria2:="季節家電"
```

1 7列目から「生活家電」または「季節家電」を抽出

また、引数Operatorに「xlTop10Items」を指定すると、大きい順に上から「Criteria1」番目までのデータを抽出します。

```
Range("A3").AutoFilter Field:=6, Criteria1:=5, Operator:=xlTop10Items
```

2 6列目から年齢の高い順に5件のデータを抽出

No.179

ブック内のシートを統合！各部署の名簿を1つにまとめる

各シートに部署別の名簿が入力されているとき、データ件数がそれぞれ異なっていたとしても、**項目名や並び順が共通であれば1つにまとめ**られます。For～Next構文を使って、統合シートの新しい行に貼り付けます。

マクロの動作

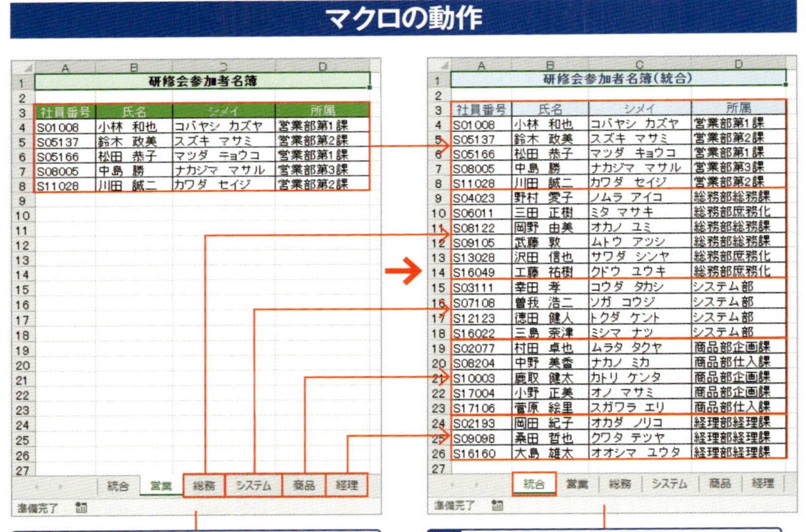

研修会参加者名簿

社員番号	氏名	シメイ	所属
S01008	小林 和也	コバヤシ カズヤ	営業部第1課
S05137	鈴木 政美	スズキ マサミ	営業部第2課
S05166	松田 恭子	マツダ キョウコ	営業部第1課
S08005	中島 勝	ナカジマ マサル	営業部第3課
S11028	川田 誠二	カワダ セイジ	営業部第2課

研修会参加者名簿(統合)

社員番号	氏名	シメイ	所属
S01008	小林 和也	コバヤシ カズヤ	営業部第1課
S05137	鈴木 政美	スズキ マサミ	営業部第2課
S05166	松田 恭子	マツダ キョウコ	営業部第1課
S08005	中島 勝	ナカジマ マサル	営業部第3課
S11028	川田 誠二	カワダ セイジ	営業部第2課
S04023	野村 愛子	ノムラ アイコ	総務部総務課
S06011	三田 正樹	ミタ マサキ	総務部庶務化
S08122	岡野 由美	オカノ ユミ	総務部総務課
S09105	武藤 敦	ムトウ アツシ	総務部総務課
S13028	沢田 信也	サワダ シンヤ	総務部庶務化
S16049	工藤 祐樹	クドウ ユウキ	総務部庶務化
S03111	幸田 孝	コウダ タカシ	システム部
S07108	曽我 浩二	ソガ コウジ	システム部
S12123	徳田 健人	トクダ ケント	システム部
S16022	三島 奈津	ミシマ ナツ	システム部
S02077	村田 卓也	ムラタ タクヤ	商品部企画課
S08204	中野 美香	ナカノ ミカ	商品部仕入課
S10003	鹿取 健太	カトリ ケンタ	商品部企画課
S17004	小野 正美	オノ マサミ	商品部企画課
S17106	菅原 絵里	スガワラ エリ	商品部仕入課
S02193	岡田 紀子	オカダ ノリコ	経理部経理課
S09098	桑田 哲也	クワタ テツヤ	経理部経理課
S16160	大島 雄太	オオシマ ユウタ	経理部経理課

1 複数のワークシートに同じ体裁の表が入力されている。マクロを実行

2 [営業]シートから[経理]シートまでの表のデータが、[統合]シートにまとめられる

スキルアップ　マクロ作りの方針

For～Next構文を使用して、[営業]シートから[経理]シートまでのシートの数だけ処理を繰り返します。1回の繰り返し処理につき、各シートのデータをコピーし、[統合]シートの新しい行に貼り付けます。

ここでは、ワークシートの先頭にある[統合]シートに表の見出しが入力されており、列幅が調整されているものとします。

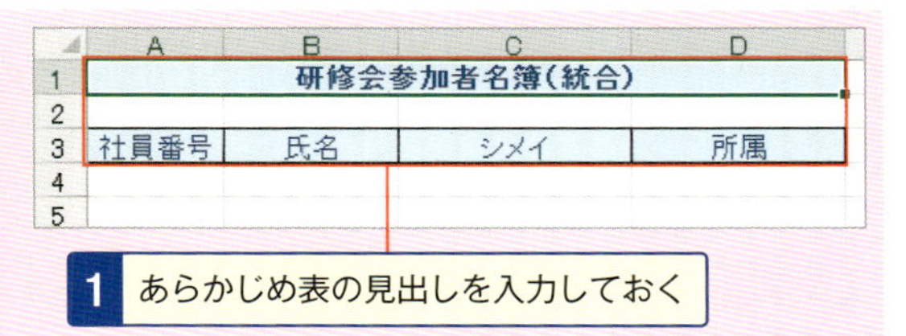

コード

サンプル：179_シート統合.xlsm

```
[1]  Sub シート統合()
[2]      Dim i As Integer
[3]      Dim データ数 As Long
[4]      Dim 貼付先行 As Long
[5]      貼付先行 = 4
[6]      For i = 2 To Worksheets.Count
[7]          データ数 = Worksheets(i).Range("A3"). _
                 CurrentRegion.Rows.Count - 1           ─B
[8]          Worksheets(i).Range("A4").Resize(データ数, 4).Copy _
                 Worksheets("統合").Range("A" & 貼付先行)   ─C   ─A
[9]          貼付先行 = 貼付先行 + データ数
[10]     Next
[11] End Sub
```

[1] [シート統合]マクロの開始。
[2] 整数型の変数iを用意する。ワークシートを数えるカウンター変数。
[3] 長整数型の変数[データ数]を用意する。各シートのデータ数を代入する変数。
[4] 長整数型の変数[貼付先行]を用意する。[統合]シートの貼り付け先の行番号を代入する変数。
[5] 変数[貼付先行]に4を代入する。
[6] For~Next構文の開始。変数iが2からワークシート数になるまで繰り返す。
[7] i番目のワークシートのセルA3を含む表のセル範囲の行数から1を引いて、変数[データ数]に代入する
[8] i番目のワークシートのセルA4から[データ数]行4列分のセル範囲をコピーし、[統合]シートのA列[貼付先行]行目のセルに貼り付ける。
[9] 変数[貼付先行]の値に変数[データ数]の値を加える。
[10] For~Next構文の終了。
[11] マクロの終了。

A ワークシートの数だけ処理を繰り返す

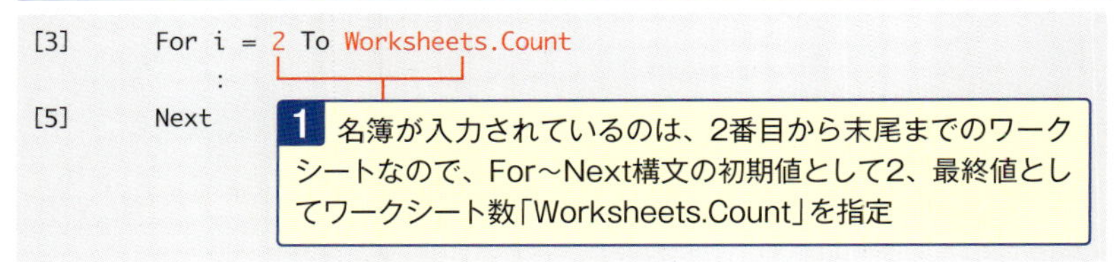

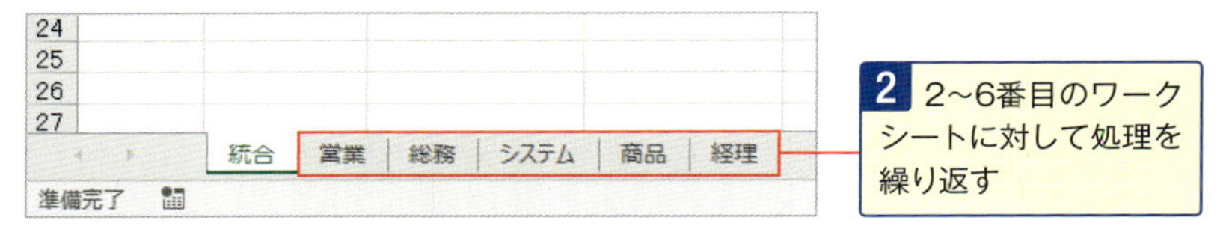

B 表に入力されているデータ数を求める

表のデータ数はシートごとに異なるので、それぞれ調べる必要があります。

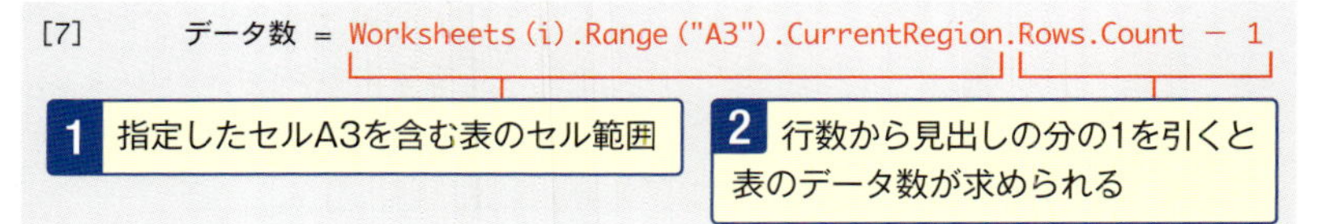

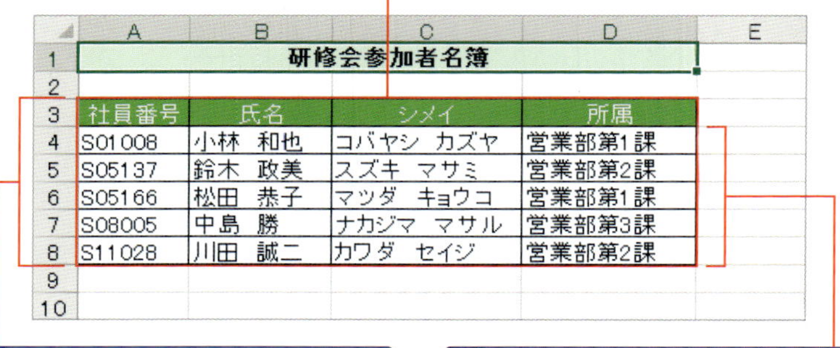

	A	B	C	D	E
1	研修会参加者名簿				
2					
3	社員番号	氏名	シメイ	所属	
4	S01008	小林　和也	コバヤシ　カズヤ	営業部第1課	
5	S05137	鈴木　政美	スズキ　マサミ	営業部第2課	
6	S05166	松田　恭子	マツダ　キョウコ	営業部第1課	
7	S08005	中島　勝	ナカジマ　マサル	営業部第3課	
8	S11028	川田　誠二	カワダ　セイジ	営業部第2課	
9					
10					

C 表をコピー／貼り付けする

```
Rangeオブジェクト.Copy([Destination])
```

1 セルをコピーするには、RangeオブジェクトのCopyメソッドを使用

2 引数Destinationには、貼り付け先の先頭セルまたはセル範囲を指定

```
[8]         Worksheets(i).Range("A4").Resize(データ数, 4).Copy _
                Worksheets("統合").Range("A" & 貼付先行)
[9]         貼付先行 = 貼付先行 + データ数
```

3 コピーするのはi番目のワークシートのセルA4から［データ数］行4列分のセル範囲

4 貼り付け先は［統合］シートのA列［貼付先行］行目のセル

5 貼り付けた後、変数［貼付先行］に変数［データ数］の値を加えて、次の貼り付け先の行番号を求める

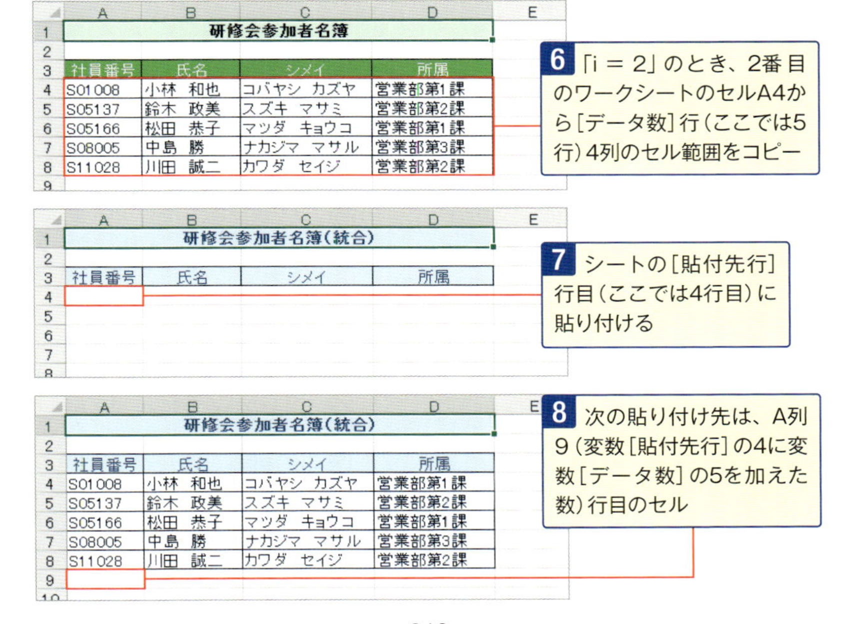

	A	B	C	D
1	研修会参加者名簿			
2				
3	社員番号	氏名	シメイ	所属
4	S01008	小林　和也	コバヤシ　カズヤ	営業部第1課
5	S05137	鈴木　政美	スズキ　マサミ	営業部第2課
6	S05166	松田　恭子	マツダ　キョウコ	営業部第1課
7	S08005	中島　勝	ナカジマ　マサル	営業部第3課
8	S11028	川田　誠二	カワダ　セイジ	営業部第2課
9				

	A	B	C	D
1	研修会参加者名簿(統合)			
2				
3	社員番号	氏名	シメイ	所属
4				
5				
6				
7				
8				

	A	B	C	D
1	研修会参加者名簿(統合)			
2				
3	社員番号	氏名	シメイ	所属
4	S01008	小林　和也	コバヤシ　カズヤ	営業部第1課
5	S05137	鈴木　政美	スズキ　マサミ	営業部第2課
6	S05166	松田　恭子	マツダ　キョウコ	営業部第1課
7	S08005	中島　勝	ナカジマ　マサル	営業部第3課
8	S11028	川田　誠二	カワダ　セイジ	営業部第2課
9				
10				

INDEX ◎索引

【記号・数字】

【A～E】

【F～R】

【S～Z】

【あ～お】

【か～こ】

【さ～そ】

【た～と】

【な～の】

【は～ほ】

【ま～も】

【や～よ】

【ら～わ】

【問い合わせ】
本書の内容に関する質問は、下記のメールアドレスおよびファクス番号まで、書籍名を明記のうえ書面にてお送りください。電話によるご質問には一切お答えできません。また、本書の内容以外についてのご質問についてもお答えすることができませんので、あらかじめご了承ください。なお、質問への回答期限は本書発行日より2年間(2020年7月まで)とさせていただきます。

メールアドレス:pc-books@mynavi.jp
ファクス:03-3556-2742

【ダウンロード】
本書のサンプルデータを弊社サイトからダウンロードできます。サポートページのURLおよびダウンロードに関する注意点は、本書3ページおよびサイトをご覧ください。

ご注意:サンプルデータは本書の学習用として提供しているものです。それ以外の目的で使用すること、特に個人使用・営利目的に関らず二次配布は固く禁じます。また、著作権等の都合により提供を行っていないデータもございます。

【協力】
●株式会社 オデッセイ コミュニケーションズ
http://www.odyssey-com.co.jp/
●Excel・Excel VBAを学ぶなら「モーグ(moug)」
http://www.moug.net/

速効!ポケットマニュアル
ビジネスこれだけ! Excel 集計・分析・マクロ 一歩進んだ便利ワザ
2016&2013&2010

2018年7月18日　初版第1刷発行

著者 …………………… 速効!ポケットマニュアル編集部
発行者 ………………… 滝口直樹
発行所 ………………… 株式会社マイナビ出版
〒101-0003　東京都千代田区一ツ橋2-6-3　一ツ橋ビル2F
TEL 0480-38-6872(注文専用ダイヤル)
TEL 03-3556-2731(販売部)
TEL 03-3556-2736(編集部)
URL:http://book.mynavi.jp

装丁・本文デザイン… 納谷祐史
イラスト ……………… ショーン=ショーノ
DTP …………………… 富宗治
印刷・製本 …………… 図書印刷株式会社

ISBN978-4-8399-6699-7
定価はカバーに記載してあります。
乱丁・落丁本はお取り替えいたします。
乱丁・落丁についてのお問い合わせは「TEL0480-38-6872(注文専用ダイヤル)、電子メール:sas@mynavi.jp」までお願いいたします。